高等职业院校土建专业创新系列教材

工程造价控制
(微课版)

张会利　杨　静　主　编

杨　娥　左彩霞　曹双平　副主编

清華大学出版社

北　京

内容简介

本书对接高职院校工程造价、工程管理等专业的“工程造价控制与管理”“工程造价控制”“建筑工程造价管理”“工程造价计价与控制”等课程，按照专业人才培养方案、课程标准的要求，对接新规范、新标准、新方法，依据专业岗位群典型工作任务，以全过程造价管理为主线，首先阐述工程造价的构成、造价工程师职业资格制度、工程造价咨询企业、工程造价构成等基础知识，然后系统地讲述工程决策阶段、设计阶段、招投标阶段、施工阶段、竣工验收阶段工程造价控制与管理的技术和方法。

本书可作为高职院校工程造价、工程管理、建筑工程技术等专业的教学用书，还可作为工程造价从业人员资格考试的培训教材和参考用书。

图书在版编目(CIP)数据

工程造价控制：微课版/张会利，杨静主编. —北京：清华大学出版社，2024.1
高等职业院校土建专业创新系列教材
ISBN 978-7-302-65250-2

Ⅰ. ①工… Ⅱ. ①张… ②杨… Ⅲ. ①工程造价控制—高等职业教育—教材 Ⅳ. ①TU723.31

中国国家版本馆 CIP 数据核字(2024)第 034619 号

责任编辑： 孟 攀
封面设计： 刘孝琼
责任校对： 徐彩虹
责任印制： 刘海龙
出版发行： 清华大学出版社
网 址：https://www.tup.com.cn, https://www.wqxuetang.com
地 址：北京清华大学学研大厦 A 座 邮 编：100084
社 总 机：010-83470000 邮 购：010-62786544
投稿与读者服务：010-62776969, c-service@tup.tsinghua.edu.cn
质量反馈：010-62772015, zhiliang@tup.tsinghua.edu.cn
课件下载：https://www.tup.com.cn, 010-62791865
印 装 者： 三河市铭诚印务有限公司
经 销： 全国新华书店
开 本： 185mm×260mm **印 张：** 14.75 **字 数：** 359 千字
版 次： 2024 年 3 月第 1 版 **印 次：** 2024 年 3 月第 1 次印刷
定 价： 45.00 元

产品编号：099962-01

前　　言

工程造价控制是工程建设管理的重要组成部分，其目的是提高投资效益，有效控制工程进度。近年来，我国工程造价行业发展迅速，国家出台了大量的新政策、新法规、新规范，这就要求工程造价从业人员必须熟悉相关新法规、新规范，掌握工程造价管理的相关知识和技能，了解工程造价管理的先进理念。

本书侧重实践性、实用性和发展性，既适合本专业的教学需要，体现专业特色，又注重实际应用、同时兼顾本专业前导及后续课程内容的延续性，坚持理论适度够用，技能贴合实际，以在有限的学时中讲述更多的内容，满足高职学生的需要。本书针对每个章节，整理注册造价工程师考试历年真题，形成习题库，并提供参考答案，满足学生当前学习的需要，同时为学生就业后进一步获取相关资格证书奠定基础；在主要章节设置相应案例，引导学生巩固所学知识，掌握重点，提高学生的实践能力。本书贯彻“二十大”报告精神，融入课程思政，落实立德树人任务，并配套立体式教学资源，书中设置二维码链接视频资源，方便教师使用和学生自主学习，以此“推进教育数字化，建设全民终身学习的学习型社会”。

本书由重庆建筑科技职业学院张会利、杨静担任主编，重庆建筑科技职业学院杨娥、左彩霞、曹双平担任副主编。全书由张会利负责统稿，具体编写分工为：张会利编写第1章第2-7节、第4章，杨静编写第2章、第7章，左彩霞编写第3章，曹双平编写第5章，杨娥编写第6章，广西建设职业技术学院陈玲燕编写第1章第1节，明科建设咨询有限公司马小均编写第1章第8、9节，并为本书提供了大量的资源素材和宝贵意见，在此表示衷心感谢！

本书在编写过程中参考和借鉴了大量的优秀书籍和文献资料，在此向有关作者表示由衷的感谢。本书编写成员大多是从事多年专业教学的专业教师，本书凝聚了每位编写者的教学和工作经验，希望能对学生及相关工作人员的学习带来帮助。

由于编者水平有限，书中难免存在疏漏和不妥之处，恳请读者批评指正，并将意见和建议反馈给我们，以便及时修订完善。

编　者

目　　录

第 1 章　工程造价控制概论

【学习目标】

1. 素质目标

- 弘扬传统文化，增强文化自信和爱国情怀。
- 培养学生吃苦耐劳、积极进取的职业精神。
- 培养学生诚实守信、客观公正、坚持准则、规范意识的职业道德。
- 培养学生遵纪守法和良好的团队协作精神。
- 培养学生认真负责的工作态度和严谨细致的工作作风。

2. 知识目标

- 了解工程造价的概念、特点和作用，熟悉建设的程序及各个阶段的计价。
- 掌握我国现行建设项目总投资的构成。
- 掌握设备及工器具购置费、建筑安装工程费、工程建设其他费用、预备费和建设期贷款利息的计算。
- 了解我国造价工程师的职业资格制度，了解工程造价咨询业。

3. 能力目标

- 能明确工程造价的概念。
- 能计算设备及工器具购置费、建筑安装工程费、工程建设其他费用、预备费和建设期贷款利息，并汇总工程造价。

1.1　工程造价控制概述

1.1.1　工程造价的含义及特点

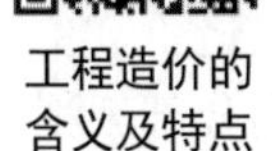

工程造价的含义及特点

1. 工程造价的含义

工程造价通常是指建设工程项目的建设价格。所处的角度不同，工程造价有不同的含义。

站在投资者(业主、甲方、建设单位)的角度，工程造价是指建设一项工程预期开支或实际开支的全部固定资产投资费用。投资者为了获得预期的预期效益，将通过策划、决策、

设计、招标、施工、竣工验收等一系列活动来实现这一目的。在上述活动中所支付的全部费用形成了固定资产，即构成了工程造价。从这个意义上讲，工程造价就是建设项目固定资产投资。

站在市场交易角度，工程造价是指发承包交易活动中形成的建筑安装工程费用或建设工程总费用。显然，工程造价的这种含义是指以建设工程这种特定的商品形式作为交易对象，通过招投标或其他交易方式，在多次预估的基础上，最终由市场形成的价格。这里的工程既可以是整个建设工程项目，也可以是其中一个或几个单项工程或单位工程，还可以是其中一个或几个分部工程，如建筑安装工程、装饰装修工程等。随着经济发展、技术进步、分工细化和市场的不断完善，工程建设中的中间产品会越来越多，商品交换会更加频繁，工程价格的种类和形式也会更加丰富。

通常情况下，市场交易角度的工程造价的含义只认定为工程承发包价格，这是工程造价中的一种重要的，也较为典型的价格交易形式，是招投标中，需求主体(投资者和建设单位)和供给主体(承包商)共同认可的价格。

工程造价的两个角度含义实际上是从不同角度把握同一事物的本质。对投资者来说，选择工程项目进行投资关心的是花多少钱，也就是“购买”工程项目要支付的费用；同时工程造价也是投资者作为市场供给主体“出售”工程项目时确定价格和衡量投资效益的尺度。

2. 工程造价的特点

1) 大额性

建设工程不仅实物形态庞大，而且造价高昂，需投资数百万元、数千万元、数亿元甚至几十亿元人民币。工程造价的大额性关系到多方面的经济利益，同时也会对社会宏观经济产生重大影响。

2) 单件性

每一项建设工程都有特定的用途，不同的建设工程，功能、用途各不相同，因此对结构、造型、平面布置、设备配置和内外装饰也都有不同的要求。工程内容和实物形态的个别差异性决定了工程造价的单件性。

3) 动态性

任何一项建设工程从决策到竣工交付使用，都有一个较长的建设期。在这一期间，材料价格、费率、利率、汇率可能会发生变化，这些变化必然会影响工程造价的变动，使得建设项目直到竣工决算后才能确定最终造价。

4) 层次性

建设工程的层次性决定了工程造价的层次性。一个建设项目往往含有多个单项工程，一个单项工程又由多个单位工程组成。与此相对应，工程造价也有三个层次，即建设项目总造价、单项工程造价和单位工程造价。甚至可以划分得更细，如单位工程又进一步划分为分部工程、分部分项工程，这样造价层次就增加到五个层次。

5) 多次性

由于建设工程周期长、规模大、造价高，所以不能一次性确定可靠的价格，要在建设程序的各个阶段进行计价，以保证工程造价确定和控制的科学性。多次性计价是一个逐步深化、逐步细化和逐步接近实际造价的过程。

1.1.2　工程计价的特征

工程造价的特点决定了工程计价有以下几个特征。

1)　计价的单件性

建筑产品的单件性决定了每项工程都必须单独计算造价。

2)　计价的多次性

工程项目需要按程序进行策划决策和建设实施，工程计价也需要在不同阶段多次进行，以保证工程造价计算的准确性和控制的有效性。工程项目的多次计价是一个逐步深入和细化、逐步接近实际造价的过程。对于大型建设项目，工程多次计价过程如图 1-1 所示。

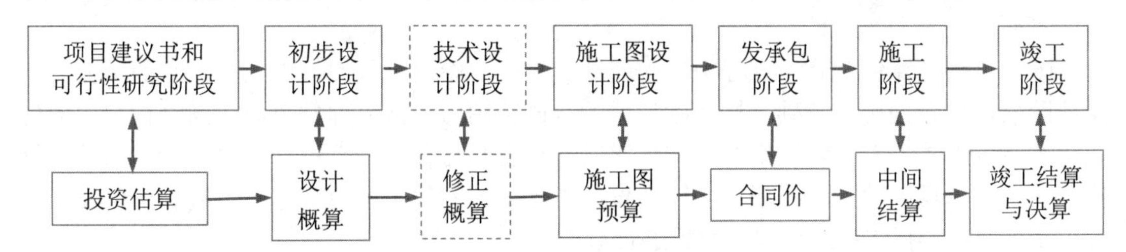

图 1-1　工程多次计价示意图

注：竖向箭头表示对应关系，横向箭头表示多次计价流程及逐步深化过程。

不同阶段的计价的作用和特点如表 1-1 所示，具体如下。

表 1-1　不同阶段的计价的作用和特点

序号	名称	阶段	作用	特点
1	投资估算	项目建议书和可行性研究	项目决策、筹集资金、合理控制造价	—
2	设计概算	初步设计阶段	预先测算工程造价	比投资估算准确性高，但受投资估算控制。建设单位编制(确定工程造价最高限额)
3	修正概算	技术设计阶段	测算工程造价，对工程概算的修正	比工程概算准确，但受工程概算控制
4	施工图预算	施工图设计阶段	编制招标控制价	比修正概算准确，但受修正概算控制
5	合同价	签订合同阶段	认可合同价格	不等于最终结算价格
6	工程结算	中间结算和竣工结算	工程项目实际造价	承包单位编制，发包单位或委托造价咨询机构审查
7	竣工决算	竣工决算阶段	筹建到竣工交付使用的全部建设费用	建设单位编制

(1)　投资估算是指在项目建议书和可行性研究阶段通过编制估算文件预先测算的工程造价，投资估算是进行项目决策、筹集资金和合理控制造价的主要依据。

(2)　设计概算是指在初步设计阶段，根据设计意图，通过编制工程概算文件，预先测算的工程造价。与投资估算相比，设计概算的准确性有所提高，但受投资估算的控制。设

计概算一般可分为：建设项目总概算、单项工程综合概算、单位工程概算。

(3) 修正概算是指当采用三阶段设计时，在技术设计阶段，根据技术设计要求，通过编制修正概算文件预先测算的工程造价。修正概算是对初步设计概算的修正和调整，比设计概算准确，但受设计概算控制。

(4) 施工图预算是指在施工图设计阶段，根据施工图纸，通过编制预算文件预先测算的工程造价。施工图预算比工程概算或修正概算更详尽和准确，但同样要受前一阶段工程造价的控制。目前，有些工程项目在招标时需要确定招标控制价，以限制最高投标报价。

(5) 合同价是指在工程发承包阶段通过签订合同所确定的价格。合同价属于市场价格，它是由发承包双方根据市场行情通过招投标等方式达成一致、共同认可的成交价格。但应注意：合同价并不等同于最终结算的实际工程造价。由于计价方式不同，合同价内涵也会有所不同。

(6) 工程结算包括施工过程中的中间结算和竣工验收阶段的竣工结算，它是指在合同实施阶段，以合同价为基础，按实际完成的合同范围内合格工程量考虑，同时按合同调价范围和调价方法，对实际发生的工程量增减、设备和材料价差等进行调整后确定的结算价格。工程结算反映的是工程项目实际造价。工程结算文件一般由承包单位编制，由发包单位审查，也可委托工程造价咨询机构进行审查。

(7) 竣工决算是指工程竣工决算阶段，以实物数量和货币指标为计量单位，综合反映竣工项目从筹建开始到项目竣工交付使用为止的全部建设费用。竣工决算文件一般是由建设单位编制，上报相关主管部门审查。

3) 计价的组合性

工程造价的计算与建设项目的组合性有关。一个建设项目是一个工程综合体，可按单项工程、单位工程、分部工程、分项工程等不同层次分解为许多有内在联系的组成部分。建设项目的组合性决定了工程计价的逐步组合过程。工程造价的组合过程是：分部分项工程造价→单位工程造价→单项工程造价→建设项目总造价。

4) 计价方法的多样性

由于工程项目的多次计价有其各不相同的计价依据，每次计价的精确度要求也各不相同，因此计价方法具有多样性。例如，投资估算方法有设备系数法、生产能力指数估算法等；概预算方法有单价法和实物法等。不同的计价方法有不同的适用条件，计价时应根据具体情况来选择。

5) 计价依据的复杂性

工程造价的影响因素较多，决定了工程计价依据的复杂性。计价依据主要可分为以下7类。

(1) 设备和工程量计算依据，包括项目建议书、可行性研究报告、设计文件等。

(2) 人工、材料、机械等实物消耗量计算依据，包括投资估算指标、概算定额、预算定额等。

(3) 工程单价计算依据，包括人工单价、材料价格、材料运杂费、机械台班费等。

(4) 设备单价计算依据，包括设备原价、设备运杂费、进口设备关税等。

(5) 措施费、间接费和工程建设其他费用计算依据，主要是相关的费用定额和指标。

(6) 政府规定的税、费。

(7) 物价指数和工程造价指数。

1.1.3 工程造价管理

1. 工程造价管理的含义、目标和任务

1) 工程造价管理的含义

工程造价管理是指综合运用管理学、经济学和工程技术等方面的知识与技能，对工程造价进行预测、计划、控制、核算、分析和评价等的过程。工程造价管理既涵盖宏观层次的工程建设投资管理，也涵盖微观层次的工程项目费用管理。

(1) 工程造价的宏观管理。

工程造价的宏观管理是指政府部门根据社会经济发展需求，利用法律、经济和行政等手段规范市场主体的价格行为，以及监控工程造价的系统活动。

(2) 工程造价的微观管理。

工程造价的微观管理是指工程参建主体根据工程计价依据和市场价格信息等，预测、计划、控制、核算工程造价的系统活动。

2) 工程造价管理的目标

工程造价管理的目标是按照经济规律的要求，根据社会主义市场经济的发展形势，利用科学管理方法和先进管理手段，合理地确定造价和有效地控制造价，以提高投资效益和建筑安装企业经营效果。

3) 工程造价管理的任务

工程造价管理的任务是加强工程造价的全过程动态管理，强化工程造价的约束机制，维护有关各方的经济利益，规范价格行为，促进微观效益和宏观效益的统一。

2. 工程造价管理的基本内容

工程造价管理的基本内容是合理地确定和有效地控制工程造价。

1) 工程造价的合理确定

工程造价的合理确定是指在工程建设的各个阶段，采用科学的计算方法和现行的计算依据及批准的设计方案或设计图纸等文件资料，合理地确定投资估算、设计概算、施工图预算、承包合同价、工程结算价和竣工决算价。

2) 工程造价的有效控制

工程造价的有效控制，就是在优化建设方案、设计方案的基础上，在建设程序的各个阶段，采用一定的方法和措施将工程造价的发生控制在合理的范围和核定的造价限额内。具体来说，要用投资估算价控制设计方案的选择和初步设计概算造价，用概算造价控制技术设计和修正概算造价，用概算造价或修正概算造价控制施工图设计和预算造价，以求合理地使用人力、物力和财力，取得较好的投资效益。

有效的工程造价控制有以下三项原则。

(1) 以设计阶段为重点的全过程造价管理。工程造价管理贯穿于工程建设全过程的同时，应注重工程设计阶段的造价管理。工程造价管理的关键在于前期决策和设计阶段，而在项目投资决策后，控制工程造价的关键就在于设计。建设工程全寿命期费用包括工程造

价和工程交付使用后的日常开支(含经营费用、日常维护修理费用、使用期内大修理和局部更新费用)以及该工程使用期满后的报废拆除费用等。

长期以来，我国将控制工程造价的主要精力放在施工阶段——审核施工图预算、结算建筑安装工程价款，对工程项目策划决策和设计阶段的造价控制重视不够。为有效地控制工程造价，应将工程造价管理的重点转到工程项目策划决策和设计阶段。

(2) 主动控制与被动控制相结合。长期以来，人们一直把控制理解为目标值与实际值的比较，以及当实际值偏离目标值时，分析其产生偏差的原因，并确定下一步对策。但这种立足于调查—分析—决策基础之上的偏离—纠偏—再偏离—再纠偏的控制是一种被动控制，这样做只能发现偏离，不能预防可能发生的偏离。为尽量减少甚至避免目标值与实际值的偏离，还必须立足于事先主动采取控制措施，实施主动控制。也就是说，工程造价控制不仅要反映投资决策，反映工程设计、发包和施工情况，被动地控制工程造价，更要主动地影响投资决策，影响工程设计、发包和施工，主动地控制工程造价。

(3) 技术与经济相结合是控制工程造价最有效的手段。要想有效地控制工程造价，应从组织、技术、经济等多方面采取措施。从组织上采取措施，包括明确项目组织结构，明确造价控制人员及其任务，明确管理职能分工；从技术上采取措施，包括重视设计多方案选择，严格审查初步设计、技术设计、施工图设计、施工组织设计，深入研究节约投资的可能性；从经济上采取措施，包括动态比较造价的计划值与实际值，严格审核各项费用支出，采取对节约投资的有力奖励措施等。

技术与经济相结合是控制工程造价最有效的手段。应通过技术比较、经济分析和效果评价，正确处理技术先进与经济合理之间的对立统一关系，力求在技术先进条件下的经济合理、在经济合理基础上的技术先进，将控制工程造价观念渗透到各项设计和施工技术措施之中。

3. 建设工程全面造价管理——工程造价控制的要点

全面造价管理(total cost management，TCM)是指有效地利用专业知识与技术，对资源、成本、盈利和风险进行筹划和控制。建设工程全面造价管理包括全寿命期造价管理、全过程造价管理、全要素造价管理和全方位造价管理。

1) 全寿命期造价管理

建设工程全寿命期造价是指建设工程初始建造成本和建成后的日常使用及拆除成本之和，包括策划决策、建设实施、运行维护及拆除回收等各阶段费用。由于在建设工程全寿命期的不同阶段，工程造价存在诸多不确定性，因此，全寿命期造价管理主要是作为一种实现建设工程全寿命期造价最小化的指导思想，指导建设工程投资决策及实施方案的选择。

2) 全过程造价管理

全过程造价管理是指覆盖建设工程策划决策及建设实施各阶段的造价管理，包括：策划决策阶段的项目策划、投资估算、项目经济评价、项目融资方案分析；设计阶段的限额设计、方案比选、概预算编制；招投标阶段的标段划分、发承包模式及合同形式的选择、最高投标限价或标底编制；施工阶段的工程计量与结算、工程变更控制、索赔管理；竣工验收阶段的结算与决算等。

3)　全要素造价管理

影响建设工程造价的因素有很多。因此，控制建设工程造价不仅是控制建设工程本身的建造成本，还应同时考虑控制工期成本、质量成本、安全与环保成本，从而实现对工程成本、工期、质量、安全、环保的集成管理。全要素造价管理的核心是按照优先性原则，协调和平衡工期、质量、安全、环保与成本之间的对立统一关系。

4)　全方位造价管理

建设工程造价管理不仅是建设单位或承包单位的任务，还应是政府建设主管部门、行业协会、建设单位、设计单位、施工单位以及有关咨询机构的共同任务。尽管各方的地位、利益、角度等有所不同，但必须建立完善的协同工作机制，才能实现对建设工程造价的有效控制。

1.1.4　工程造价管理的组织

工程造价管理的组织系统是指为实现工程造价管理目标而开展有效的组织活动，履行工程造价管理职能的有机群体。我国工程造价管理组织有以下三个系统。

1)　政府行政管理系统

政府在工程造价管理中既是宏观管理主体，也是政府投资项目的微观管理主体。从宏观管理的角度，政府对工程造价管理有严密的组织系统，设置了多层管理机构，规定了管理权限和职责范围。

(1)　国务院建设主管部门造价管理机构的主要职责如下。

①　组织制定工程造价管理有关法规、制度并组织贯彻实施。

②　组织制定全国统一经济定额和制定、修订本部门经济定额。

③　监督指导全国统一经济定额和本部门经济定额的实施。

④　制定全国工程造价管理专业人员职业资格准入标准，并监督执行。

(2)　国务院其他部门的工程造价管理机构，包括：水利、水电、水运、电力、石油、石化、机械、冶金、铁路、煤炭、建材、林业、有色金属、核工业、公路等行业和军队的造价管理机构。其主要是修订、编制和解释相应的工程建设标准定额，有的还担负本行业大型或重点建设项目的概算审批、概算调整等职责。

(3)　省、自治区、直辖市工程造价管理部门，主要职责是修编、解释当地定额、收费标准和计价制度等，此外，还有开展工程造价审查(核)、提供造价信息、处理合同纠纷等职责。

2)　企事业单位管理系统

企事业单位的工程造价管理属于微观管理范畴。设计单位、工程造价咨询单位等按照建设单位或委托方意图，在可行性研究和规划设计阶段合理确定和有效控制建设工程造价，通过限额设计等手段实现设定的造价管理目标；在招标投标阶段编制招标文件、最高投标限价或标底，参加评标、合同谈判等工作；在施工阶段通过工程计量与支付、工程变更与索赔管理等控制工程造价。设计单位、工程造价咨询单位通过工程造价管理业绩，赢得声誉，提高市场竞争力。

工程承包单位的造价管理是企业自身管理的重要内容。工程承包单位设有专门的职能

机构参与企业投标决策，并通过市场调查研究，利用过去积累的经验，研究报价策略，提出报价；在施工过程中，进行工程造价的动态管理，注意各种调价因素的发生，及时进行工程价款的结算，避免收益的流失，以促进企业盈利目标的实现。

3) 行业协会管理系统

中国建设工程造价管理协会是经住建部和民政部批准成立、代表我国建设工程造价管理的全国性行业协会，是亚太区测量师协会(PAQS) 和国际造价管理联合会(ICEC)等相关国际组织的正式成员。

为了增强对各地工程造价咨询工作和造价工程师的行业管理，近年来，我国先后成立了各省、自治区、直辖市所属的地方工程造价管理协会。全国性造价管理协会与地方造价管理协会是平等、协商、相互支持的关系，地方协会接受全国性协会的业务指导，共同促进全国工程造价行业管理水平的整体提升。

1.2　建设项目总投资及工程造价的构成

建设项目总投资是指在建设期内预计或实际投入的全部费用总和，如图 1-2 所示。生产性建设项目总投资包括建设投资、建设期利息和流动资金三部分；非生产性建设项目总投资包括建设投资和建设期利息两部分，不包含流动资金。其中建设投资和建设期利息之和对应于固定资产投资，固定资产投资与建设项目的工程造价在量上相等。

建设项目总投资及工程造价的构成

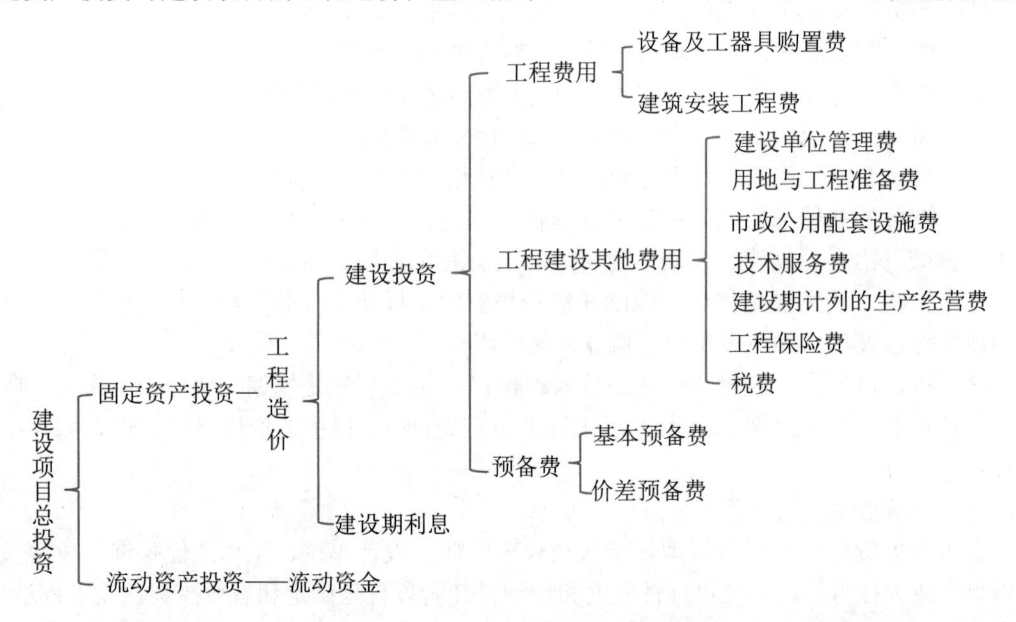

图 1-2　建设项目总投资及工程造价的构成

固定资产投资可以分为静态投资部分和动态投资部分。静态投资部分由建筑安装工程费、设备及工器具购置费、工程建设其他费和基本预备费构成。动态投资部分，是指在建设期内，因建设期利息和国家新批准的税费、汇率、利率变动以及建设期价格变动引起的投资增加额，包括价差预备费、建设期利息等。

工程造价是按照确定的建设内容、建设规模、建设标准、功能要求和使用要求等将工程项目全部建成，在建设期预计或实际支出的建设费用。其基本构成包括：用于购买工程项目所含各种设备的费用，用于建筑施工和安装施工所需支出的费用，用于委托工程勘察设计应支付的费用，用于购置土地所需的费用，包括用于建设单位自身进行项目筹建和项目管理所花费的费用等。

工程造价中的主要构成部分是建设投资，建设投资是为完成工程项目建设，在建设期内投入并形成现金流出的全部费用。根据中华人民共和国国家发展和改革委员会、中华人民共和国住房城乡建设部发布的《建设项目经济评价方法与参数(第三版)》的规定，建设投资包括工程费用、工程建设其他费用和预备费三部分。

工程费用是指建设期内直接用于工程建造、设备购置及其安装的建设投资，可以分为建筑安装工程费和设备及工器具购置费；工程建设其他费用是指建设期发生的与土地使用权取得、整个工程项目建设以及未来生产经营有关的构成建设投资但不包括在工程费用中的费用；预备费是在建设期内为各种不可预见因素的变化而预留的可能增加的费用，包括基本预备费和价差预备费。

【例 1.1】某建设项目建筑工程费 2000 万元，安装工程费 700 万元，设备购置费 1100 万元，工程建设其他费 450 万元，预备费 180 万元，建设期贷款利息 120 万元，流动资金 500 万元，请计算该项目的工程造价。

解：该项目工程造价=2000+700+1100+450+180+120=4550(万元)

1.3　设备及工器具购置费

设备及工器具购置费由设备购置费和工器具及生产家具购置费组成，它是固定资产投资中的积极部分。在生产性工程建设中，设备及工器具购置费用占工程造价比例的增大，意味着生产技术的进步和资本有机构成的提高。

1.3.1　设备购置费的计算

设备购置费是指为建设项目而购置或自制的达到固定资产标准的各种国产或进口设备、工器具及生产家具等所需的购置费用，它由设备原价和设备运杂费构成，计算公式为

设备购置费=设备原价(含备品备件费)+设备运杂费　　(1-1)

式中：设备原价是指国产设备或进口设备的原价，即国内采购设备的出厂价格，或国外采购设备的抵岸价格；设备运杂费是指除设备原价之外的设备采购、运输、途中包装及仓库保管等方面支出的各项费用的总和。

1. 国产设备原价的构成及计算

国产设备原价一般是指设备制造厂(场)的交货价或订货合同价，即出厂价格，分为国产标准设备原价和国产非标准设备原价。

1)　国产标准设备原价

国产标准设备是指按照主管部门颁布的标准图纸和技术要求，由国内设备生产厂批量

生产的，符合国家质量检测标准的设备。国产标准设备一般有完善的设备交易市场，因此可以通过查询相关交易市场价格或向设备生产厂家询价得到国产标准设备原价。

国产标准设备原价有两种，即带备件的原价和不带备件的原价。计算时，一般采用带备件的原价。

2) 国产非标准设备原价

国产非标准设备是指国家尚无定型标准，各设备生产厂不可能在工艺过程中采用批量生产，只能一次订货，并根据具体的设计图纸制造的设备。非标准设备由于单件生产、无定型标准，所以无法获取市场交易价格，只能按其成本构成或相关技术参数估算其价格。

非标准设备原价有多种不同的计算方法，如成本计算估价法、系列设备插入估价法、分部组合估价法、定额估价法等。

按成本计算估价法，非标准设备的原价的构成及计算如表 1-2 所示。

表 1-2 非标准设备的原价的构成及计算

序号	构成	计算公式	注意事项
①	材料费	材料净重×(1+加工损耗系数)×每吨材料综合价	—
②	加工费	设备总重量(吨)×设备每吨加工费	
③	辅助材料费	设备总重量×辅助材料费指标	
④	专用工具费	(材料费+加工费+辅助材料费)×专用工具费率	(①+②+③)×专用工具费率
⑤	废品损失费	(材料费+加工费+辅助材料费+专用工具费)×废品损失费率	(①+②+③+④)×废品损失费率
⑥	外购配套件费	根据相应的购买价格加上运杂费	价格加运杂费单计
⑦	包装费	(材料费+加工费+辅助材料费+专用工具费+废品损失费+外购配套件费)×包装费率	(①～⑥)×包装费率
⑧	利润	(材料费+加工费+辅助材料费+专用工具费+废品损失费+包装费)×利润率	(①～⑤+⑦)×利润率 外购配套件费不计算利润
⑨	税金	当期销项税额=销售额×适用增值税率	主要指增值税 销售额=(①～⑧)
⑩	非标准设备设计费	按国家规定的设计费收费标准计算	

① 材料费。其计算公式为

$$材料费=材料净重\times(1+加工损耗系数)\times每吨材料综合价 \tag{1-2}$$

② 加工费。它包括生产工人工资和工资附加费、燃料动力费、设备折旧费、车间经费等，计算公式为

$$加工费=设备总重量\times设备每吨加工费 \tag{1-3}$$

③ 辅助材料费(简称辅材费)。如焊条、焊丝、氧气、氩气、氮气、油漆、电石等的费用。其计算公式为

$$辅助材料费=设备总重量\times辅助材料费指标 \tag{1-4}$$

④　专用工具费。按①～③项之和乘以一定的百分比计算。

⑤　废品损失费。按①～④项之和乘以一定的百分比计算。

⑥　外购配套件费。按设备设计图纸所列的外购配套件的名称、型号、规格、数量、重量，根据相应的价格加运杂费计算。

⑦　包装费。按①～⑥项之和乘以一定的百分比计算。

⑧　利润。按①～⑤项加第⑦项之和乘以一定的利润率计算。

⑨　税金。税金主要指增值税，计算公式为

$$增值税=当期销项税额-进项税额 \tag{1-5}$$

$$当期销项税额=销售额\times适用增值税率 \tag{1-6}$$

这里的销售额为①～⑧项之和。

⑩　非标准设备设计费。按国家规定的设计费收费标准计算。

综上所述，单台非标准设备原价可用下面的公式表达。

$$\begin{aligned}单台非标准设备原价=&\{[(材料费+加工费+辅助材料费)\times(1+专用工具费率)\\&\times(1+废品损失费率)+外购配套件费]\times(1+包装费率)\\&-外购配套件费\}\times(1+利润率)+销项税金\\&+非标准设备设计费+外购配套件费\end{aligned} \tag{1-7}$$

【例 1.2】某工厂采购一台国产非标准设备，制造厂生产某台非标准设备需材料费 18 万元，加工费 2 万元，辅助材料费 3000 元，专用工具费率 1.5%，废品损失费率 10%，外购配套件费 4 万元，包装费率 1.5%，利润率为 10%，增值税率为 13%，非标准设备设计费为 2 万元。求该国产非标准设备的原价。

解： 专用工具费=(18+2+0.3)×1.5%=0.305(万元)

废品损失费=(18+2+0.3+0.305)×10%=2.061(万元)

包装费=(20.3+0.305+2.061+4)×1.5%=0.400(万元)

利润=(20.3+0.305+2.061+0.4)×10%=2.307(万元)

销项税金=(20.3+0.305+2.061+4+0.4+2.307)×13%=3.818(万元)

原价=20.3+0.305+2.061+4+0.4+2.307+3.818+2=35.191(万元)

2．进口设备原价的计算

进口设备原价是指进口设备的抵岸价，即设备抵达买方边境、港口或车站，缴纳完各种手续费、税费后形成的价格，其构成与进口设备的交货类别有关。

1)　进口设备的交货类别

进口设备的交货类别可分为内陆交货类、目的地交货类和装运港交货类，其含义及特点如表 1-3 所示。

表 1-3　进口设备的交货类别

交货类别	交货地点	风险分担
内陆交货类	出口国内陆的某个地点	买方承担风险较大
目的地交货类	进口国的港口或内地	卖方承担的风险较大
装运港交货类	出口国的装运港	买卖上方承担的风险基本相当

其中，装运港交货类是我国进口设备采用最多的一种形式，交货价主要有装运港船上交货价(FOB)、运费在内价(CFR)和到岸价(CIF)，它们之间相互关系如图 1-3 所示。

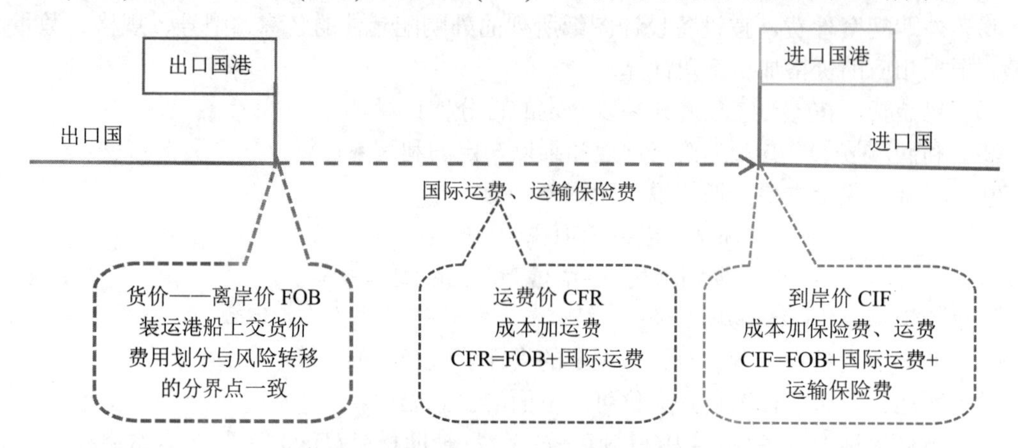

图 1-3　进口设备的交易价格关系示意图

① FOB(free on board)，意为装运港船上交货，也称为离岸价格。FOB 是指当货物在指定的装运港被装上指定船时，卖方即完成交货义务。风险转移以在指定的装运港货物被装上指定船时为分界点。费用划分与风险转移的分界点相一致。

在 FOB 交货方式下，卖方的基本义务有：在合同规定的时间或期限内，在装运港按照习惯方式将货物交到买方指派的船上，并及时通知买方；自负风险和费用，取得出口许可证及其他官方批准证件，在需要办理海关手续时，办理货物出口所需的一切海关手续；负担货物在装运港至装上船为止的一切费用和风险；自付费用提供证明货物已交至船上的通常单据或具有同等效力的单子单证。买方的基本义务有：自负风险和费用取得进口许可证或其他官方批准的证件，在需要办理海关手续时，办理货物进口以及经他国过境的一切海关手续，并支付有关费用及过境费；负责租船或订舱，支付运费，并给予卖方关于船名、装船地点和要求交货时间的通知；负担货物在装运港装上船后的一切费用和风险；接受卖方提供的有关单据，受领货物，并按合同规定支付货款。

② CFR(cost and freight)，意为成本加运费，或称为运费在内价。CFR 是指在装运港货物被装上指定船时卖方即完成交货，卖方必须支付将货物运至指定的目的港所需的运费和费用，但交货后货物灭失或损坏的风险，以及由于各种事件造成的任何额外费用，即由卖方转移到买方。与 FOB 价格相比，CFR 的费用划分与风险转移的分界点是不一致的。

在 CFR 交货方式下，卖方的基本义务有：自负风险和费用，取得出口许可证或其他官方批准的证件，在需要办理海关手续时，办理货物出口所需的一切海关手续；签订从指定装运港承运货物运往指定目的港的运输合同；在买卖合同规定的时间和港口，将货物装上船并支付至目的港的运费，装船后及时通知买方；负担货物在装运港装上船为止的一切费用和风险；向买方提供通常的运输单据或具有同等效力的电子单证。买方的基本义务有：自负风险和费用，取得进口许可证或其他官方批准的证件，在需要办理海关手续时，办理货物进口以及必要时经由另一国过境的一切海关手续，并支付有关费用及过境费；负担货物在装运港装上船后的一切费用和风险；接受卖方提供的有关单据，受领货物，并按合同规定支付货款；支付除通常运费以外的有关货物在运输途中所产生的各项费用以及包括驳运费和码头费在内的卸货费。

③　CIF(cost insurance and freight)，意为成本加保险费、运费，习惯称为到岸价格。在CIF术语中，卖方除负有与CFR相同的义务外，还应办理货物在运输途中最低险别的海运保险，并应支付保险费。如买方需要更高的保险险别，则需要与卖方明确地达成协议，或者自行做出额外的保险安排。除保险这项义务外，买方的义务与CFR相同。

2)　进口设备原(抵岸)价的构成及计算

进口设备原价构成及每项计算如表1-4所示，其计算公式为

进口设备原价= CIF+进口从属费

=(货价+国际运费+运输保险费)+(银行财务费+外贸手续费+关税+消费税+进口环节增值税+车辆购置附加费)　　(1-8)

表 1-4　进口设备原价的构成及计算

序号	构成	计算公式
①	货价	货价=原币货价×外汇牌价
②	国际运费	国际运费=货价(FOB)×运费率 或国际运费=运量×单位运价
③	运输保险费	运输保险费=[(FOB+国外运费)/(1−保险费率)×保险费率
CIF=货价+国际运费+运输保险费		
④	银行财务费	银行财务费=人民币离岸价×银行财务费率
⑤	外贸手续费	外贸手续费=到岸价(CIF)×人民币外汇牌价×外贸手续费率
⑥	关税	关税=到岸价(CIF)×人民币外汇牌价×进口关税税率
⑦	消费税	$应纳消费税税额=\frac{到岸价格(CIF)\times人民币外汇汇率+关税}{1-消费税税率}\times消费税税率$
⑧	进口环节增值税	进口环节增值税额=组成计税价格×增值税税率 组成计税价格=关税完税价格+关税+消费税
⑨	车辆购置附加费	进口车辆购置税=(到岸价+关税+消费税+增值税)×进口车辆购置附加税率
进口从属费=银行财务费+外贸手续费+关税+消费税+进口环节增值税+车辆购置附加费		

①　货价。货价一般指装运港船上交货价(FOB)。设备货价分为原币货价和人民币货价，原币货价一律折算为美元表示，人民币货价按原币货价乘以外汇市场美元兑换人民币汇率中间价确定。进口设备货价按有关生产厂商询价、报价、订货合同价计算。

②　国际运费。即从装运港(站)到达我国抵达港(站)的运费。我国进口设备大部分采用海洋运输，小部分采用铁路运输，个别采用航空运输。运费率或单位运价参照有关部门或进出口公司的规定执行。

③　运输保险费。对外贸易货物运输保险是由保险人(保险公司)与被保险人(出口人或进口人)订立保险契约，在被保险人交付议定的保险费后，保险人根据保险契约的规定对货物在运输过程中发生的承保责任范围内的损失给予经济上的补偿。这是一种财产保险。保险费率按保险公司规定的进口货物保险费率计算。

④　银行财务费。银行财务费一般是指在国际贸易结算中，中国银行为进出口商提供金融结算服务所收取的费用。

⑤ 外贸手续费。这是指按对外经济贸易部门规定的外贸手续费率计取的费用，外贸手续费率一般取1.5%。

⑥ 关税。关税是指由海关对进出国境或关境的货物和物品征收的一种税，进口关税税率按我国海关总署发布的进口关税税率计算。

到岸价格作为关税的计征基数时，又可称为关税完税价格。

⑦ 消费税。仅对部分进口设备(如轿车、摩托车等)征收。

⑧ 进口环节增值税。这是对从事进口贸易的单位和个人，在进口商品报关进口后征收的税种。我国增值税征收条例规定，进口应税产品均按组成计税价格和增值税税率直接计算应纳税额。

(6) 车辆购置附加费。进口车辆需缴进口车辆购置附加费。

【例1.3】某进口设备通过海洋运输，离岸价为1000万元，国际运费为88万元，海上运输保险费率为3‰，银行财务费率为5‰，外贸手续费率为1.5%，关税税率为20%，增值税税率为13%，消费税税率为10%，对该设备的原价进行估算。

解：海运保险费=$\frac{1000+88}{1-0.3\%}\times 0.3\%$=3.27(万元)

CIF=1000+88+3.27=1091.27(万元)

银行财务费=1000×5‰=5(万元)

外贸手续费=1091.27×1.5%=16.37(万元)

关税=1091.27×20%=218.25(万元)

消费税=(1091.27+218.25)/(1−10%)×10%=145.50(万元)

增值税=(1091.27+218.25+145.50)×13%=189.15(万元)

进口从属费=5+16.37+218.25+145.50+189.15=574.27(万元)

进口设备原价=1091.27+574.27=1665.54(万元)

3. 设备运杂费的构成及计算

1) 设备运杂费的构成

设备运杂费是指国内采购设备自来源地、国外采购设备自到岸港运至工地仓库或指定堆放地点发生的采购、运输、运输保险、保管、装卸等费用。其各项构成如表1-5所示。

表1-5 进口设备原价的构成及计算

序号	构成	内容
①	运费和装卸费	国产设备：设备制造厂交货地点起至工地仓库止所发生的运费和装卸费
		进口设备：则由我国到岸港口或边境车站起至工地仓库止所发生的运费和装卸费
②	包装费	设备原价中没有包含的、为运输而进行的包装支出的各种费用
③	设备供销部门的手续费	按有关部门规定的统一费率计算
④	采购与仓库保管费	采购、验收、保管和收发设备所发生的各种费用，包括设备采购人员、保管人员和管理人员的工资、工资附加费、办公费、差旅交通费，设备供应部门办公和仓库所占固定资产使用费、工具用具使用费、劳动保护费、检验试验费等。按主管部门规定的采购与保管费费率计算

2)　设备运杂费的计算

设备运杂费按设备原价乘以设备运杂费率计算，其计算公式为

设备运杂费=设备原价×设备运杂费费率　　(1-9)

式中：设备运杂费费率按各部门及各省、市等的相关规定计取。

1.3.2　工具、器具及生产家具购置费的构成及计算

工具、器具及生产家具购置费，是指新建或扩建项目初步设计规定的，保证初期正常生产必须购置的没有达到固定资产标准的设备、仪器、工卡模具、器具、生产家具和备品备件等的购置费用。其计算公式为

工具、器具及生产家具购置费=设备购置费×定额费率　　(1-10)

1.4　建筑安装工程费

建筑安装工程费——按费用构成划分

建筑安装工程费——按造价形成划

建筑安装工程费是指为完成工程项目建造、生产性设备及配套工程安装所需的费用。根据住房和城乡建设部、财政部颁布的《关于印发〈建筑安装工程费用项目组成〉的通知》(建标〔2013〕44 号)，建筑安装工程费用项目按两种不同的方式划分，即按费用构成要素划分和按造价形成划分。

1.4.1　按照费用构成要素划分的建筑安装工程费用

建筑安装工程费按照构成要素划分如图 1-4 所示，包括人工费、材料费(包含工程设备)、施工机具使用费、企业管理费、利润、规费和增值税。

1. 人工费

1)　人工费的内容

人工费是指按工资总额构成规定，支付给从事建筑安装工程施工的生产工人和附属生产单位工人的各项费用，包括以下内容。

(1)　计时工资或计件工资：按计时工资标准和工作时间或对已做工作按计件单价支付给个人的劳动报酬。

(2)　奖金：对超额劳动和增收节支支付给个人的劳动报酬。

(3)　津贴补贴：为补偿职工特殊或额外的劳动消耗和因其他特殊原因支付给个人的津贴，以及为了保证职工工资水平不受物价影响而支付给个人的物价补贴。

(4)　加班加点工资：按规定支付的在法定节假日工作的加班工资和在法定日工作时间外延时工作的加点工资。

(5)　特殊情况下支付的工资：根据国家法律、法规和政策的规定，因病、工伤、产假、计划生育假、婚丧假、事假、探亲假、定期休假、停工学习、执行国家或社会义务等原因，按计时工资标准或计件工资标准的一定比例支付的工资。

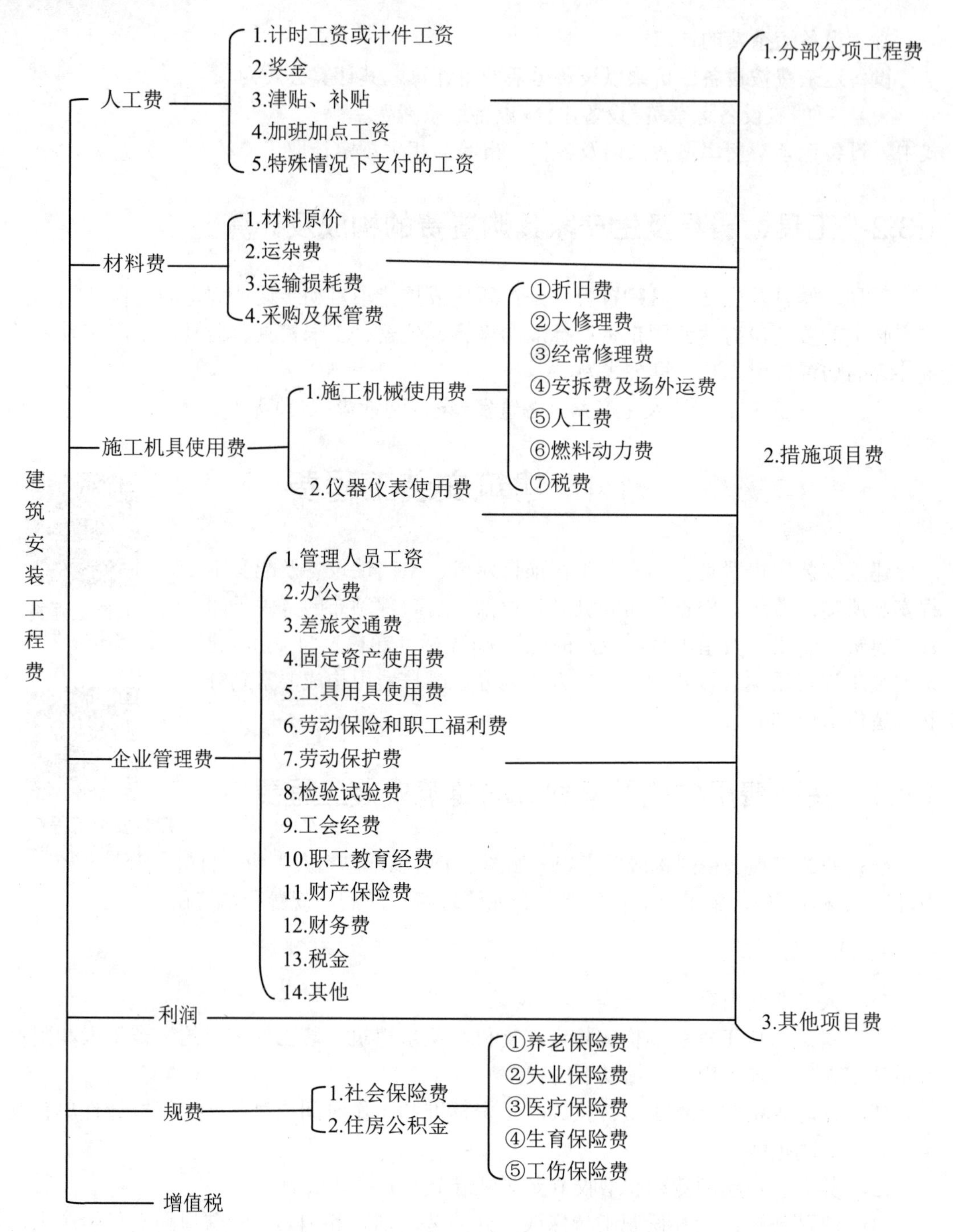

图 1-4　建筑安装工程费构成(按费用构成要素划分)

2)　人工费的计算

计算人工费的基本要素有两个，即人工工日消耗量和人工日工资单价，其计算公式为

$$人工费=\sum(工日消耗量\times日工资单价) \tag{1-11}$$

(1)　人工工日消耗量。人工工日消耗量是指在正常施工生产条件下，完成规定计量单位的建筑安装产品所消耗的生产工人的工日数量。它由分项工程所综合的各个工序劳动定

额包括的基本用工、其他用工两部分组成。

(2) 人工日工资单价。人工日工资单价是指直接从事建筑安装工程施工的生产工人在每个法定工作日的工资、津贴及奖金等。

2. 材料费

1) 材料费的内容

材料费是指施工过程中耗费的原材料、辅助材料、构配件、零件、半成品或成品、工程设备的费用。

(1) 材料原价：材料、工程设备的出厂价格或商家供应价格。

(2) 运杂费：材料、工程设备自来源地运至工地仓库或指定堆放地点所发生的全部费用。

(3) 运输损耗费：材料在运输装卸过程中不可避免的损耗。

(4) 采购及保管费：为组织采购、供应和保管材料，工程设备的过程中所需要的各项费用，包括采购费、仓储费、工地保管费、仓储损耗。

工程设备是指构成或计划构成永久工程一部分的机电设备、金属结构设备、仪器装置及其他类似的设备和装置。

2) 材料费的计算

(1) 材料费。材料费计算的基本要素是材料消耗量和材料单价，计算公式为

$$材料费=\sum(材料消耗量\times材料单价) \tag{1-12}$$

① 材料消耗量。材料消耗量是指在正常施工条件下，完成规定计量单位的建筑安装产品所消耗的各类材料的净用量和不可避免的损耗量。

② 材料单价。材料单价是指建筑材料从其来源地运至施工工地仓库直至出库形成的综合平均单价，由材料原价、运杂费、运输损耗费、采购及保管费组成。当采用一般计税方法时，材料单价中的材料原价、运杂费等均应扣除增值税进项税额。其计算公式为

$$材料单价=(材料原价+运杂费)\times[1+运输损耗率(\%)]\times[(1+采购保管费(\%)] \tag{1-13}$$

(2) 工程设备费。工程设备费的计算公式为

$$工程设备费=\sum(工程设备量\times工程设备单价) \tag{1-14}$$

$$工程设备单价=(设备原价+运杂费)\times[1+采购保管费率(\%)] \tag{1-15}$$

3. 施工机具使用费

1) 施工机具使用费的内容

施工机具使用费，是指施工作业所发生的施工机械、仪器仪表使用费或其租赁费。

(1) 施工机械使用费是指施工机械作业所发生的施工使用费以及机械安拆费和场外运输费。施工机械台班单价由下列七项费用组成：

① 折旧费：施工机械在规定的耐用总台班内，陆续收回其原值的费用。

② 检修费：施工机械在规定的耐用总台班内，按规定的检修间隔进行必要的检修，以恢复其正常功能所需的费用。

③ 维护费：施工机械在规定的耐用总台班内，按规定的维护间隔进行各级维护和临

时故障排除所需的费用，保障机械正常运转所需替换设备与随机配备工具附具的摊销费用、机械运转及日常维护所需润滑与擦拭的材料费用及机械停滞期间的维护费用等。

④ 安拆费及场外运费：安拆费是指中、小型施工机械在现场进行安装与拆卸所需的人工、材料、机械和试运转费用以及机械辅助设施的折旧、搭设、拆除等费用；场外运费是指中、小型施工机械整体或分体自停放地点运至施工现场或由一施工地点运至另一施工地点的运输、装卸、辅助材料、回程等费用。

⑤ 人工费：机上司机(司炉)和其他操作人员的人工费。

⑥ 燃料动力费：施工机械在运转作业中所耗用的燃料及水、电等费用。

⑦ 其他费用：施工机械按照国家规定应缴纳的车船税、保险费及检测费等。

(2) 仪器仪表使用费是指工程施工所需使用的仪器仪表的摊销及维修费用。

2) 施工机具使用费的计算

(1) 施工机械使用费，计算公式为

$$施工机械使用费=\sum(施工机械台班消耗量\times 机械台班单价) \tag{1-16}$$

$$\begin{aligned}机械台班单价=&台班折旧费+台班检修费+台班维护费+台班安拆费及场外运费\\&+台班人工费+台班燃料动力费+台班车船税费\end{aligned} \tag{1-17}$$

① 折旧费计算公式为

$$台班折旧费=\frac{机构预算价格\times(1-残值率)}{耐用台班数} \tag{1-18}$$

$$耐用台班总数=折旧年限\times 年工作台班 \tag{1-19}$$

② 检修费计算公式为

$$台班检修费=\frac{一次检修费\times 检修次数}{耐用台班数} \tag{1-20}$$

注：工程造价管理机构在确定计价定额中的施工机械使用费时，应根据《建筑施工机械台班费用计算规则》结合市场调查编制施工机械台班单价。施工企业可以参考工程造价管理机构发布的台班单价，自主确定施工机械使用费的报价，如租赁施工机械费的计算公式为

$$施工机械使用费=\sum(施工机构台班消耗量\times 机械台班租赁单价) \tag{1-21}$$

(2) 仪器仪表使用费与施工机械使用费类似，仪器仪表使用费的计算公式为

$$仪器仪表使用费=工程使用的仪器仪表摊销费+维修费 \tag{1-22}$$

4．企业管理费

1) 企业管理费的内容

企业管理费是指施工单位组织施工生产和经营管理所发生的管理费用，内容如下。

(1) 管理人员工资：按规定支付给管理人员的计时工资、奖金津贴补贴、加班加点工资及特殊情况下支付的工资等。

(2) 办公费：企业管理办公用的文具、纸张、账表、印刷、邮电、书报、办公软件、现场监控、会议、水电、烧水和集体取暖降温(包括现场临时宿舍取暖降温)等费用。

(3) 差旅交通费：职工因公出差、调动工作的差旅费、住勤补助费，市内交通费和误餐补助费，职工探亲路费，劳动力招募费，职工退休、退职一次性路费，工伤人员就医路费，工地转移费以及管理部门使用的交通工具的油料、燃料等费用。

(4) 固定资产使用费：管理和试验部门及附属生产单位使用的属于固定资产的房屋、设备、仪器等的折旧、大修、维修或租赁费。

(5) 工具用具使用费：企业施工生产和管理使用的不属于固定资产的工具、器具、家具、交通工具和检验、试验、测绘、消防用具等的购置、维修和摊销费。

(6) 劳动保险和职工福利费：由企业支付的职工退职金、按规定支付给离休干部的经费，集体福利费、夏季防暑降温、冬季取暖补贴、上下班交通补贴等。

(7) 劳动保护费：企业按规定发放的劳动保护用品的支出。如工作服、手套、防暑降温饮料以及在有碍身体健康的环境中施工的保健费用等。

(8) 检验试验费：施工企业按照有关规定，对建筑以及材料、构件和建筑安装物进行一般鉴定、检查所发生的费用，包括自设试验室进行试验所耗用的材料等费用。不包括新结构、新材料的试验费，对构件做破坏性试验及其他特殊要求检验试验的费用和建设单位委托检测机构进行检测的费用，对此类检测发生的费用，由建设单位在工程建设其他费用中列支。但对施工企业提供的具有合格证明的材料进行检测不合格的，该检测费用由施工企业支付。

(9) 工会经费：企业按《中华人民共和国工会法》规定的全部职工工资总额比例计提的工会经费。

(10) 职工教育经费：按职工工资总额的规定比例计提，企业为职工进行专业技术和职业技能培训，专业技术人员继续教育、职工职业技能鉴定、职业资格认定以及根据需要对职工进行各类文化教育所发生的费用。

(11) 财产保险费：企业管理用财产、车辆等的保险费用。

(12) 财务费：企业为施工生产筹集资金或提供预付款担保、履约担保、职工工资支付担保等所发生的各项费用。

(13) 税金：企业按规定缴纳的房产税、非生产性车船使用费、土地使用税、印花税、城市维护建设税、教育费附加、地方教育附加等各项税费。

(14) 其他：技术转让费、技术开发费、投标费、业务招待费、绿化费、广告费、公证费、法律顾问费、审计费、咨询费、保险费等。

2) 企业管理费的计算方法

企业管理费一般采用取费基数乘以费率的方法计算，取费基数有 3 种，分别是以直接费为计算基础，以人工费和施工机具使用费合计为计算基础，以人工费为计算基础。企业管理费费率的计算方法如下。

(1) 以直接费为计算基础，公式为

$$\text{企业管理费费率}(\%)=\frac{\text{生产工人年平均管理费}}{\text{年有效施工业数}\times\text{人工单价}}\times\text{人工费占分部分项工程费比例}(\%) \tag{1-23}$$

注：直接费包括人工费、材料费、施工机具使用费。

(2) 以人工费和施工机具使用费合计为计算基础，公式为

$$\text{企业管理费费率}(\%)=\frac{\text{生产工人年平均管理费}}{\text{年有效施工人数}\times(\text{人工单价}+\text{每一工日施工使用费})}\times 100\% \tag{1-24}$$

(3) 以人工费为计算基础时，公式为

$$企业管理费费率(\%)=\frac{生产工人年均管理费}{年有效施工天数\times 人工单价}\times 100\% \tag{1-25}$$

注：上述公式适用于施工企业投标报价时自主确定管理费，是工程造价管理机构编制计价定额确定企业管理费的参考依据。

工程造价管理机构在确认计价定额中的企业管理费时，应以定额人工费或定额人工费与定额机械费之和作为计算基数，其费率根据历年积累的工程造价资料，辅以调查数据确定，列入分部分项工程和措施项目中。

5. 利润

利润是指施工单位从事建筑安装工程施工所获得的盈利，由施工企业根据企业自身需求并结合建筑市场实际自主确定。

工程造价管理机构在确定计价定额中的利润时，应以定额人工费或以定额人工费与定额机械费之和作为计算基数，其费率根据历年积累的工程造价资料，并结合建筑市场实际确定，以单位(单项)工程测算，利润在税前建筑安装工程费的比率可按不低于 5%且不高于7%的费率计算。利润应列入分部分项工程和措施项目中。

6. 规费

1) 规费的内容

规费是指按国家法律、法规规定，由省级政府和省级有关权力部门规定施工单位必须缴纳或计取的费用，包括社会保险费、住房公积金。

(1) 社会保险费包括以下 5 种。

① 养老保险费：企业按照国家规定标准为职工缴纳的基本养老保险费。

② 失业保险费：企业按照国家规定标准为职工缴纳的失业保险费。

③ 医疗保险费：企业按照国家规定标准为职工缴纳的基本医疗保险费。

④ 生育保险费：企业按照国家规定标准为职工缴纳的生育保险费。

⑤ 工伤保险费：企业按照国务院制定的行业费率为职工缴纳的工伤保险费。

(2) 住房公积金：企业按照国家规定标准为职工缴纳的住房公积金。

2) 规费的计算

社会保险费和住房公积金应以定额人工费为计算依据，根据工程所在地省、自治区、直辖市或行业建设主管部门规定的费率计算。

$$社会保险费和住房公积金=\sum(工程定额人工费\times 社会保险费和住房公积金费率) \tag{1-26}$$

其中：社会保险费率和住房公积金费率可按每万元承发包的生产工人人工费和管理人员工资含量与工程所在地规定的缴纳标准综合分析确定。

7. 增值税

建筑安装工程费用的增值税是国家税法规定的应计入建筑安装工程造价内的增值税销项税额。其计税方法包括一般计税方法和简易计税方法。

1) 采用一般计税方法时增值税的计算

当采用一般计税方法时，建筑业增值税税率为 9%，计算公式为

$$增值税=税前造价\times 9\% \quad (1-27)$$

税前工程造价为人工费、材料费、施工机具使用费、企业管理费、利润和规费之和，各费用项目均以不包含增值税(可抵扣进项税额)的价格计算。

【例 1.4】已知某政府办公楼项目，税前造价为 2000 万元，其中包含增值税可抵扣进项税额 150 万元，若采用一般计税方法，计算该项目建筑安装工程造价。

解：该项目建筑安装工程造价=税前造价+增值税=税前造价×(1+9%)

=(2000−150)×(1+9%)==2016.5 (万元)

2)　采用简易计税方法时增值税的计算

采用简易计税方法，建筑业增值税税率为 3%，计算公式为

$$增值税=税前造价\times 3\% \quad (1-28)$$

税前工程造价为人工费、材料费、施工机具使用费、企业管理费、利润和规费之和，各费用项目均以包含增值税(可抵扣进项税额)的价格计算。

1.4.2　按照造价形成划分的建筑安装工程费用项目的构成和计算

建筑安装工程费按照工程造价形成划分为分部分项工程费、措施项目费、其他项目费、规费和增值税，如图 1-5 所示。

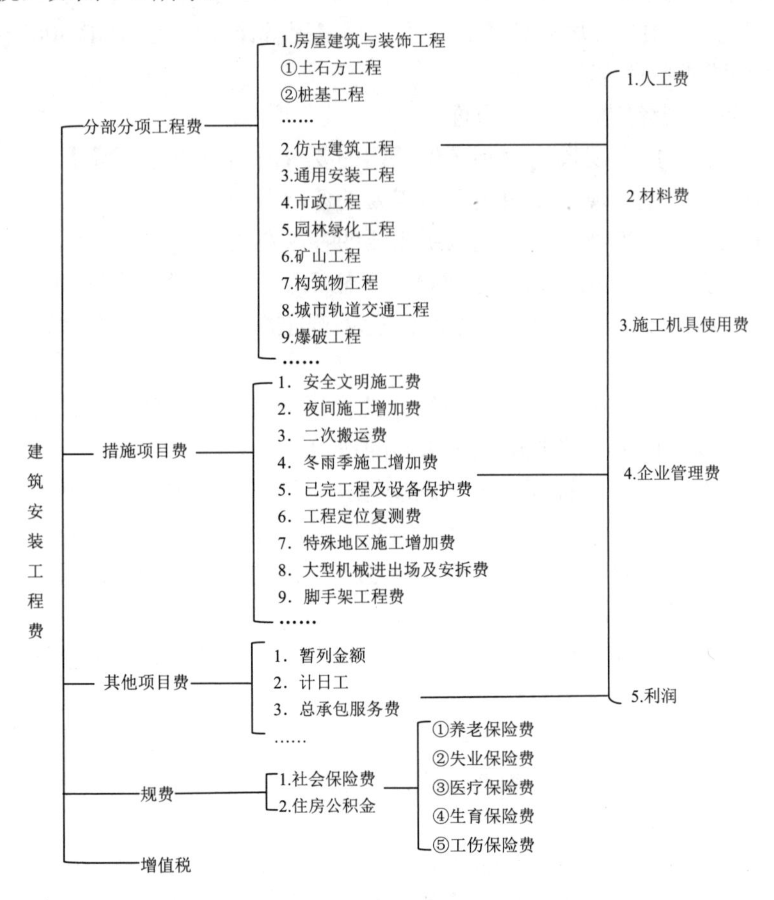

图 1-5　建筑安装工程费构成(按造价形成划分)

1．分部分项工程费

分部分项工程费是指各专业工程的分部分项工程应予列支的各项费用。

(1) 专业工程。按现行国家计量规范划分的房屋建筑与装饰工程、仿古建筑工程、通用安装工程、市政工程、园林绿化工程、矿山工程、构筑物工程、城市轨道交通工程、爆破工程等各类工程。

(2) 分部分项工程。按现行国家计量规范对各专业工程划分的项目。如房屋建筑与装饰工程划分的土石方工程、地基处理与桩基工程、砌筑工程、钢筋及钢筋混凝土工程等。

各类专业工程的分部分项工程划分见现行国家或行业计量规范。

分部分项工程费的计算公式为

$$分部分项工程费=\sum(分部分项工程量\times综合单价) \tag{1-29}$$

其中，综合单价包括人工费、材料费、施工机具使用费、企业管理费和利润，以及一定范围的风险费用(下同)。

2．措施项目费

1) 措施项目费的构成

措施项目费是指为完成工程项目施工，发生在该工程施工前和施工过程中的技术、生活、安全、环境保护等方面的费用。措施项目及其包含的内容应遵循各类专业工程的现行国家或行业工程量计算规范。根据《房屋建筑与装饰工程工程量计算规范》(GB 50854—2013)的规定，措施项目费可以归纳为以下几项。

(1) 安全文明施工费包括以下几方面。

① 环境保护费。施工现场为达到环保部门的要求所需要的各项费用。

② 文明施工费。施工现场文明施工所需要的各项费用。

③ 安全施工费。施工现场安全施工所需要的各项费用。

④ 临时设施费。施工企业为进行建设工程施工所必须搭设的生活和生产用的临时建筑物、构筑物和其他临时设施费用，包括临时设施的搭设、维修、拆除、清理费或摊销费等。

(2) 夜间施工增加费。因夜间施工所发生的夜班补助费、夜间施工降噪、夜间施工降效、夜间施工照明设备摊销及照明用电等措施的费用。

(3) 二次搬运费。因施工管理需要或因场地狭小等特殊原因，导致建筑材料及设备等不能一次搬运到位，必须发生的二次及以上的搬运所需的费用。

(4) 冬雨季施工增加费。在冬季或雨季施工需增加的临时设施、防滑、排出雨雪，人工及施工机械效率降低等费用。

(5) 已完工程及设备保护费。竣工验收前，对已完工程及设备采取的覆盖、包裹、封闭、隔离等必要保护措施所发生的费用。

(6) 工程定位复测费。工程施工过程中进行全部施工测量放线和复测工作的费用。

(7) 特殊地区施工增加费。工程在沙漠或其边缘地区、高海拔、高寒、原始森林等特殊地区施工增加的费用。

(8) 大型机械设备进出场及安拆费。机械整体或分体自停放场地运至施工现场或由一个施工地点运至另一个施工地点，所发生的机械进出场运输及转移费用及机械在施工现场

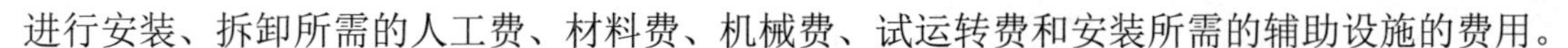

进行安装、拆卸所需的人工费、材料费、机械费、试运转费和安装所需的辅助设施的费用。

(9) 脚手架工程费。施工需要的各种脚手架搭、拆、运输费用以及脚手架购置费的摊销(或租赁)费用。

措施项目及其包含的内容详见各类专业工程的现行国家或行业计量规范。

2) 措施项目费的计算

按照有关专业工程量计算规范的规定，措施项目分为应予计量的措施项目和不宜计量的措施项目两类。

(1) 应予计量的措施项目，基本与分部分项工程费的计算方法相同，计算公式为

$$措施项目费=\sum(措施项目工程量\times 综合单价) \tag{1-30}$$

(2) 不宜计量的措施项目，通常用计算基数乘以费率的方法予以计算，计算公式为

$$措施项目费=计算基数\times 措施项目费费率(\%) \tag{1-31}$$

式中：安全文明施工费计算基数应为定额基价(定额分部分项工程费+定额中可以计量的措施项目费)、定额人工费或(定额人工费+定额机械费)，其费率由工程造价管理机构根据各专业工程的特点综合确定；其他项目计算基数为定额人工费或定额人工费与定额机械费之和，其费率由工程造价管理机构根据各专业工程特点和调查资料综合分析后确定。

3．其他项目费

1) 暂列金额

暂列金额是指建设单位在工程量清单中暂定并包括在工程合同价款中的一笔款项。用于施工合同签订时尚未确定或者不可预见的所需材料、工程设备、服务的采购，施工中可能发生的工程变更、合同约定调整因素出现时的工程价款调整以及发生的索赔、现场签证确认等的费用。

暂列金额由发包人根据工程特点，按有关计价规定估算，施工过程中由发包人掌握使用。扣除合同价款调整后如有余额，归发包人所有。

2) 计日工

计日工是指在施工过程中，施工企业完成建设单位提出的施工图纸以外的零星项目或工作所需的费用。

计日工由发包人和承包人按施工过程中的签证计价。

3) 总承包服务费

总承包服务费是指总承包人为配合、协调建设单位进行的专业工程发包，对建设单位自行采购的材料、工程设备等进行保管以及施工现场管理、竣工资料汇总整理等服务所需的费用。

总承包服务费由发包人在最高投标限价中根据总包服务范围和有关计价规定编制，承包人投标时自主报价，施工过程中按签约合同价执行。

4．规费和税金

规费和税金的定义、构成等与按费用构成要素划分建筑安装工程费用项目组成部分相同。发包人和承包人均应按照省、自治区、直辖市或行业建设主管部门发布的标准计算规费和税金，不得作为竞争性费用。

1.5　工程建设其他费用

工程建设其他费用是指建设期发生的与土地使用权取得、全部工程项目建设以及未来生产经营有关的，除工程费用、预备费、增值税、建设期融资费用、流动资金以外的费用。

1．建设单位管理费

1)　建设单位管理费的内容

建设单位管理费是指项目建设单位从项目筹建开始至办理竣工财务决算之日止发生的管理性质的开支，包括工作人员薪酬及相关费用、办公费、办公场地租用费、差旅交通费、劳动保护费、工具用具使用费、固定资产使用费、招募生产工人费、技术图书资料费(含软件)、业务招待费、竣工验收费和其他管理性质开支。

2)　建设单位管理费的计算

建设单位管理费按照工程费用 (包括设备工器具购置费和建筑安装工程费用)乘以建设单位管理费费率计算，计算公式为

$$建设单位管理费=工程费用\times建设单位管理费费率 \tag{1-32}$$

实行代建制管理的项目，计列代建管理费等同建设单位管理费，不得同时计列建设单位管理费。委托第三方行使部分管理职能的，其技术服务费列入技术服务费项目。

2．用地与工程准备费

用地与工程准备费是指取得土地与工程建设施工准备所发生的费用，包括土地使用费和补偿费、场地准备费及临时设施费等。

1)　土地使用费和补偿费

由于任何一个建设项目都固定在一定地点与地面相连接，必须占用一定量的土地，也就必然会发生为获得建设用地而支付的费用。

建设用地的取得，实质是依法获取国有土地的使用权。根据《中华人民共和国土地管理法》《中华人民共和国土地管理法实施条例》《中华人民共和国城市房地产管理法》规定，获取国有土地使用权的基本方法有两种：一是出让方式，二是划拨方式，还可能包括租赁和转让方式。

建设用地如通过行政划拨方式取得，则须承担征地补偿费用或对原用地单位或个人的拆迁补偿费用；若通过市场机制取得，则不但要承担以上费用，还须向土地所有者支付有偿使用费，即土地出让金。

(1)　征地补偿费包括以下几种。

①　土地补偿费是指对农村集体经济组织因土地被征用而造成的经济损失的一种补偿。征收农用地的补偿标准由省、自治区、直辖市通过制定公布区片综合地价确定，并至少每三年调整或者重新公布一次。大中型水利、水电工程建设征收土地的补偿费标准和移民安置办法，由国务院另行规定。

②　青苗补偿费和地上附着物补偿费。青苗补偿费是因征地时对其正在生长的农作物受到损害而作出的一种赔偿。在农村实行承包责任制后，农民自行承包土地的青苗补偿费

应付给本人，属于集体种植的青苗补偿费可纳入当年的集体收益。凡在协商征地方案后抢种的农作物、树木等，一律不予补偿。

地上附着物是指房屋、水井、树木、涵洞、桥梁、公路、水利设施、林木等地面建筑物、构筑物、附着物等。若附着物产权属个人，则该项补助费付给个人。地上附着物和青苗等的补偿标准，由省、自治区、直辖市规定。对其中的农村村民住宅，应当按照先补偿后搬迁、居住条件有改善的原则，尊重农村村民意愿，采取重新安排宅基地建房、提供安置房或者货币补偿等方式给予公平、合理的补偿，并对因征收造成的搬迁、临时安置等费用予以补偿，从而保障农村村民居住的权利和合法的住房财产权益。

③　安置补助费。安置补助费应支付给被征地单位和安置劳动力的单位，作为劳动力安置与培训的支出，以及作为不能就业人员的生活补助。征收农用地的安置补助费标准由省、自治区、直辖市通过制定公布区片综合地价确定，并至少每三年调整或者重新公布一次。县级以上地方人民政府应当将被征地农民纳入相应的养老等社会保障体系。被征地农民的社会保障费用主要用于符合条件的被征地农民的养老保险等社会保险缴费补贴，依据省、自治区、直辖市规定的标准单独列支。

④　耕地开垦费和森林植被恢复费。国家实行占用耕地补偿制度。非农业建设经批准占用耕地的，按照“占多少，垦多少”的原则，由占用耕地的单位负责开垦与所占用耕地的数量和质量相当的耕地；没有条件开垦或者开垦的耕地不符合要求的，应当按照省、自治区、直辖市的规定缴纳耕地开垦费，专款用于开垦新的耕地。涉及占用森林草原的还应列支森林植被恢复费用。

⑤　生态补偿与压覆矿产资源补偿费。水土保持等生态补偿费是指建设项目对水土保持等生态造成影响所发生的除工程费之外补救或者补偿费用；压覆矿产资源补偿费是指项目工程对被压覆的矿产资源利用造成影响所发生的补偿费用。

⑥　其他补偿费。其他补偿费是指建设项目设计的对房屋、市政、铁路、公路、管道、通信、电力、河道、水利、厂区、林区、保护区、矿区等不附属于建设用地但与建设项目相关的建筑物、构筑物或设施的拆除、迁建补偿、搬迁运输补偿等费用。

(2)　拆迁补偿费。其主要是指在城市规划区内国有土地上实施房屋拆迁，拆迁人应当对被拆迁人给予补偿、安置。计算公式为

①　拆迁补偿金。拆迁补偿的方式可以是货币补偿，也可以是房屋产权调换。

- 货币补偿的金额，根据被拆迁房屋的区位、用途、建筑面积等因素，以房地产市场评估价格确定。具体办法由省、自治区、直辖市人民政府制定。
- 实行房屋产权调换的，拆迁人与被拆迁人按照计算得到的被拆迁房屋的补偿金额和所调换房屋的价格，结清产权调换的差价。

②　迁移补偿金。迁移补偿金包括征用土地上的房屋及附属构筑物、城市公共设施等拆除、迁建补偿费、搬迁运输费，企业单位因搬迁造成的减产、停工损失补贴费，拆迁管理费等。

拆迁人应当对被拆迁人或者房屋承租人支付搬迁补助费，对于在规定的搬迁期限届满前搬迁的，拆迁人可以付给提前搬家奖励费；在过渡期限内，被拆迁人或者房屋承租人自行安排住处的，拆迁人应当支付临时安置补助费；被拆迁人或者房屋承租人使用拆迁人提供的周转房的，拆迁人不支付临时安置补助费。

迁移补偿金的标准，由省、自治区、直辖市人民政府规定。

(3) 土地出让金。土地出让金主要是指以出让等有偿使用方式取得国有土地使用权的建设单位，按照国务院规定的标准和办法缴纳土地使用权出让金等土地有偿使用费和其他费用后，方可使用土地。

土地使用权出让金为用地单位向国家支付的土地所有权收益，出让金标准一般参考城市基准地价并结合其他因素制定。基准地价是指在城镇规划区范围内，对不同级别的土地或者土地条件相当的均质地域，按照商业、居住、工业等用途分别评估的，并由市、县以上人民政府公布的，国有土地使用权的平均价格。

在有偿出让和转让土地时，政府对地价不作统一规定，但应坚持以下原则：地价对目前的投资环境不产生大的影响；地价与当地的社会经济承受能力相适应；地价要考虑已投入的土地开发费用、土地市场供求关系、土地用途、所在区类、容积率和使用年限等。有偿出让和转让使用权，要向土地受让者征收契税；转让土地如有增值，要向转让者征收土地增值税；土地使用者每年应按规定的标准缴纳土地使用费。土地使用权出让或转让应先由地价评估机构进行价格评估后，再签订土地使用权出让或转让合同。

土地使用权出让合同约定的使用年限届满，土地使用者需要继续使用土地的，应当最迟于届满前一年申请续期，除根据社会公共利益需要收回该幅土地的，应当予以批准。经批准准予续期的，应当重新签订土地使用权出让合同，依照规定支付土地使用权出让金。

2) 场地准备及临时设施费

(1) 场地准备及临时设施费的内容如下。

① 建设项目场地准备费是指为使工程项目的建设场地达到开工条件，由建设单位组织进行的场地平等准备工作而发生的费用。

② 建设单位临时设施费是指建设单位为满足施工建设需要而提供的未列入工程费的临时水、电、路、信、气、热等工程和临时仓库等建(构)筑物的建设、维修、拆除、摊销费用或租赁费用，以及货场、码头租赁等费用。

(2) 场地准备及临时设施费的计算如下。

① 场地准备及临时设施应尽量与永久性工程统一考虑。

② 新建项目的场地准备和临时设施费应根据实际工程量估算，或按工程费用的比例计算。改扩建项目一般只计算拆除清理费。计算公式为

$$场地准备和临时设施费=工程费用\times费率+拆除清理费 \quad (1\text{-}33)$$

③ 发生拆除清理费时可按新建同类工程造价或主材费、设备费的比例计算。凡是可回收材料的拆除工程，均可采用以料抵工方式冲抵拆除清理费。

④ 此项费用不包括已列入建筑安装工程费用中的施工单位临时设施费用。

3．市政公用配套设施费

市政公用配套设施费是指使用市政公用设施的工程项目，按照项目所在地政府有关规定建设或缴纳的市政公用设施建设配套费用。市政公用配套设施可以是界区外配套的水、电、路、信等，包括绿化、人防等配套设施。

4．技术服务费

技术服务费是指在项目建设全部过程中委托第三方提供项目策划、技术咨询、勘察设

计、项目管理和跟踪验收评估等技术服务发生的费用。技术服务费包括可行性研究费、专项评价费、勘察设计费、监理费、研究试验费、特殊设备安全监督检验费、监造费、招标费、设计评审费、技术经济标准使用费、工程造价咨询费等。按照国家发展改革委关于《进一步放开建设项目专业服务价格的通知》(发改价格〔2015〕299 号)的规定，技术服务费应实行市场调节价。

1)　可行性研究费

可行性研究费是指在工程项目投资决策阶段，对有关建设方案、技术方案或生产经营方案进行的技术经济论证，以及编制、评审可行性研究报告所需的费用。包括项目建议书、预可行性研究、可行性研究费等。

2)　专项评价费

专项评价费是指建设单位按照国家规定委托相关单位开展专项评价以及进行验收工作发生的费用，包括环境影响评价费、安全预评价费、职业病危害预评价费、地震安全性评价费、地质灾害危险性评价费、水土保持评价费、压覆矿产资源评价费，节能评估费、危险与可操作性分析及安全完整性评价费以及其他专项评价费。

3)　勘察设计费

(1)　勘察费是指勘察人根据发包人的委托，收集已有资料、现场踏勘、制定勘察纲要，进行勘察作业，以及编制工程勘察文件和岩土工程设计文件等收取的费用。

(2)　设计费是指设计人根据发包人的委托，提供编制建设项目初步设计文件、施工图设计文件、非标准设备设计文件、竣工图文件等服务所收取的费用。

4)　监理费

监理费是指受建设单位委托，工程监理单位为工程建设提供监理服务所发生的费用。

5)　研究试验费

研究试验费是指为建设项目提供和验证设计参数、数据、资料等所进行的必要的研究试验，以及设计规定在施工中必须进行试验、验证所需费用，包括自行或委托其他部门研究试验的专题研究、试验所需人工费、材料费、试验设备及仪器使用费等。这项费用按照设计单位根据本工程项目的需要提出的研究试验内容和要求计算。在计算时要注意不应包括以下项目。

(1)　应由科技 3 项费用(即新产品试制费、中间试验费和重要科学研究补助费)开支的项目。

(2)　应在建筑安装费用中列支的施工企业对建筑材料、构件和建筑物进行一般鉴定、检查所发生的费用及技术革新的研究试验费。

(3)　应由勘察设计费或工程费用中开支的项目。

6)　特殊设备安全监督检验费

特殊设备安全监督检验费是指对施工现场安装的列入国家特种设备范围内的设备(设施)检验检测和监督检查所发生的应列入项目开支的费用。

7)　监造费

监造费是指对项目所需设备材料制造过程、质量进行驻厂监督所发生的费用。

设备材料监造是指承担设备监造工作的单位受项目法人或建设单位的委托，按照设备、材料供货合同的要求，坚持客观公正、诚信科学的原则，对工程项目所需设备、材料在制造和生产过程中的工艺流程、制造质量等进行监督，并对委托人(项目法人或建设单位)负责的服务。

8) 招标费

招标费是指建设单位委托招标代理机构进行招标服务所发生的费用。

9) 设计评审费

设计评审费是指建设单位委托有资质的机构对设计文件进行评审的费用。设计文件包括初步设计文件和施工图设计文件等。

10) 技术经济标准使用费

技术经济标准使用费是指建设项目投资确定与计价、费用控制过程中使用相关技术经济标准所发生的费用。

11) 工程造价咨询费

工程造价咨询费是指建设单位委托造价咨询机构进行各阶段相关造价业务工作所发生的费用。

5. 建设期计列的生产经营费

建设期计列的生产经营费是指为达到生产经营条件，在建设期发生或将要发生的费用，包括专利及专有技术使用费、联合试运转费、生产准备费等。

1) 专利及专有技术使用费

专利及专有技术使用费是指在建设期内为取得专利、专有技术、商标权、商誉、特许经营权等发生的费用。其主要内容有：工艺包费、设计及技术资料费、有效专利、专有技术使用费、技术保密费和技术服务费等；商标权、商誉和特许经营权费，软件费等。

2) 联合试运转费

联合试运转费是指新建或新增加生产能力的工程项目，在交付生产前按照设计文件规定的工程质量标准和技术要求，对整个生产线或装置进行负荷联合试运转所发生的费用净支出，包括试运转所需原材料、燃料及动力消耗、低值易耗品、其他物料消耗、机械使用费、联合试运转人员工资、施工单位参加试运转人员工资、专家指导费，以及必要的工业炉烘炉费等。联合试运转费不包括应由设备安装工程费用开支的调试及试车费用，以及在试运转中暴露出来的因施工原因或设备缺陷等发生的处理费用。

不发生试运转或试运转收入大于或等于费用支出时，不列此项费用。

当联合试运转收入小于联合试运转支出时，其计算公式为

$$\text{联合试运转费}=\text{联合试运转支出}-\text{联合试运转收入} \tag{1-34}$$

3) 生产准备费

生产准备费是指新建项目或新增生产能力项目，在建设期内为保证项目竣工交付使用进行必要的生产准备工作所发生的费用包括以下内容。

(1) 人员培训及提前进厂费，包括自行组织培训或委托其他单位培训人员的工资、工资性补贴、职工福利费、差旅交通费、劳动保护费、学习资料费等。

(2) 生产单位提前进场参加施工、设备安装、调试等以及熟悉工艺流程及设备性能等人员的工资、工资性补贴、职工福利费、差旅交通费、劳动保护费等。

新建项目按设计定员为基数计算，改扩建项目按新增设计定员为基数计算，即

生产准备费=设计定员×生产准备费指标(元/人)　　(1-35)

6．工程保险费

工程保险费是指为转移工程项目建设的意外风险，在建设期内对建筑工程、安装工程、机械设备和人身安全进行投保而发生的费用，包括建筑安装工程一切险、引进设备财产保险和人身意外伤害险等。不同的建设项目可根据工程特点选择投保的险种。

根据不同的工程类别，分别以其建筑、安装工程费乘以建筑、安装工程保险费率计算。费率为：民用建筑(住宅楼、综合性大楼、商场、旅馆、医院、学校)占建筑工程费的 2‰～4‰；其他建筑(工业厂房、仓库、道路、码头、水坝、隧道、桥梁、管道等)占建筑工程费的 3‰～6‰；安装工程(农业、工业、机械、电子、电器、纺织、矿山、石油、化学及钢铁工业、钢结构桥梁)占建筑工程费的 3‰～6‰。

7．税费

按财政部《基本建设项目建设成本管理规定》(财建〔2016〕504 号)工程其他费中的有关规定，统一归纳计列。税费是指耕地占用税、城镇土地使用税、契税、印花税、车船使用税等除增值税以外的税金。

1.6　预备费和建设期贷款利息

1.6.1　预备费

预备费和建设期贷款利息

预备费是指在建设期内因各种不可预见因素的变化而预留的可能增加的费用，包括基本预备费和价差预备费。

1．基本预备费

1)　基本预备费的内容

基本预备费是指在投资估算或工程概算阶段预留的，在项目实施过程中可能发生的难以预料之处，其内容如下。

(1)　在批准的初步设计范围内，技术设计、施工图设计及施工过程中所增加的工程费用；设计变更、工程变更、材料代用、局部地基处理等增加的费用。

(2)　一般自然灾害处理造成的损失和预防自然灾害所采取的措施费用。其中，实行工程保险的工程项目，该费用应适当降低。

(3)　不可预见的地下障碍物处理的费用。

(4)　超规超限设备运输增加的费用。

2)　基本预备费的计算

基本预备费是以工程费用和工程建设其他费用二者之和为计取基础，乘以基本预备费费率进行计算，计算公式为

基本预备费=(工程费用+工程建设其他费用)×基本预备费费率　　(1-36)

基本预备费费率的取值执行国家有关部门的规定。

2. 价差预备费

1) 价差预备费的内容

价差预备费是指为在建设期内利率、汇率或价格等因素的变化而预留的可能增加的费用，也称为价格变动不可预见费，包括人工、设备、材料、施工机具的价差费，建筑安装工程费及工程建设其他费用调整，利率、汇率调整等增加的费用。

2) 价差预备费的测算方法

价差预备费一般根据国家规定的投资综合价格指数，以估算年份价格水平的投资额为基数，采用复利方法计算，如图 1-6 所示。其计算公式为

$$\mathrm{PF}=\sum_{t=1}^{n}[I_t(1+f)^m(1+f)^{0.5}(1+f)^{t-1}-1]=\sum_{t=1}^{n}[I_t(1+f)^{(m+t-0.5)}-1] \tag{1-37}$$

式中：PF——价差预备费；

I_t——建设期中第 t 年的投资计划额，包括工程费用、工程建设其他费用及基本预备费，即第 t 年的静态投资计划额；

n——建设期年份数；

f——年涨价率；

m——建设前期年限(从编制估算到开工建设，单位：年)。

年涨价率，政府部门有规定的按规定执行，没有规定的由可行性研究人员预测。

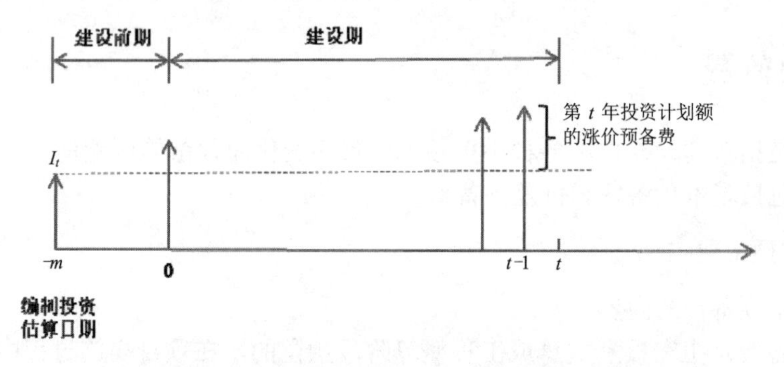

图 1-6 第 t 年静态投资计划额的价差预备费计算原理图

【例 1.5】某建设项目静态投资 20000 万元，项目建设前期年限为 1 年，建设期为 2 年，计划每年完成投资 50%，年均投资价格上涨率为 5%。计算该项目建设期价差预备费。

解: 第一年的价差预备费: $\mathrm{PF}_1=I_1[(1+f)(1+f)^{0.5}-1]=10000\times[(1+5\%)^{1+1-0.5}-1]=759.30$(万元)

第二年的价差预备费: $\mathrm{PF}_2=I_1[(1+f)(1+f)^{0.5}(1+f)-1]=10000\times[(1+5\%)^{1+2-0.5}-1]=1297.26$(万元)

所以建设期的价差预备费为: $\mathrm{PF}=\mathrm{PF}_1+\mathrm{PF}_2=759.30+1297.26=2056.56$(万元)。

1.6.2 建设期贷款利息

建设期贷款利息主要是指在建设期内发生的为工程项目筹措资金的融资费用及债务资金利息。

(1) 在总贷款分年均衡发放的前提下，可按当年借款在年中支用考虑，即当年借款按半年计息，上一年借款按全年计息。其计算公式为

$$q_j = \left(p_{j-1} + \frac{1}{2} A_j \right) \cdot i \tag{1-38}$$

式中：q_j——建设期第 j 年应计利息；

P_{j-1}——建设期第(j−1)年年末贷款累计本金与利息之和；

A_j——建设期第 j 年贷款金额；

i——年利率。

【**例 1.6**】某新建项目，建设期为 3 年，分年均衡进行贷款，第一年贷款 600 万元，第二年贷款 1200 万元，第三年贷款 800 万元，年利率为 12%，建设期内只计息不支付，计算建设期贷款利息。

解：建设期隔年利息计算如下：

第一年贷款利息：$q_1 = \left(0 + \frac{1}{2} A_1 \right) \cdot i = 0.5 \times 600 \times 12\% = 36$ (万元)

第二年贷款利息：$q_2 = \left(p_1 + \frac{1}{2} A_2 \right) \cdot i = \left(600 + 36 + \frac{1}{2} \times 1200 \right) \times 12\% = 148.32$ (万元)

第三年贷款利息：

$q_3 = \left(p_2 + \frac{1}{2} A_3 \right) \cdot i = \left(600 + 1200 + 36 + 148.32 + \frac{1}{2} \times 800 \right) \times 12\% = 286.12$ (万元)

所以，建设期利息=q_1+q_2+q_3=36+148.32+286.12=470.44(万元)

(2) 当贷款总额在年初一次性带出且利率固定时，建设期贷款利息按下式计算：

$$l = P(1+i)^n - P \tag{1-39}$$

式中：P——一次性贷款数额；

i——年利率；

n——计算期；

I——贷款利息。

1.7　造价工程师职业资格制度

注册造价工程师是指通过土木建筑工程或者安装工程专业造价工程师职业资格考试，取得造价工程师职业资格证书或者通过资格认定、资格互认，注册后，从事工程造价活动的专业人员。根据建人〔2018〕67 号文件中《造价工程师职业资格制度规定》，造价工程师分为一级造价工程师和二级造价工程师。一级造价工程师的英文为 Class1 Cost Engineer，二级造价工程师的英文为 Class2 Cost Engineer。

工程造价咨询企业应配备造价工程师；工程建设活动中有关工程造价管理岗位按需要配备造价工程师。

1.7.1　造价工程师职业资格考试

一级造价工程师职业资格考试全国统一大纲、统一命题、统一组织。二级造价工程师职业资格考试全国统一大纲，各省、自治区、直辖市自主命题并自行组织实施。

1．报考条件

1) 一级造价工程师报考条件

凡遵守中华人民共和国宪法、法律和法规，具有良好的业务素质和道德品行，具备下列条件之一者，可以申请参加一级造价工程师职业资格考试。

(1) 具有工程造价专业大学专科(或高等职业教育)学历，从事工程造价业务工作满5年；具有土木建筑、水利、装备制造、交通运输、电子信息、财经商贸大类大学专科(或高等职业教育)学历，从事工程造价业务工作满6年。

(2) 具有通过工程教育专业评估(认证)的工程管理、工程造价专业大学本科学历或学位，从事工程造价业务工作满4年；具有工学、管理学、经济学门类大学本科学历或学位，从事工程造价业务工作满5年。

(3) 具有工学、管理学、经济学门类硕士学位或者第二学士学位，从事工程造价业务工作满3年。

(4) 具有工学、管理学、经济学门类博士学位，从事工程造价业务工作满1年。

(5) 具有其他专业相应学历或者学位的人员，从事工程造价业务工作的年限相应地增加1年。

2) 二级造价工程师报考条件

凡遵守中华人民共和国宪法、法律和法规，具有良好的业务素质和道德品行，具备下列条件之一者，可以申请参加二级造价工程师职业资格考试。

(1) 具有工程造价专业大学专科(或高等职业教育)学历，从事工程造价业务工作满2年；具有土木建筑、水利、装备制造、交通运输、电子信息、财经商贸大类大学专科(或高等职业教育)学历，从事工程造价业务工作满3年。

(2) 具有工程管理、工程造价专业大学本科及以上学历或学位，从事工程造价业务工作满1年；具有工学、管理学、经济学门类大学本科及以上学历或学位，从事工程造价业务工作满2年。

(3) 具有其他专业相应学历或学位的人员，从事工程造价业务工作年限相应增加1年。

2．考试科目

造价工程师职业资格考试设置基础科目和专业科目。

一级造价工程师职业资格考试设《建设工程造价管理》《建设工程计价》《建设工程技术与计量》《建设工程造价案例分析》4个科目。其中，《建设工程造价管理》和《建设工程计价》为基础科目，《建设工程技术与计量》和《建设工程造价案例分析》为专业科目。

二级造价工程师职业资格考试设《建设工程造价管理基础知识》《建设工程计量与计价实务》2个科目。其中，《建设工程造价管理基础知识》为基础科目，《建设工程计量与计价实务》为专业科目。

造价工程师职业资格考试专业科目分为4个专业类别，即土木建筑工程、交通运输工程、水利工程和安装工程，考生在报名时可根据实际工作需要选择其一。其中，土木建筑工程、安装工程专业由中华人民共和国住房和城乡建设部负责，交通运输工程专业由交通运输部负责，水利工程专业由水利部负责。

已取得造价工程师一种专业职业资格证书的人员，报名参加其他专业科目考试的，可免考基础科目。具有以下条件之一的，参加一级造价工程师考试可免考基础科目。

(1) 已取得公路工程造价人员资格证书(甲级)。

(2) 已取得水运工程造价工程师资格证书。

(3) 已取得水利工程造价工程师资格证书。

具有以下条件之一的，参加二级造价工程师考试可免考基础科目。

(1) 已取得全国建设工程造价员资格证书。

(2) 已取得公路工程造价人员资格证书(乙级)。

(3) 具有经专业教育评估(认证)的工程管理、工程造价专业学士学位的大学本科毕业生。

3. 职业资格证书

一级造价工程师职业资格考试合格者，由各省、自治区、直辖市人力资源社会保障行政主管部门颁发中华人民共和国一级造价工程师职业资格证书。该证书由人力资源社会保障部统一印制，住房城乡建设部、交通运输部、水利部按专业类别分别与人力资源社会保障部用印，在全国范围内有效。

二级造价工程师职业资格考试合格者，由各省、自治区、直辖市人力资源社会保障行政主管部门颁发中华人民共和国二级造价工程师职业资格证书。该证书由各省、自治区、直辖市住房和城乡建设、交通运输、水利行政主管部门按专业类别分别与人力资源社会保障行政主管部门用印，原则上在所在行政区域内有效。

1.7.2　造价工程师注册

国家对造价工程师职业资格实行执业注册管理制度。取得造价工程师职业资格证书且从事工程造价相关工作的人员，经注册方可以造价工程师名义执业。

住房城乡建设部、交通运输部、水利部分别负责一级造价工程师注册及相关工作。各省、自治区、直辖市住房城乡建设、交通运输、水利行政主管部门按专业类别分别负责二级造价工程师注册及相关工作。

经批准注册的申请人，由住房城乡建设部、交通运输部、水利部核发《中华人民共和国一级造价工程师注册证》(或电子证书)；或由各省、自治区、直辖市住房城乡建设、交通运输、水利行政主管部门核发《中华人民共和国二级造价工程师注册证》(或电子证书)。

造价工程师执业时应持注册证书和执业印章。注册证书、执业印章的样式以及注册证书的编号规则由住房城乡建设部会同交通运输部、水利部统一制定。执业印章由注册造价工程师按照统一规定自行制作。

1.7.3　造价工程师执业

造价工程师在工作中，必须遵纪守法，恪守职业道德和从业规范，诚信执业，主动接受有关主管部门的监督检查，加强行业自律。造价工程师不得同时受聘于两个或两个以上

单位执业，不得允许他人以本人名义执业，严禁“证书挂靠”。出租出借注册证书的，依据相关法律法规进行处罚；构成犯罪的，依法追究刑事责任。

1. 一级造价工程师执业范围

一级造价工程师的执业范围包括建设项目全过程的工程造价管理与咨询等，具体内容如下。

(1) 项目建议书、可行性研究投资估算与审核，项目评价造价分析。

(2) 建设工程设计概算、施工预算编制和审核。

(3) 建设工程招标投标文件工程量和造价的编制与审核。

(4) 建设工程合同价款、结算价款、竣工决算价款的编制与管理。

(5) 建设工程审计、仲裁、诉讼、保险中的造价鉴定，工程造价纠纷调解。

(6) 建设工程计价依据、造价指标的编制与管理。

(7) 与工程造价管理有关的其他事项。

2. 二级造价工程师执业范围

二级造价工程师主要协助一级造价工程师开展相关工作，可独立开展以下具体工作。

(1) 建设工程工料分析、计划、组织与成本管理，施工图预算、设计概算的编制。

(2) 建设工程量清单、最高投标限价、投标报价的编制。

(3) 建设工程合同价款、结算价款和竣工决算价款的编制。

造价工程师应在本人在工程造价咨询成果文件上签章，并承担相应的责任。工程造价咨询成果文件应由一级造价工程师审核并加盖执业印章。

1.7.4 造价工程师的权利和义务

1. 造价工程师的权利

注册造价工程师享有下列权利。

(1) 使用注册造价工程师名称。

(2) 依法从事工程造价业务。

(3) 在本人执业活动中形成的工程造价成果文件上签字并加盖执业印章。

(4) 发起设立工程造价咨询企业。

(5) 保管和使用本人的注册证书和执业印章。

(6) 参加继续教育。

2. 造价工程师的义务

注册造价工程师应当履行下列义务。

(1) 遵守法律、法规、有关管理规定，恪守职业道德。

(2) 保证执业活动成果的质量。

(3) 接受继续教育，提高执业水平。

(4) 执行工程造价计价标准和计价方法。

(5) 与当事人有利害关系的，应当主动回避。

(6) 保守在执业过程中知悉的国家秘密和他人的商业、技术秘密。

注册造价工程师应当根据执业范围，在本人形成的工程造价成果文件上签字并加盖执业印章，并承担相应的法律责任。最终出具的工程造价成果文件应当由一级造价工程师审核并签字盖章。修改经注册造价工程师签字盖章的工程造价成果文件，应当由签字盖章的注册造价工程师本人进行；注册造价工程师本人因特殊情况不能进行修改的，应当由其他注册造价工程师修改，并签字盖章；修改工程造价成果文件的注册造价工程师对修改部分承担相应的法律责任。

1.8　工程造价咨询企业

工程造价咨询企业，是指接受委托，对建设项目投资、工程造价的确定与控制提供专业咨询服务的企业。工程造价咨询企业应当依法取得工程造价咨询企业资质，并在其资质等级许可的范围内从事工程造价咨询活动。

国务院住房城乡建设主管部门负责全国工程造价咨询企业的统一监督管理工作。各省、自治区、直辖市人民政府住房和城乡建设主管部门负责本行政区域内工程造价咨询企业的监督管理工作。

1.8.1　工程造价咨询企业资质等级

工程造价咨询企业资质等级分为甲级、乙级。

1. 甲级工程造价咨询企业资质标准

甲级工程造价咨询企业资质标准如下。

(1) 已取得乙级工程造价咨询企业资质证书满 3 年。

(2) 技术负责人已取得一级造价工程师注册证书，并具有工程或工程经济类高级专业技术职称，且从事工程造价专业工作 15 年以上。

(3) 专职从事工程造价专业工作的人员(以下简称专职专业人员)不少于 12 人，其中，具有工程(或工程经济类)中级以上专业技术职称或者取得二级造价工程师注册证书的人员合计不少于 10 人；取得一级造价工程师注册证书的人员不少于 6 人，其他人员具有从事工程造价专业工作的经历。

(4) 企业与专职专业人员签订劳动合同，且专职专业人员符合国家规定的职业年龄(出资人除外)。

(5) 企业近 3 年工程造价咨询营业收入累计不低于人民币 500 万元。

(6) 企业为本单位专职专业人员办理的社会基本养老保险手续齐全。

(7) 在申请核定资质等级之日前 3 年内无《工程造价咨询企业管理办法》第二十五条禁止的行为。

2. 乙级工程造价咨询企业资质标准

乙级工程造价咨询企业资质标准如下。

(1) 技术负责人已取得一级造价工程师注册证书，并具有工程或工程经济类高级专业技术职称，且从事工程造价专业工作10年以上。

(2) 专职专业人员不少于6人，其中，具有工程(或工程经济类)中级以上专业技术职称或者取得二级造价工程师注册证书的人员合计不少于4人；取得一级造价工程师注册证书的人员不少于3人，其他人员具有从事工程造价专业工作的经历。

(3) 企业与专职专业人员签订劳动合同，且专职专业人员符合国家规定的职业年龄(出资人除外)。

(4) 企业为本单位专职专业人员办理的社会基本养老保险手续齐全。

(5) 暂定期内工程造价咨询营业收入累计不低于人民币50万元。

(6) 申请核定资质等级之日前无《工程造价咨询企业管理办法》第二十五条禁止的行为。

1.8.2 工程造价咨询企业资质许可

工程造价咨询企业资质许可如下。

(1) 甲级工程造价咨询企业资质，由国务院住房城乡建设主管部门审批。申请甲级工程造价咨询企业资质的，可以向申请人工商注册所在地省、自治区、直辖市人民政府住房和城乡建设主管部门或者国务院有关专业部门提交申请材料。各省、自治区、直辖市人民政府住房城乡建设主管部门或者国务院有关专业部门收到申请材料后，应当在5日内将全部申请材料报国务院住房和城乡建设主管部门，国务院住房城乡建设主管部门应当自受理之日起20日内作出决定。

(2) 申请乙级工程造价咨询企业资质的，由各省、自治区、直辖市人民政府住房和城乡建设主管部门审查决定。其中，申请有关专业乙级工程造价咨询企业资质的，由各省、自治区、直辖市人民政府住房城乡建设主管部门商同级有关专业部门审查决定。乙级工程造价咨询企业资质许可的实施程序由各省、自治区、直辖市人民政府住房和城乡建设主管部门依法确定。各省、自治区、直辖市人民政府住房城乡建设主管部门应当自作出决定之日起30日内，将准予资质许可的决定报国务院住房和城乡建设主管部门备案。

(3) 企业在申请工程造价咨询甲级(或乙级)资质，以及在资质延续、变更时，应当提交下列申报材料。

① 工程造价咨询企业资质申请书(含企业法定代表人承诺书)。

② 专职专业人员(含技术负责人)的中级以上专业技术职称证书和身份证。

③ 企业开具的工程造价咨询营业收入发票和对应的工程造价咨询合同(如发票能体现工程造价咨询业务的，可不提供对应的工程造价咨询合同；新申请工程造价咨询企业资质的，不需提供)。

④ 工程造价咨询企业资质证书(新申请工程造价咨询企业资质的，不需提供)。

⑤ 企业营业执照。

企业在申请工程造价咨询甲级(或乙级)资质，以及在资质延续、变更时，企业法定代表人应当对下列事项进行承诺，并由资质许可机关调查核实。

① 企业与专职专业人员签订劳动合同。

② 企业缴纳营业收入的增值税。

③ 企业为专职专业人员(含技术负责人)缴纳本年度社会基本养老保险费用。

(4) 新申请工程造价咨询企业资质的，其资质等级核定为乙级，设暂定期一年。暂定期届满需继续从事工程造价咨询活动的，应当在暂定期届满 30 日前，向资质许可机关申请换发资质证书。符合乙级资质条件的，由资质许可机关换发资质证书。

(5) 准予资质许可的，资质许可机关应当向申请人颁发工程造价咨询企业资质证书。工程造价咨询企业资质证书由国务院住房城乡建设主管部门统一印制，分正本和副本。正本和副本具有同等法律效力。工程造价咨询企业遗失资质证书的，应当向资质许可机关申请补办，由资质许可机关在官网发布信息。

(6) 工程造价咨询企业资质有效期为 3 年。资质有效期届满，需要继续从事工程造价咨询活动的，应当在资质有效期届满 30 日前向资质许可机关提出资质延续申请。资质许可机关应当根据申请作出是否准予延续的决定。准予延续的，资质有效期延续 3 年。

(7) 工程造价咨询企业的名称、住所、组织形式、法定代表人、技术负责人、注册资本等事项发生变更的，应当自变更确立之日起 30 日内，到资质许可机关办理资质证书变更手续。

(8) 工程造价咨询企业合并的，合并后存续或者新设立的工程造价咨询企业可以承继合并前各方中较高的资质等级，但应当符合相应的资质等级条件。工程造价咨询企业分立的，只能由分立后的一方承继原工程造价咨询企业的资质等级，但应当符合原工程造价咨询企业资质等级条件。

1.8.3　工程造价咨询管理

工程造价咨询企业依法从事工程造价咨询活动，不受行政区域的限制。甲级工程造价咨询企业可以从事各类建设项目的工程造价咨询业务。乙级工程造价咨询企业可以从事工程造价 2 亿元人民币以下各类建设项目的工程造价咨询业务。

1．工程造价咨询业务范围

(1) 建设项目建议书及可行性研究投资估算、项目经济评价报告的编制和审核。

(2) 建设项目概预算的编制与审核，并配合设计方案比选、优化设计、限额设计等工作进行工程造价分析与控制。

(3) 建设项目合同价款的确定(包括招标工程工程量清单和标底、投标报价的编制和审核)；合同价款的签订与调整(包括工程变更、工程洽商和索赔费用的计算)及工程款支付，工程结算及竣工结(决)算报告的编制与审核等。

(4) 工程造价经济纠纷的鉴定和仲裁的咨询。

(5) 提供工程造价信息服务等。

工程造价咨询企业可以对建设项目的组织实施进行全过程或者若干阶段的管理和服务。

2．工程造价咨询企业的责任和义务

(1) 工程造价咨询企业在承接各类建设项目的工程造价咨询业务时，应当与委托人订

立书面工程造价咨询合同。工程造价咨询企业与委托人可以参照《建设工程造价咨询合同》(示范文本)订立合同。

(2) 工程造价咨询企业从事工程造价咨询业务，应当按照有关规定的要求出具工程造价成果文件。工程造价成果文件应当由工程造价咨询企业加盖有企业名称、资质等级及证书编号的执业印章，并由执行咨询业务的注册造价工程师签字、加盖执业印章。

(3) 工程造价咨询企业跨省、自治区、直辖市承接工程造价咨询业务的，应当自承接业务之日起30日内到建设工程所在地省、自治区、直辖市人民政府住房和城乡建设主管部门备案。

(4) 工程造价咨询收费应当按照有关规定，由当事人在建设工程造价咨询合同中约定。

(5) 工程造价咨询企业不得有下列行为。

① 涂改、倒卖、出租、出借资质证书，或者以其他形式非法转让资质证书。

② 超越资质等级业务范围承接工程造价咨询业务。

③ 同时接受招标人和投标人或两个以上投标人对同一工程项目的工程造价咨询业务。

④ 以给予回扣、恶意压低收费等方式进行不正当竞争。

⑤ 转包承接的工程造价咨询业务。

⑥ 法律、法规禁止的其他行为。

(6) 除法律、法规另有规定外，未经委托人书面同意，工程造价咨询企业不得对外提供工程造价咨询服务过程中获知的当事人的商业秘密和业务资料。

3. 可以撤销工程造价咨询企业资质的情况

有下列情形之一的，资质许可机关或者其上级机关，根据利害关系人的请求或者依据职权，可以撤销工程造价咨询企业的资质。

(1) 资质许可机关工作人员滥用职权、玩忽职守作出准予工程造价咨询企业资质许可的。

(2) 超越法定职权作出准予工程造价咨询企业资质许可的。

(3) 违反法定程序作出准予工程造价咨询企业资质许可的。

(4) 对不具备行政许可条件的申请人作出准予工程造价咨询企业资质许可的。

(5) 依法可以撤销工程造价咨询企业资质的其他情形。

工程造价咨询企业以欺骗、贿赂等不正当手段取得工程造价咨询企业资质的，应当予以撤销。

4. 可以撤回工程造价咨询企业资质的情况

工程造价咨询企业取得工程造价咨询企业资质后，不再符合相应资质条件的，资质许可机关根据利害关系人的请求或者依据职权，可以责令其限期改正；逾期不改的，可以撤回其资质。

5. 应当注销工程造价咨询企业资质的情况

有下列情形之一的，资质许可机关应当依法注销工程造价咨询企业资质。

(1) 工程造价咨询企业资质有效期满，未申请延续的。

(2) 工程造价咨询企业资质被撤销、撤回的。

(3) 工程造价咨询企业依法终止的。

(4) 法律、法规规定的应当注销工程造价咨询企业资质的其他情形。

1.8.4 法律责任

(1) 申请人隐瞒有关情况或者提供虚假材料申请工程造价咨询企业资质的，不予受理或者不予资质许可，并给予警告，申请人在 1 年内不得再次申请工程造价咨询企业资质。

(2) 以欺骗、贿赂等不正当手段取得工程造价咨询企业资质的，由县级以上地方人民政府住房城乡建设主管部门或者有关专业部门给予警告，并处以 1 万元以上 3 万元以下的罚款，申请人 3 年内不得再次申请工程造价咨询企业资质。

(3) 未取得工程造价咨询企业资质从事工程造价咨询活动或者超越资质等级承接工程造价咨询业务的，出具的工程造价成果文件无效，由县级以上地方人民政府住房和城乡建设主管部门或者有关专业部门给予警告，责令限期改正，并处以 1 万元以上 3 万元以下的罚款。

(4) 工程造价咨询企业不及时办理资质证书变更手续的，由资质许可机关责令限期办理；逾期不办理的，可处以 1 万元以下的罚款。

(5) 跨省、自治区、直辖市承接业务不备案的，由县级以上地方人民政府住房城乡建设主管部门或者有关专业部门给予警告，责令限期改正；逾期未改正的，可处以 5000 元以上 2 万元以下的罚款。

(6) 工程造价咨询企业有“2．工程造价咨询企业的责任和义务”中“(5)工程造价咨询企业不得有下列行为”中行为之一的，由县级以上地方人民政府住房和城乡建设主管部门或者有关专业部门给予警告，责令限期改正，并处以 1 万元以上 3 万元以下的罚款。

(7) 资质许可机关有下列情形之一的，由其上级行政主管部门或者监察机关责令改正，对直接负责的主管人员和其他直接责任人员依法给予处分；构成犯罪的，依法追究刑事责任。

① 对不符合法定条件的申请人准予工程造价咨询企业资质许可或者超越职权作出准予工程造价咨询企业资质许可决定的。

② 对符合法定条件的申请人不予工程造价咨询企业资质许可或者不在法定期限内作出准予工程造价咨询企业资质许可决定的。

③ 利用职务上的便利，收受他人财物或者其他利益的。

④ 不履行监督管理职责，或者发现违法行为不予查处的。

1.9 案 例 分 析

【案例一】某建设项目，设备购置费为 5000 万元，工器具及生产家具定额费率 5%，建安工程费 580 万元，工程建设其他费 150 万元，基本预备费率 3%，建设期 2 年，各年投资比例分别为 40%、60%，建设期内价格变动率为 6%，如果 3000 万元为银行贷款，其余为自有资金，各年贷款比例分别为 70%、30%，求建设期涨价预备费、建设期贷款利息，假设贷款年利率为 10%；项目建设前期年限为 1 年，求本工程造价。

【解】(1) 工器具及生产家具购置费=5000×5%=250(万元)

(2) 基本预备费=(5000+250+580+150)×3%=179.4(万元)

(3) 静态投资=250+5000+580+150+179.4=6159.4(万元)

(4) 第一年涨价预备费=6159.4×40%×($1.06^{1.5}$−1)=225.03(万元)

第二年涨价预备费=6159.4×60%×($1.06^{2.5}$−1)=579.54(万元)

建设期涨价预备费=225.03+579.54=804.57(万元)

(5) 第一年贷款利息=3000×70%×0.5×10%=105(万元)

第二年贷款利息=(3000×70%+105+3000×30%×0.5)×10%=265.5(万元)

建设期贷款利息=105+265.5=370.5(万元)

汇总：工程造价=设备及工器具购置费+建筑安装工程费用+工程建设其他费用
+预备费+建设期贷款利息
=6159.4+804.57+370.5=7334.47(万元)

【案例二】某工业建设项目，在运营期扩大经营，打算加购一台进口设备，经询价该进口设备的离岸价为800万美元，现行海洋运输公司海运费率为6%，海运保险费率为3.5‰，外贸手续费率、银行手续费率、关税税率和增值税率分别是1.5%、5‰、17%、13%。国内供销手续费费率为0.4%，运输、装卸和包装费率为0.1%，采购及保管费率1%。美元兑换汇率按照1美元=6.6元人民币计算。计算该进口设备的购置费。

【解】该进口设备的购置费=设备原价+设备运杂费

(1) 进口设备原价计算如表1-6所示。

表1-6 设备原价计算

构成	计算公式	计算结果(万元)
货价	FOB=800×6.6	5280.00
国际运费	国际运费=5280×6%	316.80
运输保险费	运输保险费=[(5280.00+316.80)/(1−3.5‰)×3.5‰	19.66
银行财务费	银行财务费=5280.00×5‰	26.40
外贸手续费	外贸手续费=(5280.00+316.80+19.66)×1.5%	84.25
关税	关税=(5280.00+316.80+19.66)×17%	954.80
增值税	进口环节增值税额=(5280.00+316.80+19.66+954.80)×13% =6571.26×13%	854.26
进口设备原价	进口设备原价= 5280.00+316.80+19.66+26.40+84.25+954.80	7536.17

(2) 设备运杂费计算。

国内供销、运输、装卸和包装费率=进口设备原价×费率
=7536.17×(0.4%+0.1%)=37.68(万元)

采购及保管费=(进口设备原价+国内供销、运输、装卸和包装费率)×1%
=(7536.17+37.68)×1%=75.74(万元)

进口设备国内运杂费=国内供销、运输、装卸和包装费率+采购及保管费
=37.68+75.74=113.42(万元)

(3) 进口设备购置费=7536.17+113.42=7649.59(万元)。

本 章 小 结

本章首先介绍了工程造价的含义、特点及工程计价的特征；然后讲解了工程造价的构成，并将计算例题融入，以方便学习者理解；最后介绍了造价工程师的含义、分类、考试规定、注册以及执业的相关规定，讲解了工程造价咨询企业的相关规定。

习题

习题参考答案

第 2 章　建设工程造价确定依据

【学习目标】

1. 素质目标

- 弘扬传统文化，增强文化自信和爱国情怀，热爱工程造价行业。
- 培养学生团队协作精神和良好的职业道德，认真严谨和实事求是的工作作风。
- 诚实守信、客观公正、坚持准则、具有规范意识和良好的职业道德。

2. 知识目标

- 了解不同种类的工程计价依据。
- 掌握建筑安装工程人工、材料、机械台班定额消耗量的确定方法。
- 掌握建筑安装工程人工、材料、机具台班单价的确定方法。
- 熟悉工程计价定额。
- 了解工程造价信息累积相关知识。

3. 能力目标

- 能根据不同的情况选择合适的计价依据。
- 能进行简单的人工、材料、机械台班定额消耗量的计算。
- 能进行简单的人工、材料、机具台班单价的计算。
- 能对已有的工程造价信息进行整理、利用。

2.1　工程造价计价依据概述

工程造价计价依据的分类

2.1.1　工程造价计价依据的分类

工程造价计价依据，是用以计算工程造价的基础资料的总称，包括工程定额，人工、材料、机械台班及设备单价，工程量清单，工程造价指数，工程量计算规则，以及政府主管部门发布的有关工程造价的经济法规、政策等。工程的多次计价有各不相同的计价依据，由于影响造价的因素很多，决定了计价依据的复杂性。计价依据主要可分为以下几类。

(1) 设备和工程量计算依据，包括项目建议书、可行性研究报告、设计文件、相关的工程量计算规则、规范等。

(2) 人工、材料、机械等实物消耗量计算依据，包括投资估算指标、概算定额、预算定额、消耗量定额等。

(3) 工程单价计算依据，包括人工单价、材料价格、材料运杂费、机械台班费、概算定额、预算定额等。

(4) 设备单价计算依据，包括设备原价、设备运杂费、进口设备关税等。

(5) 措施费、间接费和工程建设其他费用计算依据，主要是相关的费用定额和指标。

(6) 政府规定的税、费。

(7) 物价指数和工程造价指数等工程造价信息资料。

工程计价依据的复杂性不仅使计算过程复杂，而且需要计价人员熟悉各类依据，并加以正确应用。根据工程造价计价依据的不同，目前我国处于工程定额计价和工程量清单计价两种计价模式并存的状态。

2.1.2　工程定额体系

定额的分类

定额即规定的额度。在建筑生产中，为了完成建筑产品，必须消耗一定数量的劳动力、材料和机械台班以及相应的资金，在一定的生产条件下，用一定的方法制定生产质量合格的单位建筑产品所需要的劳动力、材料和机械台班等的数量标准，即为建筑工程定额。

按照不同的原则和方法划分为不同的定额，具体如下。

1. 按照反映的生产要素消耗内容

按照反映的生产要素消耗内容将建设工程定额分为劳动消耗定额、材料消耗定额和机械消耗定额。这三类定额是制定各种实用性定额的基础，因此也称为基础定额。

(1) 劳动消耗定额简称劳动定额，也称为人工定额，指完成一定数量的合格产品(工程实体或劳务)规定的劳动消耗的数量标准。劳动定额大多采用工作时间消耗量来计算劳动消耗的数量。劳动定额的主要表现形式是时间定额，但同时也表现为产量定额。时间定额与产量定额互为倒数。

(2) 机械消耗定额又称为机械台班定额，是以一台机械一个工作台班为计量单位。机械消耗定额是指为完成一定数量的合格产品(工程实体或劳务)所规定的施工机械消耗的数量标准。机械消耗定额的主要表现形式是机械时间定额，同时也表现为产量定额。机械时间定额与产量定额互为倒数。

(3) 材料消耗定额简称材料定额，是指完成一定数量的合格产品所需要消耗材料的数量标准。

材料是工程建设中使用的原材料、成品、半成品、构配件、燃料以及水、电等动力资源的统称。材料作为劳动对象构成工程的实体，需用数量很大、种类很多。所以，材料消耗的多少，消耗是否合理，对建设工程的项目投资、建筑产品的成本控制都起着决定性影响。

2. 按照编制程序和用途

按照编制程序和用途，将建设工程定额分为施工定额(基础定额)、预算定额、概算定额、概算指标、投资估算指标。上述各种定额间的关系如表 2-1 所示。

表 2-1　各种定额间的关系

定额分类	施工定额	预算定额	概算定额	概算指标	投资概算指标
对象	施工过程或基本工序	分项工程或结构构件	扩大的分项工程或扩大的结构构件	单位工程	建设项目、单项工程、单位工程
用途	编制施工预算	编制施工图预算	编制扩大初步设计概算	编制初步设计概算	编制投资估算
项目划分	最细	细	较粗	粗	很粗
定额水平	平均先进	平均	平均	平均	平均
定额性质	生产性定额	计价性定额			

3．按照投资的费用性质

按照投资的费用性质，将建设工程定额分为建筑工程定额、设备安装工程定额、建筑安装工程费用定额、工器具定额以及工程建设其他费用定额等。

(1) 建筑工程定额是建筑工程的施工定额、预算定额、概算定额和概算指标的统称。

(2) 设备安装工程定额是安装工程的施工定额、预算定额、概算定额和概算指标的统称。设备安装工程一般是指对需要安装的设备进行定位、组合、校正、调试等工作的工程。在通用定额中有时把建筑工程定额和安装工程定额合二为一，称为建筑安装工程定额。建筑安装工程定额属于直接工程费定额，仅仅包括施工过程中人工、材料、机械台班消耗的数量标准。

(3) 建筑安装工程费用定额一般包括两部分内容，即措施费定额和间接费定额。

(4) 工、器具定额是为新建或扩建项目投产运转首次配置的工具、器具数量标准。工具和器具是指按照有关规定不够固定资产标准而起劳动手段作用的工具、器具和生产用家具。

(5) 工程建设其他费用定额是独立于建筑安装工程定额、设备和工器具购置之外的其他费用开支的标准。其他费用定额是按各项独立费用分别编制的，以便合理控制这些费用的开支。

4．按照专业性质

按照专业性质，将建设工程定额分为全国通用定额、行业通用定额和专业专用定额。

(1) 全国通用定额是指在部门间和地区间都可以使用的定额。

(2) 行业通用定额是指具有专业特点的、在行业部门内可以通用的定额。

(3) 专业专用定额是指特殊专业的定额，只能在指定范围内使用。

5．按照主编单位和管理权限

按照主编单位和管理权限，将建设工程定额分为全国统一定额、行业统一定额、地区统一定额、企业定额、补充定额。

(1) 全国统一定额是由国家建设行政主管部门，综合全国工程建设中技术和施工组织管理的情况编制，并在全国范围内执行的定额。

(2) 行业统一定额是由行业建设行政主管部门，考虑到各行业部门专业工程技术特点以及施工生产和管理水平所编制的，一般只在本行业和相同专业性质的范围内使用。

(3) 地区统一定额是由地区建设行政主管部门，考虑地区性特点和全国统一定额水平进行适当调整和补充而编制的，仅在本地区范围内使用。

(4) 企业定额是指由施工企业考虑本企业的具体情况，参照国家、部门或地区定额进行编制，在本企业内部使用的定额。企业定额水平应高于国家现行定额，才能满足生产技术发展、企业管理和增强市场竞争能力的需要。

(5) 补充定额是指随着设计、施工技术的发展，现行定额不能满足需要的情况下，为了补充缺陷所编制的定额。补充定额只能在指定的范围内使用，可以作为以后修订定额的基础。

2.1.3　工程定额的作用与特点

1) 定额的作用

工程定额的作用

在工程项目的计划、设计和施工中，工程定额具有以下几方面的作用。

(1) 定额是编制计划的基础。

工程建设活动需要编制各种计划来组织与指导生产，计划编制中需要各种定额来作为计算人力、物力、财力等资源需要量的依据。

(2) 定额是确定工程造价的依据和评价设计方案经济合理性的尺度。

工程造价是根据由设计规定的工程规模、工程数量及相应需要的劳动力、材料、机械设备消耗量及其他必须消耗的资金确定的。其中，劳动力、材料、机械设备的消耗量可以根据定额计算出来的，定额成为确定工程造价的依据之一。同时，建设项目投资的大小又反映了各种不同设计方案技术经济水平的高低。因此，定额又是比较和评价设计方案经济合理性的尺度。

(3) 定额是组织和管理施工的工具。

在建筑工程项目管理中，需要计算、平衡资源需要量、组织材料供应、调配劳动力、签发任务单、组织劳动竞赛、调动人的积极因素、考核工程消耗和劳动生产率、贯彻按劳分配工资制度、计算工人报酬等，都可以利用定额。企业定额成为建筑企业组织和管理施工的工具。

(4) 定额是总结先进生产方法的手段。

可以以定额方法为手段，对同一产品在同一操作条件下的不同的生产方法进行观察、分析和总结，从而得到一套比较完整的、优良的生产方法，以及在施工生产中推广的范例。

2) 定额的特点

在工程项目的计划、设计和施工中，工程定额具有以下几个特点。

(1) 科学性。

工程定额的科学性包括两重含义：一重含义是指工程定额和生产力发展水平相适应，反映出工程建设中生产消费的客观规律；另一重含义是指工程定额管理在理论、方法和手段上适应现代科学技术和信息社会发展的需要。

工程定额的科学性，首先，表现在用科学的态度制定定额，尊重客观实际，力求定额

水平合理；其次，表现在制定定额的技术方法上，利用现代科学管理的成就，形成一套系统的、完整的、在实践中行之有效的方法；最后，表现在定额制定和贯彻的一体化。制定定额是为了提供贯彻的依据，贯彻是为了实现管理的目标，也是对定额信息的反馈。

(2) 系统性。

工程定额是相对独立的系统。它是由多种定额结合而成的有机的整体。它的结构复杂、层次鲜明、目标明确。

工程定额的系统性是由工程建设的特点决定的。按照系统论的观点，工程建设就是庞大的实体系统。工程定额是为了这个实体系统服务的。因而工程建设本身的多种类、多层次决定了以它为服务对象的工程定额的多种类、多层次。从整个国民经济来看，进行固定资产生产和再生产的工程建设，是一个有多项工程集合体的整体，其中包括农、林、水、利、轻纺、机械、煤炭、电力、石油、冶金、化工、建材、交通运输、邮电工程，以及商业物资、科学教育文化、卫生体育、社会福利和住宅工程等。这些工程的建设又有严格的项目划分，如建设项目、单项工程、单位工程、分部分项工程；在计划和实施过程中有严密的逻辑阶段，如规划、可行性研究、设计、施工、竣工交付使用，以及投入使用后的维修，与此相适应必然会形成多种类、多层次的工程定额。

(3) 统一性。

工程定额的统一性，主要是由国家对经济发展的有计划的宏观调控职能决定的。为了使国民经济按照既定的目标发展，就需要借助某些标准、定额、参数等，对工程建设进行规划、组织、调节、控制。

工程定额的统一性按照其影响力和执行范围来看，有全国统一定额，地区统一定额和行业统一定额等；按照定额的制定、颁布和贯彻使用来看，有统一的程序、统一的原则、统一的要求和统一的用途。

我国工程定额的统一性和工程建设本身的巨大投入和巨大产出有关。它对国民经济的影响不仅表现在投资的总规模和全部建设项目的投资效益等方面，还表现在具体建设项目的投资数额及其投资效益方面。

(4) 指导性。

随着我国建设市场的不断成熟和规范，工程定额尤其是统一定额原具备的指令性特点逐渐弱化，转而成为对整个建设市场和具体建设产品交易的指导作用。

工程定额的指导性的客观基础是定额的科学性。只有科学的定额才能正确地指导客观的交易行为。工程定额的指导性体现在两个方面：一方面，工程定额作为国家各地区和行业颁布的指导性依据，可以规范建设市场的交易行为，在具体的建设产品定价过程中也可以起到相应的参考性作用，同时统一定额还可以作为政府投资项目定价以及造价控制的重要依据；另一方面，在现行的工程量清单计价方式下，体现交易双方自主定价的特点，投标人报价的主要依据是企业定额，但企业定额的编制和完善仍然离不开统一定额的指导。

(5) 稳定性与时效性。

工程定额中的任何一种都是一定时期技术发展和管理水平的反映，因而在一段时间内都表现出稳定的状态。稳定的时间有长有短，一般在 5～10 年之间。保持定额的稳定性是维护定额的指导性所必须的，更是有效地贯彻定额所必须的。如果某种定额处于经常修改变动之中，那么必然会造成执行中的困难和混乱，很容易导致定额指导作用的丧失。工程

定额的不稳定也会给定额的编制工作带来极大的困难。

但是工程定额的稳定性是相对的。当生产力向前发展时，定额就会与生产力不相适应。这样，它原有的作用就会逐步减弱以致消失，需要重新编制或修订。

2.2 建筑安装工程人工、材料、机械台班定额消耗量的确定方法

2.2.1 施工过程

施工过程就是在建设工地范围内所进行的生产过程。每个施工过程的结束，都会获得一定的产品。

根据施工过程组织上的复杂程度，施工过程可以分解为工序、工作过程和综合工作过程。

工序是组织上不可分割的，操作过程中技术上属于同类的施工过程。工序的特征是：工作者不变，劳动对象、劳动工具和工作地点也不变。如果有一项改变，说明由一项工序转入另一项工序。如钢筋制作，由平直、除锈、切断和弯曲等工序组成。编制施工定额时，工序是基本的施工过程，是主要的研究对象。测定定额时，只需分解到工序。工序可以由一个人完成，也可以由几个人协同完成；在机械化施工工序中，包括工人完成的操作和机器完成的工作两部分。

工作过程是同一工人或同一小组完成的在技术操作上相互有机联系的工序的总和。其特点是人员编制不变，工作地点不变，而材料和工具可以变换，如砌墙与勾缝。

综合工作过程是同时进行的，在组织上有机地联系在一起的，最终获得一种产品的施工过程的总和，如浇筑砼，由调制、运送、浇灌和捣实等过程组成。

2.2.2 工作时间分类

1. 工人工作时间消耗的分类

工人工作时间的分类如图 2-1 所示。工人在工作班内消耗的工作时间分为必需消耗的时间和损失时间。

必需消耗的时间是在正常施工条件下，完成一定产品所消耗的时间，是制定定额的主要依据。

损失时间是与施工组织和技术上的缺点有关，与工人在施工中的过失或偶然因素有关的时间消耗。这部分时间不包括在定额中。

2. 机械工作时间消耗的分类

机械工作时间消耗的分类如图 2-2 所示。

同样，必需消耗的时间是正常施工条件下，完成一定产品所消耗的时间，是制定定额的主要根据。损失时间不包括在定额中。

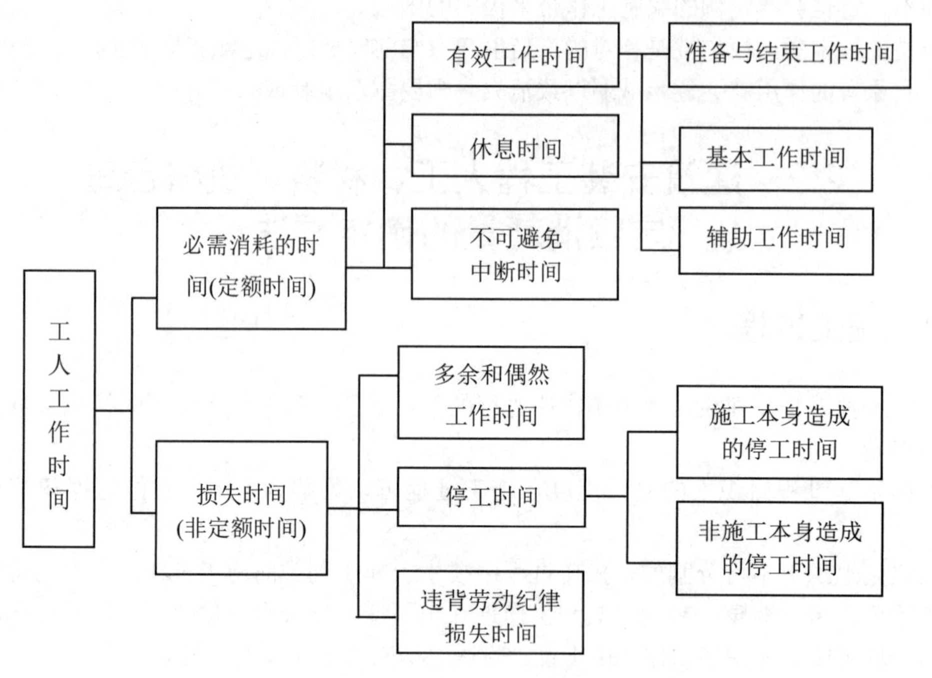

图 2-1　工人工作时间的分类图

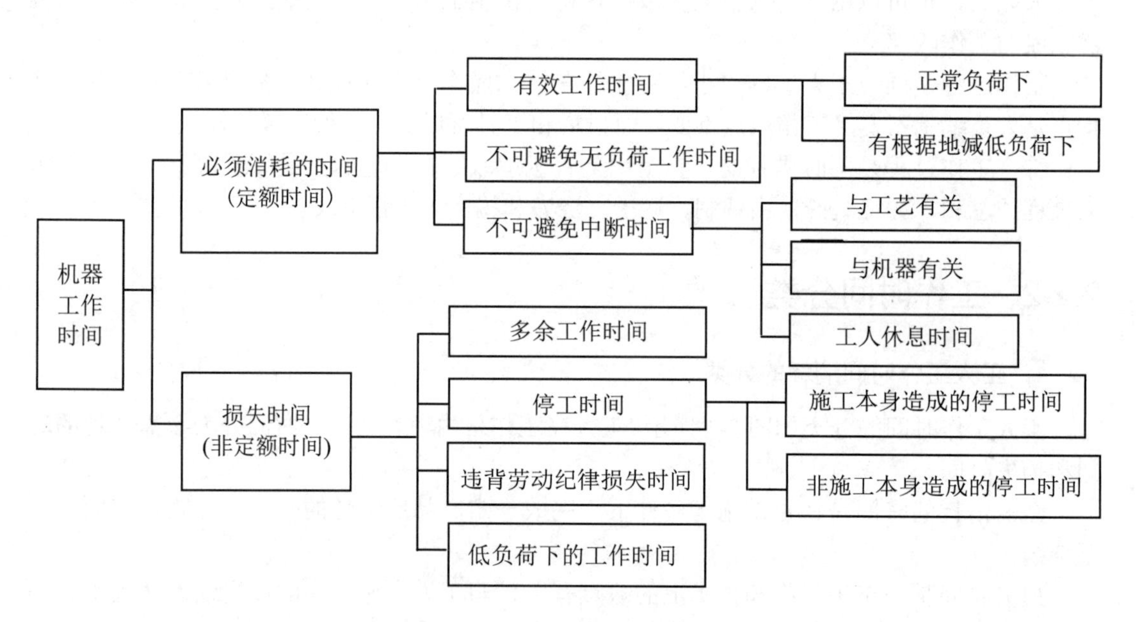

图 2-2　机械工作时间的分类图

2.2.3　测定人工消耗量的基本方法

测定人工消耗量主要使用计时观察法，也称现场观察法，以研究工时消耗为对象，以

观察测时为手段，通过抽样等技术进行直接的时间研究。

计时观察法为制定定额提供基础数据。计时观察法对施工过程进行观察、测时，计算实物和劳务产量，记录施工过程所处的施工条件和确定影响工时消耗的因素。通过时间测定方法，得出相应的观测数据，经加工整理计算后得到制定定额所需要的时间。

计时测定的方法有许多种，主要有三种，即测时法、写实记录法、工作日写实法。

测时法主要适用于测定定时重复的循环工作的工时消耗，是精确度较高的计时观察方法。

写实记录法用普通表格进行，详细记录在一段时间内观察对象的各种活动及其时间消耗，以及完成的产品数量。

工作日写实法是一种研究整个工作班内的各种工时消耗的方法。

编制劳动消耗定额主要包括拟定正常的施工作业条件以及拟定施工作业的定额时间两项工作。

1．拟定正常的施工作业条件

拟定正常的施工作业条件就是要规定执行定额时应该具备的条件，正常条件若不能满足，则可能达不到定额中的劳动消耗量标准。

拟定正常施工的条件包括：拟定施工作业的内容，拟定施工作业的方法，拟定施工作业地点的组织，拟定施工作业人员的组织等。

2．拟定施工作业的定额时间

拟定施工作业的定额时间是在拟定基本工作时间、辅助工作时间、准备与结束时间、不可避免的中断时间，以及休息时间的基础上编制的。

根据时间定额可以计算产量定额，它们互为倒数。

$$\text{工序作业时间}=\text{基本工作时间}+\text{辅助工作时间}=\text{基本工作时间}/(1-\text{辅助时间}\%) \tag{2-1}$$

$$\text{规范时间}=\text{准备与结束工作时间}+\text{不可避免的中断时间}+\text{休息时间} \tag{2-2}$$

$$\text{定额时间}=\text{工序作业时间}/(1-\text{规范时间}\%) \tag{2-3}$$

3．劳动时间定额与产量定额的计算

时间定额是指生产单位合格产品消耗的时间。时间定额以工日为计量单位，具体为工日/m^3、工日/m^2、工日/t等。产量定额是指单位时间内应当完成的合格产品的数量。

【例2.1】某建设项目的土方工程需开挖基槽的土方量为600 m^3，需30名工人施工4.1天才能完成。计算该土方工程的时间定额。

解：30×4.1=123 工日

时间定额=123/600=0.205 工日/m^3

产量定额通常以自然单位或物理单位来表示，如m^2/工日、m^3/工日、t/工日、台/工日、套/工日等。

【例2.2】某砌筑工程有140m^3两砖厚混凝土外墙，由11人组成的砌筑小组需施工15天才能完成。计算该砌筑工程的产量定额。

解：11×15=165 工日

产量定额=140/165=0.848 m^3 /工日

2.2.4 确定机械台班定额消耗量的基本方法

1．拟定机械工作的正常施工条件

机械工作的正常施工条件，包括工作地点的合理组织，施工机械作业方法的拟定，确定配合机械作业的施工小组的组织以及机械工作班制度等。

2．确定机械净工作效率

确定机械净工作效率即确定出机械纯工作 1h 的正常生产率，即

如果机械工作一次循环的正常延续时间用分钟计量，则：

$$\text{机械纯工作一小时循环次数}=60/(\text{一次循环的正常延续时间}) \tag{2-4}$$

$$\text{机械纯工作一小时正常生产率}=\text{机械纯工作一小时循环次数}\times\text{一次循环生产的产品数量} \tag{2-5}$$

3．确定机械的正常利用系数

机械的正常利用系数是指机械在施工作业班内对作业时间的利用率，即

$$\text{机械利用系数}=\frac{\text{工作班净工作时间}}{\text{机械工作班时间}} \tag{2-6}$$

4．计算施工机械定额台班

施工机械定额台班产量定额公式为

$$\text{施工机械台班产量定额}=\text{机械纯工作时间的生产率}\times\text{工作班延续时间}\times\text{机构利用系数} \tag{2-7}$$

5．时间定额

时间定额公式为

$$\text{施工机械台班时间定额}=1/\text{施工机械台班产量定额} \tag{2-8}$$

6．拟定工人小组的定额时间

工人小组的定额时间是指配合施工机械作业的工人小组的工作时间总和，即

$$\text{工人小组定额时间}=\text{施工机械时间定额}\times\text{工人小组的人数} \tag{2-9}$$

【**例 2.3**】某出料容量 500L 的搅拌机，每次循环中，装料、搅拌、卸料、中断需要的时间分别为 1min、3min、1min、1min，机械正常利用系数为 0.9，求该机械的台班产量定额。

解：该机械的一次循环的正常延续时间=1+3+1+1=6(min)=0.1(h)

该机械纯工作 1h 循环次数=10(次)

机械纯工作 1h 正常生产率=10×500=5000(L)=5(m^3)

该机械的台班产量定额=5×8×0.9=36(m^3/台班)

2.2.5　确定材料消耗量的基本方法

1. 材料的分类

1)　材料消耗的性质划分

施工中的材料分为必需的材料消耗和损失的材料。

必需的材料消耗指在合理用料情况下，合格产品所需消耗的材料，包括：直接用于建筑安装工程的材料；不可避免的施工废料；不可避免的材料损耗。

直接用于建筑安装工程的材料，编制材料净用量定额。不可避免的施工废料和材料损耗，编制材料损耗定额。

2)　根据材料使用次数的划分

根据材料使用次数的不同，建筑安装材料可分为非周转性材料和周转性材料。

非周转性材料也称直接性材料，是指施工中一次性消耗并直接构成工程实体的材料，如砖、瓦、灰、砂、石、钢筋、水泥、工程用木材等材料。

周转性材料也称工具性材料，是指在施工过程中能多次使用、反复周转但并不构成工程实体的材料，如模板、活动支架、脚手架、支撑、挡土板等材料。

3)　根据材料消耗与工程实体的关系划分

施工中的材料可分为实体材料和非实体材料两类。

实体材料，是指直接构成工程实体的材料，包括主要材料和辅助材料。主要材料用量大，辅助材料用量少。

非实体材料，是指在施工中必须使用但又不能构成工程实体的施工措施性材料。非实体材料主要是指周转性材料，如模板、脚手架等。

2. 确定材料消耗量的基本方法

确定实体材料的净用量定额和材料损耗定额的计算数据，通过现场技术测定、实验室试验、现场统计和理论计算等方法获得。

(1)　现场技术测定法，主要是编制材料损耗定额，也可以提供编制材料净用量定额的参考数据。其优点是能通过现场观察、测定，取得产品产量和材料消耗的情况，为编制材料定额提供技术根据。

(2)　实验室试验法，主要是编制材料净用量定额。通过试验，能够对材料的结构、化学成分和物理性能以及按强度等级控制的混凝土、砂浆配比作出科学的结论，给编制材料消耗定额提供出有技术根据的、比较精确的计算数据。

(3)　现场统计法，是通过对现场进料、用料的大量统计资料进行分析计算，获得材料消耗的数据。这种方法由于不能分清材料消耗的性质，因而不能作为确定材料净用量定额和材料损耗定额的依据。

(4)　理论计算法，是运用一定的数学公式计算材料消耗定额。

3. 理论计算法的应用

1)　非周转材料

非周转材料消耗量的计算公式为

$$材料消耗量=材料净用量\times(1+材料损耗率) \tag{2-10}$$

【**例 2.4**】计算 240mm 厚标准砖外墙每 m^3 砖和砂浆的总消耗量。其中，灰缝宽为 10 mm，砖和砂浆损耗率均为 1%。

解： 每立方砖外墙砖净用量为

$$净用量=\frac{1\times 2}{(0.24+0.01)\times(0.053+0.01)\times 0.24}=529.1(块)$$

总消耗量=529.1×(1+1%)=534.29 (块)

每立方砖外墙砂浆净用量为

总消耗量=0.226×(1+1%)=0.228(m^3)

2) 周转性材料

周转性材料的消耗量应该按照多次使用、分次摊销，计算摊销量的方法确定。摊销量是指周转性材料使用一次在单位产品上的消耗量，即应分摊到每一单位分项工程或结构构件上的周转性材料的消耗量。摊销量与下面四个因素有关。

(1) 一次使用量：第一次投入使用时的材料数量，主要用于建设单位和施工单位申请备料和编制施工作业计划，可根据构件施工图与施工验收规范计算。

(2) 损耗率：又称平均每次周转补损率，是指材料在第二次和以后各次周转中，因损坏不能复用而需另外补充的数量占一次使用量的百分比。损耗率可采用统计法和观测法来确定。

(3) 周转次数：可根据施工情况和过去经验确定。

(4) 回收量：每周转一次平均可以回收材料的数量，这部分数量应从摊销量中扣除。

下面以混凝土模板为例，进行周转材料消耗量计算的讲解。

(1) 一次使用量的计算。

根据选定的典型构件，按混凝土与模板的接触面积计算模板工程量，然后按下式计算一次使用量。

$$一次使用量=每平方混凝土构件的模板接触面积\times每平方接触面积需模量 \tag{2-11}$$

(2) 周转使用量的计算。

周转使用量是指平均每周转一次的模板用量。工程项目施工是分阶段进行的，模板也是多次周转使用，综合考虑模板的周转次数和每次周转所发生的损耗量等因素，才能准确地计算生产一定计量单位混凝土工程的模板周转使用量。

$$周转使用量=\frac{一次使用量+一次使用量\times(周转次数-1)\times损耗率}{周转次数} \tag{2-12}$$

(3) 回收量的计算。

周转性材料在最后一次使用完毕后，还可以回收一部分，这部分称为回收量，计算公式为

$$回收量=\frac{一次使用量\times(1-损耗率)}{周转次数} \tag{2-13}$$

回收材料是经过多次使用的旧材料，其价值低于原来的价值。因此，还需规定一个折价率，一般为 50%。同时，周转性材料在使用过程中施工单位均要投入人力、物力组织和管理修补工作，此时需额外支付管理费。为了补偿此项费用和简化计算，一般采用减少回

收量、增加摊销量的做法。具体做法为设定一个回收系数，回收系数计算公式为

$$回收系数=\frac{回收折价率}{1+施工管理费率} \tag{2-14}$$

(4) 摊销量的计算。

$$摊销量=周转使用量-回收量\times回收系数 \tag{2-15}$$

【例 2.5】已知某工程混凝土柱每立方模板接触面积为 4.3 m^2，每平方模板接触面积需用板材 0.085m^3，模板周转 6 次，每次周转损耗率 17.4%，施工管理费率为 17.5%。试计算该工程的模板周转使用量、回收量和摊销量。

解： 一次使用量=4.3×0.085=0.3655(m^3)

周转使用量=[0.3655+0.3655×(6−1)×17.4%]/ 6=0.1139(m^3)

回收量=[0.3655−0.3655×17.4%]/ 6=0.0503(m^3)

摊销量=0.1139−0.0503×[50%/(1+17.5%)]=0.093(m^3)

2.3　建筑安装工程人工、材料、机具台班单价的确定方法

人工单价

2.3.1　人工单价

1. 人工单价的组成内容

人工单价是指按工资总额构成的规定，支付给从事建筑安装工程施工的生产工人和附属生产单位工人的各项费用，内容包括计时工资或计件工资、奖金、津贴补贴、加班加点工资、特殊情况下支付的工资。

计时工资或计件工资是指按计时工资标准和工作时间或对已做工作按计件单价支付给个人的劳动报酬。

奖金是指对超额劳动和增收节支支付给个人的劳动报酬，如节约奖、劳动竞赛奖等。

津贴补贴是指为了补偿职工特殊或额外的劳动消耗和因其他特殊原因支付给个人的津贴，以及为了保证职工工资水平不受物价影响而支付给个人的物价补贴，如流动施工津贴、特殊地区施工津贴、高温(寒)作业临时津贴、高空津贴等。

加班工资是指按规定支付的、在法定节假日工作的加班工资和在法定日工作时间外延时工作的加点工资。

特殊情况下支付的工资是指根据国家法律、法规和政策规定，因病、工伤、产假、计划生育假、婚丧假、事假、探亲假、定期休假、停工学习、执行国家或社会义务等原因按计时工资标准或计时工资标准的一定比例支付的工资。

预算定额中的人工单价组成内容，各部门、各地区并不完全相同，或多或少都执行岗位技能工资制度。根据“全民所有制大中型建筑安装企业岗位技能工资制试行方案”，工人岗位工资标准设 8 个岗次，技能工资分初级、中级和高级工、技师和高级技师五类工资标准共 26 档。同时对建筑安装企业流动施工津贴特殊工资、辅助工资也有原则的或具体的规定。

【例 2.6】根据国家相关法律、法规和政策的规定，因停工学习、执行国家或社会义务等原因，按计时工资标准支付的工资属于人工日工资单价中的(　　)。

A. 基本工资　　B. 奖金　　C. 津贴补贴　　D. 特殊情况下支付的工资

答案：D

2. 影响人工单价的因素

1) 社会平均工资水平

建筑安装工人人工单价必然和社会平均工资水平趋同。社会平均工资水平取决于经济发展水平。

2) 生产费指数

生产费指数的提高会影响人工单价的提高，从而减少生活水平的下降，或维持原来的生活水平。生活消费指数的变动决定于物价的变动，尤其决定于生活消费品物价的变动。

3) 人工单价的组成内容

例如住房公积金、社会保险费等列入人工单价，会使人工单价提高。

4) 劳动力市场供需变化

在劳动力市场，如果需求大于供给，人工单价就会提高；供给大于需求，人工单价就会下降。

此外，政府推行的社会保障和福利政策也会影响人工单价的变动。

材料价格

2.3.2 材料单价

1. 材料单价的概念

材料价格是指施工过程中耗费的原材料、辅助材料、构配件、零件、半成品或成品、工程设备的费用。材料单价为材料从来源地到达施工工地仓库(施工现场指定地点)直至出库形成的综合平均价格，内容包括材料原价、材料运杂费、运输损耗费、采购及保管费等。

2. 材料价格包括的内容

1) 材料原价(或供应价格)

供应价也就是材料、工程设备的进货价，一般包括货价和供销部门经营费两部分。这是材料预算价格最重要的构成因素。

供应价是指材料的出厂价、进口材料的到岸价或市场批发价。对同一种材料，因产地、供应渠道不同出现几种原价时，其综合原价可按其供应量的比例加权平均计算。

2) 运杂费

运杂费是指材料自来源地运至工地仓库或指定堆放地点所发生的全部费用，包括调车和驳船费、装卸费、运输费、附加工作费和便于材料运输和保护而发生的包装费。

包装费是为了材料在搬运、保管中不受损失或便于运输而对材料进行包装发生的净费用，但不包括已计入材料原价的包装费。包装费包括水运和陆运的支撑、篷布、包装袋、包装箱、绑扎等费用。材料运到现场或使用后，要对包装品进行回收，回收价值冲减材料预算价格。

材料运输费用包括调车和驳船费、装卸费、运输费及附加工作费，材料运输费用应按照国家有关部门和地方政府交通管理部门的规定计算。同一品种的材料如有若干个来源地，其运输费用可根据每个来源地的运输里程、运输方法和运价标准，用加权平均的方法计算运输费。

3)　运输损耗费

运输损耗费是指材料在装卸和运输过程中发生的合理损耗。运输损耗可以计入运输费用，也可以单独列项计算，其计算公式为

$$\text{运输损耗}=(\text{材料原价}+\text{运杂费})\times\text{运输损耗率} \tag{2-16}$$

4)　采购及保管费

采购及保管费是指为组织材料的采购、供应和保管发生的各项必要费用。采购及保管费一般按材料到库价格的比率取定，如某市费率为 2.5%。其中：采购费占 40%，仓储费占 20%，工地保管费占 20%，仓储损耗占 20%。其计算公式为

$$\text{采购及保管费}=\text{材料运至工地仓库价格}\times\text{采购及保管费费率} \tag{2-17}$$

$$\text{材料单价(预算价格)}=(\text{材料原价}+\text{运杂费}+\text{运输损耗费})\times(1+\text{采购及保管费费率})-\text{包装品回收值} \tag{2-18}$$

【**例 2.7**】某种材料供应价为 145 元/t，不需包装，运杂费为 37.28 元/t，运输损耗为 14.87 元/t，采购及保管费率为 2.5%。求这种材料单价。

解： 材料单价=(145+37.28+14.87)×(1+2.5%)=202.08(元/t)

2.3.3　机械台班单价

1. 机械台班单价及其组成内容

施工机械台班单价是指一台施工机械，在正常运转条件下一个工作班中所发生的全部费用，每台班按八小时工作制计算。

施工机械台班单价包括折旧费、检修费、维护费、安拆费及场外运费、人工费、燃料动力费、养路费及车船使用税等。

(1)　折旧费是指施工机械在规定使用期限内，陆续收回其原值及购置资金的时间价值。

(2)　检修费是指机械设备按规定的大修间隔台班进行必要的检修，以恢复机械正常功能所需的费用。

(3)　维护费是指施工机械在规定的耐用总台班内，按规定的维护间隔进行各级维护和临时故障排除所需的费用。

(4)　安拆费是指施工机械在现场进行安装与拆卸所需的人工、材料、机械和试运转费用以及机械辅助设施的折旧，搭设、拆除等费用；场外运费是指施工机械整体或分体自停放地点运至施工现场或由一施工地点运至另一施工地点的运输、装卸、辅助材料及架线等费用。

安拆费及场外运费根据施工机械不同分为计入台班单价、单独计算和不计算 3 种类型。

①　移动较为频繁的小型机械及部分中型机械，其安拆费及场外运费应计入台班单价，其计算公式为

$$\text{台班安拆费及场外运费}=(\text{一次安拆费及场外运费}\times\text{年平均安拆次数})/\text{年工作台班}$$

② 移动有一定难度的特、大型(少数中型)机械，其安拆费及场外运费应单独计算。

③ 不需安装、拆卸且自身又能开行的机械和固定在车间不需安装、拆卸及运输的机械，其安拆费及场外运费不计算。

④ 自升式塔式起重机安装、拆卸费用的超高起点及其增加费，由各地自行确定。

(5) 人工费是指机上司机(司炉)和其他操作人员的工作日人工费及上述人员在施工机械规定的年工作台班以外的人工费。其计算公式为

$$台班人工费=\frac{人工消耗量\times(1+年制度工作日\times年工作台班)\times人工单价}{年工作台班} \quad (2\text{-}19)$$

(6) 燃料动力费是指施工机械在运转作业中所耗用的固体燃料(煤、木柴)、液体燃料及水、电等费用。其计算公式为

$$燃料动力费=\sum台班燃料动力消耗量\times燃料动力单价 \quad (2\text{-}20)$$

$$台班燃料动力消耗量=(实测数\times4+定额平均值+调查平均值)/6 \quad (2\text{-}21)$$

(7) 养路费及车船使用费是指施工机械按照国家和有关部门的规定应缴纳的养路费、车船使用税、保险费及年检费用等。其计算公式为

$$养路费及车船使用费=(年养路费+年车船使用税+年保险费+年检费用)/年工作台班 \quad (2\text{-}22)$$

2．影响机械台班单价变动的因素

影响机械台班单价变动的因素如下。

(1) 施工机械的价格是影响机械台班单价的重要因素。

(2) 机械使用年限不仅影响折旧费的提取，也影响到大修理费和经常修理费的开支。

(3) 机械的供求关系、使用效率、管理水平直接影响机械台班单价。

(4) 政府征收税费的规定等。

2.3.4 施工仪器仪表台班单价

根据《建设工程施工仪器仪表台班费用编制规则》的规定，施工仪器仪表划分为 7 个类别：自动化仪表及系统、电工仪器仪表、光学仪器、分析仪表、试验机、电子和通信测量仪器仪表、专用仪器仪表。

施工仪器仪表台班单价由 4 项费用组成，包括折旧费、维护费、校验费、动力费。施工仪器仪表台班单价中的费用组成不包括检测软件的相关费用。

1．折旧费

施工仪器仪表台班折旧费是指施工仪器仪表在耐用总台班内，陆续收回其原值的费用。其计算公式为

$$台班折旧费=施工仪器仪表原值\times(1-残值率)/耐用总台班 \quad (2\text{-}23)$$

施工仪器仪表原值应按以下方法取定。

(1) 对从施工企业采集的成交价格，各地区、部门可结合本地区、部门实际情况，综合确定施工仪器仪表原值。

(2) 对从施工仪器仪表展销会采集的参考价格或从施工仪器仪表生产厂、经销商采集

的销售价格，各地区、各部门可结合本地区、本部门的实际情况，测算价格调整系数取定施工仪器仪表原值。

(3) 对类别、名称、性能规格相同而生产厂家不同的施工仪器仪表，各地区、部门可根据施工企业实际购进情况，综合取定施工仪器仪表原值。

(4) 对进口与国产施工仪器仪表性能规格相同的，应以国产为准取定施工仪器仪表原值。

(5) 进口施工仪器仪表原值应按编制期国内市场价格取定。

(6) 施工仪器仪表原值应按不含一次运杂费和采购保管费的价格取定。

残值率是指施工仪器仪表报废时回收其残余价值占施工仪器仪表原值的百分比。残值率应按国家有关规定取定。

耐用总台班是指施工仪器仪表从开始投入使用至报废前所积累的工作总台班数量。耐用总台班应按相关技术指标取定。其计算公式为

$$耐用总台班=年工作台班\times折旧年限 \tag{2-24}$$

(1) 年工作台班是指施工仪器仪表在一个年度内使用的台班数量。其计算公式为

$$年工作台班=年制度工作日\times年使用率 \tag{2-25}$$

年制度工作日应按国家规定制度工作日执行，年使用率应按实际使用情况综合取定。

(2) 折旧年限是指施工仪器仪表逐年计提折旧费的年限。折旧年限应按国家有关规定取定。

2. 维护费

施工仪器仪表台班维护费是指施工仪器仪表各级维护、临时故障排除所需的费用及为保证仪器仪表正常使用所需备件(备品)的维护费用。其计算公式为

$$台班维护费=年维护费/年工作台班 \tag{2-26}$$

年维护费是指施工仪器仪表在一个年度内发生的维护费用。年维护费应按相关的技术指标，结合市场价格综合取定。

3. 校验费

施工仪器仪表台班校验费是指按国家与地方政府规定的标定与检验的费用。其计算公式为

$$台班校验费=年校验费/年工作台班 \tag{2-27}$$

年校验费是指施工仪器仪表在一个年度内发生的校验费用。年校验费应按相关技术指标取定。

4. 动力费

施工仪器仪表台班动力费是指施工仪器仪表在施工过程中所耗用的电费。其计算公式为

$$台班动力费=台班耗电量\times电价 \tag{2-28}$$

台班耗电量应根据施工仪器仪表不同类别，按相关技术指标综合取定。

电价应执行编制期工程造价管理机构发布的信息价格。

2.4 工程计价定额

预算定额

2.4.1 预算定额

1. 预算定额概念

预算定额，是指在合理的施工组织设计、正常的施工条件下、生产一个规定计量单位合格产品所需的人工、材料和机械台班的社会平均消耗量标准，是计算建筑安装产品价格的基础。

预算定额是工程建设中的一项重要的技术经济文件，它的各项指标，反映了在完成规定计量单位，符合设计标准和施工及验收规范要求的分项工程消耗的或劳动和物化劳动的数量限度。这种限度最终决定着单项工程和单位工程的成本和造价。

2. 预算定额的作用

预算定额的作用如下。

(1) 预算定额是编制施工图预算、确定建筑安装工程造价的基础。

施工图设计一经确定，工程预算造价就取决于预算定额水平和人工、材料及机械台班的价格。预算定额起着控制劳动消耗、材料消耗和机械台班使用的作用，进而起着控制建筑产品价格的作用。

(2) 预算定额是编制施工组织设计的依据。

施工组织设计的重要任务之一，是确定施工中所需人力、物力的供求量，并作出最佳安排。施工单位在缺乏本企业施工定额的情况下，根据预算定额，亦能够比较精确地计算出施工中各项资源的需要量，为有计划地组织材料采购和预制件加工、劳动力和施工机械的调配，提供了可靠的计算依据。

(3) 预算定额是工程价款支付的依据。

按进度支付工程款，需要根据预算定额将已完分项工程的造价算出。单位工程验收后，再按竣工工程量、预算定额和施工合同规定进行结算，以保证建设单位建设资金的合理使用和施工单位的经济收入。

(4) 预算定额是施工单位进行经济活动分析的依据。

预算定额规定的物化劳动和劳动消耗指标，是施工单位在生产经营中允许消耗的最高标准。施工单位可以预算定额作为评价企业工作的重要标准，作为努力实现的目标。施工单位可根据预算定额对施工中的劳动、材料、机械的消耗情况进行具体的分析，以便找出并克服低功效、高消耗的薄弱环节，提高竞争能力。只有在施工中尽量降低劳动消耗，采用新技术、提高劳动者素质，提高劳动生产率，才能取得较好的经济效益。

(5) 预算定额是编制概算定额的基础。

概算定额是在预算定额基础上综合扩大编制的。利用预算定额作为编制依据，不但可以节省编制工作的大量人力、物力和时间，收到事半功倍的效果，还可以使概算定额在水平上与预算定额保持一致，以免造成执行中的不一致。

(6) 预算定额是合理编制招标标底、投标报价的基础。

在深化改革的过程中，预算定额的指令性作用将日益削弱，而施工单位按照工程个别

成本报价的指导性作用仍然存在，因此预算定额作为编制标底的依据和施工企业报价的基础性作用仍将存在，这也是由于预算定额本身的科学性和权威性决定的。

3. 预算定额的编制方法

1) 人工工日消耗量的计算

预算定额中人工工日消耗量是指在正常施工条件下，生产单位合格产品所必需消耗的人工工日数量，是由分项工程所综合的各个工序劳动定额包括的基本用工、其他用工两部分组成的。

人工工日消耗水平有两种确定方法：一种是以劳动定额为基础确定；另一种是以现场观察测定资料为基础计算，主要用于遇到劳动定额缺项时，采用现场工作日写实等测时方法测定和计算定额的人工消耗量。

(1) 基本用工是指完成单位合格产品所必需消耗的技术工种用工。按技术工种相应劳动定额人工定额计算，以不同工种列出定额工日。

基本用工包括以下几种

① 完成定额计量单位的主要用工。

$$\text{基本用工}=\sum(\text{综合取定的工程量}\times\text{劳动定额}) \tag{2-29}$$

② 按劳动定额规定应增加计算的用工量。

③ 由于预算定额是以劳动定额子目综合扩大的，包括的工作内容较多，需要另外增加用工，列入基本用工内。

(2) 其他用工包括以下几种。

① 超运距用工。超运距是指劳动定额中已包括的材料、半成品场内水平搬运距离与预算定额所考虑的现场材料、半成品堆放地点到操作地点的水平运输距离之差。

$$\text{超运距}=\text{预算定额取定运距}-\text{劳动定额已包括的运距} \tag{2-30}$$

② 辅助用工，是指技术工种劳动定额内不包括而在预算定额内又必须考虑的用工。如机械土方工程配合用工、材料加工(筛砂、洗石)、电焊点火用工等。其计算公式为

$$\text{辅助用工}=\sum(\text{材料加工数量}\times\text{相应的加工劳动定额}) \tag{2-31}$$

③ 人工幅度差，即预算定额与劳动定额的差额，主要是指在劳动定额中未包括而在正常施工情况下不可避免但又很难准确计量的用工和各种工时损失。其包括：各工种间的工序搭接及交叉作业相互配合或影响所发生的停歇用工；施工机械在单位工程之间转移及临时水电线路移动所造成的停工；质量检查和隐蔽工程验收工作的影响；班组操作地点转移用工；工序交接时对前一工序不可避免的修整用工；施工中不可避免的其他零星用工。

$$\text{人工幅度差}=(\text{基本用工}+\text{辅助用工}+\text{超运距用工})\times\text{人工幅度差系数} \tag{2-32}$$

人工幅度差系数一般为 10%～15%。

在预算定额中，人工幅度差的用工量列入其他用工量中。

2) 材料消耗量的计算

材料消耗量是指完成单位合格产品所必须消耗的材料数量，包括：主要材料，指直接构成工程实体的材料，其中也包括成品、半成品的材料；辅助材料，也是构成工程实体除主要材料以外的其他材料，如垫木钉子、铅丝等；其他材料，指用量较少，难以计量的零星用料，如棉纱、编号用的油漆等。

材料消耗量计算方法主要有：凡有标准规格的材料，按规范要求计算定额计量单位的耗用量，如砖、防水卷材、块料面层等；凡设计图纸标注尺寸及下料要求的按设计图纸尺寸计算材料净用量，如钢筋工程等；换算法，如各种胶结、涂料等材料的配合比用料，可以根据要求条件换算，得出材料用量；测定法，包括试验室试验法和现场观察法。

材料损耗量，是指在正常条件下不可避免的材料损耗，如现场内材料运输及施工操作过程中的损耗等。其计算公式为

材料损耗率=损耗量/净用量×100%　　(2-33)

材料消耗量=材料净用量+损耗量　　(2-34)

3)　机械台班消耗量的计算

预算定额中的机械台班消耗量是指在正常施工条件下，生产单位合格产品(分部分项工程或结构构件)必需消耗的某种型号施工机械的台班数量。

(1)　根据施工定额确定机械台班消耗量的计算，是指将施工定额或劳动定额中机械台班产量加机械幅度差计算预算定额的机械台班消耗量。

机械台班幅度差是指正常施工组织条件下不可避免的机械空转时间，施工技术原因的中断及合理停滞时间，因供电供水故障及水电线路移动检修而发生的运转中断时间，因气候变化或机械本身故障影响工时利用的时间，施工机械转移及配套机械相互影响损失的时间，配合机械施工的工人因与其他工种交叉造成的间歇时间，因检查工程质量造成的机械停歇的时间，工程收尾和工作量不饱满造成的机械停歇时间等。

大型机械幅度差系数为：土方机械 25%，打桩机械 33%，吊装机械 30%，砂浆、混凝土搅拌机由于按小组配用，以小组产量计算机械台班产量，不另增加机械幅度差。其他分部工程中如钢筋加工、木材、水磨石等各项专用机械的幅度差为 10%。其计算公式为

预算定额机械耗用台班=施工定额机械耗用台班×(1+机械幅度差系数)　　(2-35)

(2)　以现场测定资料为基础确定机械台班消耗量。

如遇到施工定额(劳动定额)缺项者，则需要依据单位时间完成的产量测定为基础确定机械台班消耗量。

2.4.2　概算定额

1. 概算定额的概念

概算定额以扩大结构构件、分部工程或扩大分项工程为研究对象，以预算定额为基础，根据通用设计或标准图等资料，经过适当地综合扩大，规定完成一定计量单位的合格产品，所需人工、材料、机械台班等消耗量的数量标准。

建筑安装工程概算定额基价又称扩大单位估价表，是确定概算定额单位产品所需全部材料费、人工费、施工机械使用费之和的文件，是概算定额在各地区以价格表现的具体形式。其计算公式为

概算定额基价=概算定额材料费+概算定额人工费+概算定额施工机械使用费　　(2-36)

其中：

概算定额材料费=$\sum$(材料概算定额消耗量×材料预算价格)　　(2-37)

概算定额人工费=$\sum$(人工概算定额消耗量×人工工资单价)　　(2-38)

概算定额机械费=$\sum$(施工机械概算定额消耗量×机械台班单价)　　(2-39)

概算定额是预算定额的合并与扩大，将预算定额中有联系的若干个分项工程项目综合为一个概算定额项目。例如砖基础概算定额项目，通常以砖基础为主，综合了平整场地、挖沟槽(坑)、铺设垫层、砌砖基础、铺设防潮层、回填土及运土等预算定额项目。

2．概算定额的作用

概算定额的作用如下。

(1) 概算定额是初步设计阶段编制建设项目设计概算的依据。

(2) 概算定额是设计方案比较的依据。

(3) 概算定额是编制主要材料需要量的计算基础。

(4) 概算定额是编制概算指标的基础。

3．概算定额的内容与形式

与预算定额表现形式一样，概算定额分文字说明部分和定额项目表。

文字说明包括总说明和章说明。其中，总说明描述概算定额的编制依据、使用范围、包括的内容及作用、应遵守的规则及建筑面积计算规则等；章说明主要说明本章包括的综合工作及工程量计算规则等。

定额项目表是概算定额的主要内容，由若干定额项目组成。每个表都是由工作内容、定额表及附注说明组成。定额表中有定额编号，计量单位，概算价格和人工、材料、机械台班消耗量指标。

2.4.3　概算指标

1．概算指标的概念

建筑安装工程概算指标通常是以单位工程为对象，以建筑面积、体积或成套设备的台或组为计量单位而规定的人工、材料和机械台班的消耗量标准和造价指标。

建筑安装工程概算指标比概算定额具有更加概括与扩大的特点。

2．概算指标的作用

概算指标的作用如下。

(1) 概算指标可以作为编制投资估算的参考。

(2) 概算指标中的主要材料指标可以作为计算主要材料用量的依据。

(3) 概算指标是设计单位进行设计方案比较和优选的依据。

(4) 概算指标是编制固定资产投资计划、确定投资额的主要依据。

3．概算指标与概算定额的区别

概算指标与概算定额的区别如下。

1) 对象不同

概算定额以单位扩大分项工程或单位扩大结构构件为对象。概算指标以整栋建筑物和构筑物为对象。概算指标比概算定额更加综合和扩大。

2) 确定各种消耗量指标的依据不同

概算定额以预算定额为基础，通过计算、综合确定各种消耗量指标。概算指标中的各

种消耗量指标主要来自预算或结算资料。

4．概算指标的编制原则

概算指标的编制原则如下。

(1) 按平均水平确定概算指标的原则。

(2) 概算指标的内容和表现形式，要贯彻简明适用的原则。

(3) 概算指标的编制依据，必须具有代表性。

5．概算指标的内容

概算指标由文字说明和列表形式的指标以及必要的附录组成。

(1) 建筑工程指标，包括房屋建筑、构筑物，一般是以建筑面积、建筑体积、座、个等为计算单位，附以必要的示意图或单线平面图，列出综合指标：元/m^2 或元/m^3。说明自然条件、建筑物的类型、结构形式及各部位中结构主要特点、主要工程量等。

(2) 安装工程指标。设备以“t”或“台”为计算单位，也有以设备购置费或设备原价的百分比表示，工艺管道一般以“t”为计算单位，通信电话站安装以“站”为计算单位。列出指标编号、项目名称、规格、综合指标之后，一般还要列出其中的人工费，必要时还要列出主材费、辅材费。

2.4.4　投资估算指标

1．投资估算指标及其作用

工程建设投资估算指标是编制建设项目建议书、可行性研究报告等前期工作阶段投资估算的依据，也可以作为编制固定资产长远规划投资额的参考。估算指标的正确制定对于提高投资估算的准确性、对建设项目的合理评估、正确决策具有重要意义。

2．投资估算指标的内容

投资估算指标可分为建设项目综合指标、单项工程指标和单位工程指标 3 个层次。

(1) 建设项目综合指标一般以项目的综合生产能力以单位投资表示，包括单项工程投资、工程建设其他费用和预备费等，如元/t、元/kW 或以使用功能表示，如医院床位：元/床。

(2) 单项工程指标一般以单项工程生产能力以单位投资，如元/t 或其他单位表示。如变配电站为元/(kVA)；锅炉房为元/蒸汽吨；供水站为元/m^3。办公室、仓库、宿舍、住宅等房屋则区别不同结构形式，以元/m^2 表示。单项工程估算指标，包括构成该单项工程全部费用的估算费用。

(3) 单位工程指标，包括构成该单位工程的全部建筑安装工程费用，不包括工程建设其他费。

2.4.5　企业定额

企业定额

1．概述

企业定额是指建筑安装企业根据企业自身的技术水平和管理水平，所确定的完成单位

合格产品所必需的人工、材料和施工机械台班的消耗量，以及其他生产经营要素消耗的数量标准。

企业定额反映了企业的施工生产与生产消费之间的数量关系，不仅能体现企业个别的劳动生产率和技术装备水平，同时也是衡量企业管理水平的标尺，是企业加强集约经营、精细管理的前提和主要手段。

在工程量清单计价模式下，每个企业均应拥有反映自己企业能力的企业定额，企业定额的定额水平与企业的技术和管理水平相适应，企业的技术和管理水平不同，企业定额的定额水平也就不同。从一定意义上讲，企业定额是企业的商业秘密，是企业参与市场竞争的核心竞争能力的具体表现。

作为企业定额，必须具备以下特点。

(1) 其各项平均消耗要比社会平均水平低，体现其先进性。

(2) 可以表现本企业在某些方面的技术优势。

(3) 可以表现本企业局部或全面管理方面的优势。

(4) 所有匹配的单价都是动态的，具有市场性。

(5) 能与施工方案全面接轨。

2．企业定额编制

企业定额的编制内容包括编制方案、总说明、工程量计算规则、定额项目划分、定额水平的测定(工、料、机消耗水平和管理成本费的测算和制定)、定额水平的测算、定额编制基础资料的整理归类和编写。具体的编制内容如下。

(1) 工程实体消耗定额，即构成工程实体的分部(项)工程的工、料、机的定额消耗量。

(2) 措施性消耗量，即为保证工程正常施工所采用的措施的消耗，是根据工程当时当地的情况以及施工经验进行的合理配置。措施性消耗应包括模板的选择、配置与周转，脚手架的合理使用与搭拆，各种机械设备的合理配置等措施性项目。

(3) 由计费规则、计价程序、有关规定及相关说明组成的编制规定。

企业定额的构成及表现形式应视编制的目的而定，可参照统一定额，也可以采用灵活多变的形式，以满足需要和便于使用为准。例如企业定额的编制目的如果是为了控制工耗和计算工人劳动报酬，应采取劳动定额的形式；如果是为了企业进行工程成本核算，以及为投标报价提供依据，应采取施工定额或单位估价表的形式。

编制企业定额的方法很多，与其他类型定额的编制方法基本一致。概括起来，主要有定额修正法、经验统计法、现场观察测定法、理论计算法等。

(1) 定额修正法的思路是以已有的全国(地区)定额、行业定额等为蓝本，结合企业实际情况和工程量清单计价规范等的要求，调整定额的结构、项目范围等，在自行测算的基础上形成企业定额。

(2) 经验统计法是企业对在建和完工项目的资料数据中，运用抽样统计的方法，对有关项目的消耗数据进行统计测算，最终形成自己的定额消耗数据。这种方法充分利用了企业的实际数据，对于常见的项目有较高的准确性。但这种方法对于企业历史资料和历史数据的要求较高，依赖性较强，一旦数据有误，造成的误差就会相当大。

(3) 现场观察测定法是我国多年来专业测定定额的常用方法。这种方法的特点是能够把现场工时消耗情况和施工组织技术条件联系起来加以观察、测时、计量和分析，以获得

该施工过程的技术组织条件下工时消耗的有技术根据的基础资料。这种方法技术简便、应用面广和资料全面，适用于影响工程造价大的主要项目及新技术、新工艺、新施工方法的劳动力消耗和机械台班水平的测定。

(4) 理论计算法是根据施工图纸、施工规范及材料规格，用理论计算的方法求出定额中的理论消耗量，将理论消耗量加上合理的损耗，得出定额实际消耗水平的方法。

理论计算法在编制定额时不能独立使用，只有与统计分析法(用来测算损耗率)相结合才能共同完成定额子目的编制。

这些方法各有优缺点，它们不是绝对独立的，实际工作过程中可以结合起来使用，互为补充，互为验证。企业应根据实际需要，确定适合自己的方法体系。

2.5 工程造价信息累积

2.5.1 工程造价信息

1. 概念

工程造价信息是一切有关工程造价的特征、状态及其变动的消息的组合。

在工程承发包市场和工程建设中，工程造价是最灵敏的调节器和指示器，无论是政府工程造价主管部门还是工程承发包者，都要通过接收工程造价信息来了解工程建设市场动态，预测工程造价发展，决定政府的工程造价政策和工程承发包价。因此，工程造价主管部门和工程承发包者都要接收、加工、传递和利用工程造价信息，工程造价信息作为一种社会资源在工程建设中的地位日趋明显，特别是随着我国逐步开始推行工程量清单计价制度，工程价格从政府计划的指令性价格向市场定价转化，而在市场定价的过程中，信息起着举足轻重的作用，因此工程造价信息资源开发的意义更重要。

2. 工程造价信息包括的主要内容

从广义上讲，所有对工程造价的确定和控制过程起作用的资料都可以称为工程造价信息。例如各种定额资料、标准规范、政策文件等。通常意义的工程造价信息主要指三类造价信息，这三类信息最能体现信息动态性变化特征，并且在工程价格的市场机制中起重要作用。这三类主要工程造价信息如下。

(1) 价格信息，包括各种建筑材料、装修材料、安装材料、人工工资、施工机械等的最新市场价格。这些信息是比较初级的，一般没有经过系统的加工处理。

(2) 指数，主要指根据原始价格信息加工整理得到的各种工程造价指数。

(3) 已完工程信息。已完或在建工程的各种造价信息，可以为拟建或在建工程的造价确定与控制提供依据。这种信息也称工程造价资料。

2.5.2 工程造价指数

1. 工程造价指数的概念

工程造价指数是反映一定时期由于价格变化对工程造价影响程度的一种指标，它是调

整工程造价价差的依据。

工程造价指数反映了报告期与基期相比的价格变动程度和趋势，在工程造价管理中，工程造价指数可以帮助分析价格变动趋势及其原因，估计工程造价变化对宏观经济的影响，承发包双方进行工程估价和结算的重要依据。

2．工程造价指数的分类

按照工程范围、类别、用途分类，工程造价指数可分为以下几种。

(1) 单项价格指数，分别反映各类工程的人工、材料、施工机械及主要设备报告期价格对基期价格的变化程度的指标。可利用它研究主要单项价格变化的情况及趋势。如人工费价格指数、主要材料价格指数、施工机械台班价格指数、主要设备价格指数等。

(2) 综合造价指数，综合反映各类项目或单项工程人工费、材料费、施工机械使用费和设备费等报告期价格对基期价格变化而影响工程造价程度的指标，是研究造价总水平变动趋势和程度的主要依据。如建筑安装工程造价指数、建设项目或单项工程造价指数、建筑安装工程直接费造价指数、其他直接费及间接费造价指数、工程建设其他费用造价指数等。

按造价资料期限长短分类，可分为以下几种。

(1) 时点造价指数是不同时点价格对比计算的相对数。

(2) 月指数是不同月份价格对比计算的相对数。

(3) 季指数是不同季度价格对比计算的相对数。

(4) 年指数是不同年度价格对比计算的相对数。

按不同基期分类，可分为以下几种。

(1) 定基指数：是各时期价格与某固定时期的价格对比后编制的指数。

(2) 环比指数：是各时期价格都以其前一期价格为基础计算的造价指数。例如，与上月对比计算的指数，为月环比指数。

3．工程造价指数的编制

1) 工料机价格指数的编制

人工、机械台班、材料等要素价格指数的编制是编制建筑安装工程造价指数的基础。其计算公式为

$$\text{工料机价格指数}=\frac{P_n}{P_0} \tag{2-40}$$

其中：P_n 为报告期人工费、施工机械台班和材料、设备预算价格；

P_0 为基期人工费、施工机械台班和材料、设备预算价格。

2) 建筑安装工程造价指数的编制

建筑安装工程造价指数是一种综合性极强的价格指数，可按照下列公式计算。

安装工程造价指数=人工费指数×基期人工费占建筑安装工程造价比例+
$\sum$(单项材料价格指数×基期该单项材料费占建筑安装工程造价比例)
+$\sum$(单项施工机械台班指数×基期该单项机械费占建筑安装工程造价比例)+其他直接费、间接费综合指数×基期其他直接费、间接费用占建筑安装工程造价比例　　(2-41)

3) 设备工器具价格指数的编制

设备工器具的种类、品种和规格很多，其指数一般可选择其中用量大、价格高、变动多的主要设备工器具的购置数量和单价进行登记，按照下面公式进行计算。

$$\text{设备、工器具价格指数}=\frac{\sum(\text{报告期设备工器具单价}\times\text{报告期购置数量})}{\sum(\text{基期设备工器具单价}\times\text{报告期购置数量})} \tag{2-42}$$

4. 建设项目或单项工程造价指数的编制

建设项目或单项工程造价指数的编制，其计算公式为

$$\begin{aligned}\text{建设项目或单项工程造价指数}=&\text{建筑安装工程造价指数}\times\text{基期建筑安装工程费占总造价}\\&\text{的比例}+\sum(\text{单项设备价格指数}\times\text{基期该项设备费占}\\&\text{总造价的比例})+\text{工程建设其他费用指数}\times\\&\text{基期工程建设其他费用占总造价的比例}\end{aligned} \tag{2-43}$$

或：建设项目或单项工程造价指数=

$$\frac{\text{报告期建设项目或单项工程造价}}{\dfrac{\text{报告期建筑安装工程费}}{\text{建筑安装工程造价指数}}+\dfrac{\text{报告期设备工器具费用}}{\text{设备、工器具价格指数}}+\dfrac{\text{报告期工程建设其他费}}{\text{工程建设其他费指数}}} \tag{2-44}$$

【例 2.8】某建设项目投资额及分项价格指数资料如表 2-2 所示。求工程造价指数。

解：$\text{建设工程造价指数}=\dfrac{2400}{5600}\times107.4\%+\dfrac{2360}{5600}\times105.6\%+\dfrac{840}{5600}\times105\%$

$=106.28\%$

说明报告期投资价格比对比的基期上升 6.28%。

表 2-2 某建设项目的投资额和价格指数

单位：万元

费用项目	投资额	分类指数
投资额合计	5600	
1. 建筑安装工程投资	2400	107.4%
2. 设备工器具投资	2360	105.6%
3. 工程建设其他投资	840	105%

2.5.3 工程造价资料的积累与应用

1. 工程造价资料的概念

工程造价资料是指已竣工和在建的有关工程可行性研究、估算、设计概算、施工图预算、工程竣工结算、竣工决算、单位工程施工成本以及新材料、新结构、新设备、新施工工艺等建筑安装工程分部分项的单价分析等资料。

工程造价资料是工程造价宏观管理、决策的基础，是制定修订投资估算指标，概预算定额和其他技术经济指标以及研究工程造价变化规律的基础，是编制、审查、评估项目建议书、可行性研究报告投资估算，进行设计方案比较，编制设计概算，投标报价的重要参

考，也可作为核定固定资产价值，考核投资效果的参考。

工程造价资料可以分为以下几种类别。

(1) 工程造价资料按照其不同的工程类型(如厂房、铁路、住宅、公建、市政工程等)进行划分。

(2) 工程造价资料按照其不同的阶段，一般分为项目可行性研究、投资估算、初步设计概算、施工图预算、工程量清单和报价、竣工结算、竣工决算等。

(3) 工程造价资料按照其组成特点，一般分为建设项目、单项工程和单位工程造价资料，同时也包括有关新材料、新工艺、新设备、新技术的分部分项工程造价资料。

2. 工程造价资料积累的内容

工程造价资料积累的内容应包括“量”(主要工程量、材料数量、设备数量)和“价”，还要包括对造价确实有重要影响的技术经济条件，如工程的概况、建设条件等。

1) 建设项目和单项工程造价资料

建设项目和单项工程造价资料如下。

(1) 对造价有主要影响的技术经济条件。如项目建设标准、建设工期、建设地点等。

(2) 主要的工程量、主要的材料量和主要设备的名称、型号、规格、数量及价格等。

(3) 投资估算、概算、预算、竣工结算、决算及造价指数等。

2) 单位工程造价资料

单位工程造价资料包括工程的内容、建筑结构特征、主要工程量、主要材料的用量和单位、人工工日和人工费以及相应的造价。

3) 其他

其他包括有关新材料、新工艺、新设备、新技术分部分项工程的人工工日，主要材料用量，机械台班用量等。

3. 工程造价资料的管理

1) 建立造价资料积累制度

建立工程造价资料积累制度是工程造价计价依据极其重要的基础性工作。在中国香港和美国、英国等国家，不同阶段的投资估算，以及编制标底、投标报价的主要依据是单位和个人所经常积累的工程造价资料。全面系统地积累和利用工程造价资料，建立稳定的造价资料积累制度，对于我国加强工程造价管理，合理确定和有效控制工程造价具有十分重要的意义。

工程造价资料积累的工作量非常大，牵涉面也非常广，应当依靠各级政府有关部门和行业组织进行组织管理。企业和相关的工程造价咨询企业也需要建立造价资料积累制度，才能适应新时期工程造价的确定和控制的需要。

2) 资料数据库的建立和网络管理

开发通用的工程造价资料管理程序，推广使用计算机建立工程造价资料的资料数据库，提高工程造价资料的适用性和可靠性。

为了便于进行数据的统一管理和信息交流，必须设计出一套科学、系统的编码体系。有了统一的工程分类与相应的编码之后，就可进行数据的搜集、整理和输入工作，得到不同层次的造价资料数据库。

工程造价资料数据库的建立，必须严格遵守统一的标准和规范。

2.6 案 例 分 析

【案例一】某材料从两地采购，采购量分别是600t和400t。采购价分别为500元/t和550元/t。运杂费分别为20元/t和25元/t，运输损耗费率、采购与仓储保管费率为0.5%、3%。请计算该材料的预算单价(该价格均为不含税价格)。

解： 加权平均原价=(500×600+550×400)/1000=520(元/t)

加权平均运杂费=(600×20+400×25)/1000=22(元/t)

运输损耗费=(520+22)×0.5%=2.71(元/t)

材料单价=(520+22+2.71)×(1+3%)=561.05(元/t)

【案例二】用规格为290×240×190的烧结空心砌块砌筑240 mm厚墙体，灰缝宽度为10 mm，砌块损耗率为1%，计算每$10m^3$该种砌体空心砌块的消耗量。

解：

每$10m^3$墙体砖净用量为：

10/[0.24×(0.29+0.01)×(0.19+0.01)] ×(1+1%)=701.39(块)

每$10m^3$该种砌体空心砌块消耗量为：

701.39×(0.29×0.24×0.19)=9.28(m^3)

本 章 小 结

本章对建设工程造价确定依据进行了讲解，主要介绍了建筑安装工程人工、材料、机械台班定额消耗量和单价的确定方法；阐述了预算定额、概算定额、概算指标、投资估算指标、企业定额的原理；讲解了工程造价信息的相关知识。通过以上内容，让读者对建设工程造价确定依据有系统性的了解。

习题

习题参考答案

第 3 章　建设项目决策阶段工程造价控制

【学习目标】

1. 素质目标

- 增强文化自信和爱国情怀。
- 树立正确的价值观和消费观。
- 培养创新意识，增强使命感和担当精神。
- 培养思辨能力。

2. 知识目标

- 了解决策阶段工程造价控制的意义。
- 了解投资估算在决策中的重要性。
- 掌握投资估算的各种方法。
- 了解经济学的基本知识。
- 掌握财务评价的各种指标体系。

3. 能力目标

- 能够运用投资估算的各种方法来估算项目总投资。
- 能够运用财务评价指标及方法进行项目经济分析和评价，确定单个项目的可行性，以及多个可行方案的优选决策。

3.1　建设项目决策概述

3.1.1　建设项目决策的含义

现代决策理论中，决策是为了达到一定的目标，从两个或多个可行的方案中选择一个较优方案的分析判断和抉择的过程。因此，项目投资决策是选择和决定投资行动方案的过程，是对拟建项目的必要性和可行性进行技术经济论证，对不同的建设方案进行技术经济比较及作出判断和决定的过程。正确的项目投资行动来源于正确的项目投资决策。项目决策正确与否，直接关系到项目建设的成败，关系到工程造价的高低及投资效果的好坏。正确的决策是合理确定和控制工程造价的前提。

3.1.2 建设项目决策与工程造价的关系

建设项目决策与工程造价的关系如下。

(1) 项目决策的正确性是工程造价合理性的前提。

项目决策正确，意味着对项目建设作出科学的决断，优选出最佳投资行动方案，达到资源的合理配置，这样才能合理地估计和计算工程造价，并且在实施最优投资方案的过程中，有效地控制工程造价。项目决策失误，主要体现在对不该建设的项目进行投资建设，或者项目建设地点的选择错误，或者投资方案的确定不合理等。诸如此类的决策失误，会直接带来不必要的资金投入和人力、物力及财力的浪费，甚至造成不可弥补的损失。在这种情况下，合理地进行工程造价的计价与控制已经毫无意义了。因此，要想达到工程造价的合理性，事先就要保证项目决策的正确性，避免决策失误。

(2) 项目决策的内容是决定工程造价的基础。

工程造价的计价与控制贯穿于项目建设全过程，但决策阶段各项技术经济决策，对该项目的工程造价有重大影响，特别是建设标准的确定、建设地点的选择、工艺的评选、设备的选用等，直接关系到工程造价的高低。因此，决策阶段是决定工程造价的基础阶段，直接影响着决策阶段之后的各个建设阶段工程造价的计价与控制是否科学、合理的问题。

(3) 造价高低、投资多少也影响项目决策。

决策阶段的投资估算是进行投资方案选择的重要依据之一，同时也是决定项目是否可行及主管部门进行项目审批的参考依据。

(4) 项目决策的深度影响投资估算的精确度，也影响工程造价的控制效果。

投资决策过程，是一个由浅入深、不断深化的过程，依次分为若干工作阶段，不同阶段决策的深度不同，投资估算的精确度也不同。如投资机会及项目建议书阶段，是初步决策的阶段，投资估算的误差率在±30%左右；而详细可行性研究阶段是最终决策阶段，投资估算误差率在±10%以内。另外，由于在项目建设各阶段中，相应地形成投资估算、设计概算、修正概算、施工图预算、承包合同价、结算价及竣工决算。这些造价之间存在着前者控制后者，后者补充前者这样的相互作用关系。按照“前者控制后者”的制约关系，意味着投资估算对其后面的各种形式的造价起着制约作用，作为限额目标。由此可见，只有加强项目决策的深度，采用科学的估算方法和可靠的数据资料，合理地计算投资估算，保证投资估算准确，才能保证其他阶段的造价被控制在合理范围，使投资控制目标能够实现，避免“三超”现象的发生。

3.1.3 项目决策阶段影响工程造价的主要因素

项目决策阶段影响工程造价的主要因素

项目工程造价的多少主要取决于项目的建设标准。建设标准包括有：建设规模、占地面积、工艺装备、建筑标准、配套工程、劳动定员等方面的标准或指标。建设标准是编制、评估、审批项目可行性研究的重要依据，是衡量工程造价是否合理及监督检查项目建设的客观尺度。

建设标准能否起到控制工程造价、指导建设控制的作用，关键在于标准水平制定得合

理与否。标准水平制定得过高，会脱离我国的实际情况和财力、物力的承受能力，增加造价；标准水平制定得过低，将会妨碍技术进步，影响国民经济的发展和人民生活的改善。因此，建设标准水平应从我国目前的经济发展水平出发，根据不同地区、不同规模、不同等级、不同功能的情况，合理确定。在建筑方面，应坚持经济、适用、安全、朴实的原则。建设项目标准中的各项规定，能定量的应尽量给出指标，不能定量的要有定性的原则要求。

1. 项目建设规模

项目建设规模也称项目生产规模，是指项目设定的正常生产营运年份可能达到的生产能力或者使用效益。建设规模的确定，就是要合理选择拟建项目的生产规模，解决“生产多少”的问题。每一个建设项目都存在着一个合理规模的选择问题。生产规模过小，使得资源得不到有效配置，单位产品成本较高，经济效益低下；生产规模过大，超过了项目产品市场的需求量，则会导致开工不足、产品积压或降价销售，致使项目经济效益低下。因此，项目规模的合理选择关系着项目的成败，决定着工程造价合理与否。

合理经济规模是指在一定技术条件下，项目投入产出比处于较优状态，资源和资金可以得到充分利用，并可获得较优经济效益的规模。因此，在确定项目规模时，不仅要考虑项目内部各因素之间的数量匹配、能力协调，还要使所有的生产力因素共同形成的经济实体(如项目)在规模上大小适应。这样可以合理确定和有效控制工程造价，提高项目的经济效益。但同时也须注意，规模扩大所产生的效益不是无限的，它受到技术进步、管理水平、项目经济技术环境等多种因素的制约。超过一定限度，规模效益将不再出现，甚至可能出现单位成本递增和收益递减的现象。

2. 建设地区及建设地点(厂址)

一般情况下，确定某个建设项目的具体地址(或厂址)，需要经过建设地区选择和建设地点选择(厂址选择)这样两个不同层次的、相互联系又相互区别的工作阶段。这两个阶段是一种递进关系。其中，建设地区选择是指在几个不同地区之间对拟建项目适宜配置在哪个区域范围的选择；建设地点选择是指对项目具体坐落位置的选择。

1)　建设地区的选择

建设地区选择得合理与否，在很大程度上决定着拟建项目的命运，影响着工程造价的高低、建设工期的长短、建设质量的好坏，还影响到项目建成后的运营状况。因此，建设地区的选择要充分考虑各种因素的制约，具体要考虑以下因素。

(1)　要符合国民经济发展战略规划、国家工业布局总体规划和地区经济发展规划的要求。

(2)　要根据项目的特点和需要，充分考虑原材料条件、能源条件、水源条件、各地区对项目产品需求及运输条件等。

(3)　要综合考虑气象、地质、水文等建厂的自然条件。

(4)　要充分考虑劳动力来源、生活环境、协作、施工力量、风俗文化等社会环境因素的影响。

因此，在结合考虑上述因素的基础上，建设地区的选择要遵循以下两个基本原则：一是靠近原料、燃料提供地和产品消费地的原则；二是工业项目适当聚集的原则。但是，工业布局的聚集程度，并非越高越好。当工业聚集超越客观条件时，也会带来许多弊端，促

使项目投资增加，经济效益下降。当工业集聚带来的“外部不经济性”的总和超过生产集聚带来的利益时，综合经济效益反而下降，这就表明集聚程度已超过经济合理的界限。

2) 建设地点(厂址)的选择

建设地点的选择是一项极复杂的技术经济综合性很强的系统工程，它不仅涉及项目建设条件、产品生产要素、生态环境和未来产品销售等重要问题，受社会、政治、经济、国防等多因素的制约，而且还直接影响到项目建设投资、建设速度和施工条件，以及未来企业的经营管理及所在地点的城乡建设规划与发展。因此，必须从国民经济和社会发展的全局出发，运用系统的观点和方法分析决策。选择建设地点的要求如下。

(1) 节约土地，少占耕地。项目的建设应尽可能节约土地，尽量把厂址放在荒地、劣地、山地和空地上，尽可能不占或少占耕地，并力求节约用地。尽量节省土地的补偿费用，降低工程造价。

(2) 减少拆迁移民。工程选址、选线应尽量少拆迁、少移民，尽可能不靠近、不穿越人口密集的城镇或居民区，减少或不发生拆迁安置费，降低工程造价。若必须拆迁移民，应制定征地拆迁移民安置方案，考虑移民数量、安置途径、补偿标准、拆迁安置工作量和所需资金等情况，作为前期费用计入项目投资成本。

(3) 应尽量选在工程地质、水文地质条件较好的地段、土壤耐压力应满足拟建厂的要求，严防选在断层、溶岩、流沙层和有用矿床上，以及洪水淹没区、已采矿坑塌陷区、滑坡区。厂址的地下水位应尽可能低于地下建筑物的基准面。

(4) 要有利于厂区合理布置和安全运行。厂区土地面积与外形能满足厂房与各种构筑物的需要，并适合于按科学的工艺流程布置厂房与构筑物，满足生产安全的要求。厂区地形力求平坦而略有坡度(一般以 5%～10%为宜)，以减少平整土地的土方工程量，节约投资，且便于地面排水。

(5) 应尽量靠近交通运输条件和水电等供应条件好的地方。厂址应靠近铁路、公路、水路，以缩短运输距离，减少建设投资和未来的运营成本；厂址应设在供电、供热和其他协作条件便于取得的地方，有利于施工条件的满足和项目运营期间的正常运作。

(6) 应尽量减少对环境的污染。对于排放大量有害气体和烟尘的项目，不能建在城市的上风口，以免对整个城市造成污染；对于噪声大的项目，厂址应选在距离居民集中地区较远的地方，同时，要设置一定宽度的绿化带，以减弱噪声的干扰；对于生产或使用易燃、易爆、辐射产品的项目，厂址应远离城镇和居民密集区。

上述条件能否满足，不仅关系到建设工程造价的高低和建设期限，对项目投产后的运营状况也有很大影响。因此，在确定厂址时，也应进行方案的技术经济分析、比较，从而选择最佳厂址。

3．技术方案

生产技术方案是指产品生产所采用的工艺流程和生产方法。技术方案不仅影响项目的建设成本，也影响项目建成后的运营成本。因此，技术方案的选择直接影响项目的工程造价，必须认真选择和确定。

1) 技术方案选择的基本原则

(1) 先进适用。这是评定技术方案最基本的标准。要根据国情和建设项目的经济效益，

综合考虑先进与适用的关系。对于拟采用的工艺，除了必须保证能用指定的原材料按时生产出符合数量、质量要求的产品外，还要考虑与企业的生产和销售条件(包括原有设备能否配套，技术和管理水平、市场需求、原材料种类等)是否相适应，特别要考虑到原有设备能否利用，技术和管理水平能否跟上。

(2) 安全可靠。项目所采用的技术或工艺，必须经过多次试验和实践证明是成熟的，技术过关，质量可靠，有详细的技术分析数据和可靠性记录，并且生产工艺的危害程度控制在国家规定的标准之内，才能确保生产安全运行，发挥项目的经济效益。对于核电站、产生有毒有害和易燃易爆物质的项目(比如油田、煤矿等)及水利水电枢纽等项目，更应重视技术的安全性和可靠性。

(3) 经济合理。经济合理是指所用的技术或工艺应能以尽可能小的消耗获得尽可能大的经济效果，要求综合考虑所用技术或工艺所能产生的经济效益和国家的经济承受能力。在可行性研究中提出几种不同的技术方案，各方案的劳动需要量、能源消耗量、投资数量等可能不同，在产品质量和产品成本等方面可能也有差异，因而应反复进行比较，从中挑选最经济合理的技术或工艺。

2) 技术方案选择的内容

(1) 生产方法选择。生产方法直接影响生产工艺流程的选择。一般在选择生产方法时，从以下几个方面着手。

① 研究与项目产品相关的国内外的生产方法，分析比较其优缺点和发展趋势，采用先进适用的生产方法。

② 研究拟采用的生产方法要与采用的原材料相适应。

③ 研究拟采用生产方法的技术来源的可得性，若采用引进技术或专利，应比较所需费用。

④ 研究拟采用生产方法是否符合节能和清洁的要求。

(2) 工艺流程方案选择。工艺流程是指投入物(原料或半成品)经过有次序的生产加工，成为产出物(产品或加工品)的过程。选择工艺流程方案的具体内容包括以下几个方面。

① 研究工艺流程方案对产品质量的保证程度。

② 研究工艺流程各工序间的合理衔接，工艺流程应通畅、简捷。

③ 研究选择先进合理的物料消耗定额，提高收效和效率。

④ 研究选择主要工艺参数。

⑤ 研究工艺流程的柔性安排，既能保证主要工序生产的稳定性，又能根据市场需求变化，使生产的产品在品种规格上保持一定的灵活性。

4．设备方案

在生产工艺流程和生产技术确定后，就要根据工厂生产规模和工艺过程的要求，选择设备的型号和数量。设备的选择与技术密切相关，二者必须匹配。没有先进的技术，再好的设备也没有用，没有先进的设备，技术的先进性则无法体现。对于主要设备方案的选择，应符合以下要求。

(1) 主要设备方案应与确定的建设规模、产品方案和技术方案相适应，并满足项目投产后生产或使用的要求。

(2) 主要设备之间、主要设备与辅助设备之间，能力要相互匹配。

(3) 设备质量可靠、性能成熟，保证生产和产品质量稳定。

(4) 在保证设备性能前提下，力求经济合理。

(5) 选择的设备应符合政府部门或专门机构发布的技术标准要求。

因此，在设备选用中，应处理好以下问题。

(1) 要尽量选用国产设备。凡国内能够制造，并能保证质量、数量和按期供货的设备，或者进口专利技术就能满足要求的，则不必从国外进口整套设备；凡是只要引进关键设备就能由国内配套使用的，就不必成套引进。

(2) 要注意进口设备之间以及国内外设备之间的配套衔接问题。有时一个项目从国外引进设备时，为了考虑各供应厂家的设备特长和价格等问题，可能分别向几家制造厂购买，这时，就必须注意各厂所供设备之间技术、效率等方面的配套衔接问题。为了避免各厂所供设备不配套衔接，引进时最好采用总承包的方式。还有一些项目，一部分为进口国外设备，另一部分则由国内制造，这时，也必须注意国内外设备之间的配套衔接问题。

(3) 要注意进口设备与原有国产设备、厂房之间的配套问题。主要应注意本厂原有国产设备的质量、性能与引进设备是否配套，以免因国内外设备能力不平衡而影响生产。有的项目利用原有厂房安装引进设备，就应把原有厂房的结构、面积、高度以及原有设备的情况了解清楚，以免设备到厂后安装不下或互不适应而造成浪费。

(4) 要注意进口设备与原材料、备品备件及维修能力之间的配套问题。应尽量避免引进的设备所用主要原料需要进口。如果必须从国外引进时，应安排国内有关厂家尽快研制这种原料。另外，对于进口的设备，还必须懂得如何操作和维修，否则不能发挥设备的先进性。在外商派入调试安装时，可培训国内技术人员及时学会操作，必要时也可派人出国培训。

3.2 可行性研究

3.2.1 可行性研究的概念和作用

1. 可行性研究的概念

建设项目的可行性研究是在投资决策前，对与拟建项目有关的社会、经济、技术等各方面进行深入细致的调查研究，对各种可能拟定的技术方案和建设方案进行认真的技术经济分析和比较论证，对项目建成后的经济效益进行科学的预测和评价。在此基础上，对拟建项目的技术先进性和适用性、经济合理性和有效性，以及建设的必要性和可行性进行全面分析、系统论证、多方案比较和综合评价，由此得出该项目是否应该投资和如何投资等结论性意见，为项目投资决策提供可靠的科学依据。

一项好的可行性研究，应该向投资者推荐技术经济最优的方案，使投资者明确项目具有多大的财务获利能力，投资风险有多大，是否值得投资建设；可使主管部门领导明确，从国家的角度看该项目是否值得支持和批准；使银行和其他资金供给者明确，该项目能否按期或者提前偿还他们所提供的资金。

2. 可行性研究的作用

在建设项目的整个寿命周期中，前期工作具有决定性意义，起着极重要的作用。而作为建设项目投资前期工作的核心和重点的可行性研究工作，一经批准，在整个项目周期中，就会发挥着极重要的作用。具体体现在以下几点。

(1) 作为建设项目投资决策的依据。可行性研究作为一种投资决策方案，从市场、技术、工程建设、经济及社会等多方面对建设项目进行全面综合的分析和论证，依其结论进行投资决策可大大提高投资决策的科学性。

(2) 作为编制设计文件的依据。可行性研究报告一经审批通过，意味着该项目正式批准立项，可以进行初步设计。在可行性研究工作中，对项目选址、建设规模、主要生产流程、设备选型等方面都进行了比较详细的论证和研究，设计文件的编制应以可行性研究报告为依据。

(3) 作为向银行贷款的依据。在可行性研究工作中，详细预测了项目的财务效益、经济效益及贷款偿还能力。世界银行等国际金融组织，均把可行性研究报告作为申请工程项目贷款的先决条件。我国的金融机构在审批建设项目贷款时，也都以可行性研究报告为依据，对建设项目进行全面、细致地分析评估，确认项目的偿还能力及风险水平后，才作出是否贷款的决策。

(4) 作为建设项目与各协作单位签订合同和有关协议的依据。在可行性研究工作中，对建设规模、主要生产流程及设备选型等都进行了充分的论证。建设单位在与有关协作单位签订原材料、燃料、动力、工程建筑、设备采购等方面的协议时，应以批准的可行性研究报告为基础，保证预定建设目标的实现。

(5) 作为环保部门、地方政府和规划部门审批项目的依据。建设项目开工前，需地方政府划拨土地，规划部门审查项目建设是否符合城市规划，环保部门审查项目对环境的影响。这些审查都以可行性研究报告中总图布置、环境及生态保护方案等方面的论证为依据。因此，可行性研究报告为建设项目申请建设执照提供了依据。

(6) 作为施工组织、工程进度安排及竣工验收的依据。可行性研究报告对以上工作都有明确的要求，所以可行性研究又是检验施工进度及工程质量的依据。

(7) 作为项目后评估的依据。建设项目后评估是在项目建成运营一段时间后，评价项目实际运营效果是否达到预期目标。建设项目的预期目标是在可行性研究报告中确定的，因此，后评估应以可行性研究报告为依据，评价项目目标的实现程度。

3.2.2　可行性研究报告的内容与编制

项目可行性研究是在对建设项目进行深入细致的技术经济论证的基础上做多方案的比较和优选，提出结论性意见和重大的措施建议，为决策部门最终决策提供科学依据。因此，它的内容应满足作为项目投资决策的基础和重要依据的要求。可行性研究的基本内容和研究深度应符合国家规定。一般工业建设项目的可行性研究应包含以下几方面内容。

1. 总论

总论部分包括项目背景、项目概况和问题与建议 3 部分。

(1) 项目背景，包括项目名称、承办单位情况、可行性研究报告编制依据、项目提出的理由与过程等。

(2) 项目概况，包括项目拟建地点、拟建规模与目标、主要建设条件、项目投入总资金及效益情况和主要技术经济指标等。

(3) 问题与建议，主要是指存在的可能对拟建项目造成影响的问题及相关解决建议。

2. 市场预测

市场预测是指对项目的产出品和所需的主要投入品的市场容量、价格、竞争力和市场风险进行分析预测，为确定项目建设规模产品方案提供依据，包括产品市场供应预测、产品市场需求预测、产品目标市场分析、价格现状与预测、市场竞争力分析、市场风险。

3. 资源条件评价

只有资源开发项目的可行性研究报告才包含此项。资源条件评价包括资源可利用量、资源品质情况、资源储存条件和资源开发价值。

4. 建设规模与产品方案

在市场预测和资源评价的基础上，论证拟建项目的建设规模和产品方案，为项目技术方案、设备方案、工程方案、原材料燃料供应方案及投资估算提供依据。

(1) 建设规模，包括建设规模方案比选及其结果——推荐方案及理由。

(2) 产品方案，包括产品方案构成、产品方案比选及其结果——推荐方案及理由。

5. 厂址选择

可行性研究阶段的厂址选择是在初步可行性研究(或项目建议书)规划的基础上，进行具体坐落位置选择，包括厂址所在位置现状、建设条件及厂址条件比选 3 方面内容。

(1) 厂址所在位置现状，包括地点与地理位置、厂址土地权属及占地面积、土地利用现状。技术改造项目还包括现有场地利用情况。

(2) 厂址建设条件，包括地形、地貌、地震情况，工程地质与水文地质、气候条件、城镇规划及社会环境条件、交通运输条件、公用设施社会依托条件，防洪、防潮、排涝设施条件，环境保护条件、法律支持条件，征地、拆迁、移民安置条件和施工条件。

(3) 厂址条件比选，主要包括建设条件比选、建设投资比选、运营费用比选，并推荐厂址方案，给出厂址地理位置图。

6. 技术方案、设备方案和工程方案

技术、设备和工程方案构成项目的主体，体现了项目的技术和工艺水平，是项目经济合理性的重要基础。

(1) 技术方案，包括生产方法、工艺流程、工艺技术来源及推荐方案的主要工艺。

(2) 主要设备方案，包括主要设备选型、来源和推荐的设备清单。

(3) 工程方案，主要包括建筑物、构筑物的建筑特征、结构及面积方案，特殊基础工程方案、建筑安装工程量及“三材”用量估算和主要建筑、构筑物工程一览表。

7. 主要原材料、燃料供应

原材料、燃料直接影响项目运营成本，为确保项目建成后正常运营，需对原材料、辅

助材料和燃料的品种、规格、成分、数量、价格、来源及供应方式进行研究论证。

8. 总图布置、场内外运输与公用辅助工程

总图运输与公用辅助工程是在选定的厂址范围内，研究生产系统、公用工程、辅助工程及运输设施的平面和竖向布置，以及工程方案。

(1) 总图布置，包括平面布置、竖向布置、总平面布置及指标表。技术改造项目包含原有建筑物、构筑物的利用情况。

(2) 场内外运输，包括场内外运输量和运输方式、场内运输设备及设施。

(3) 公用辅助工程，包括给排水、供电、通信、供热、通风、维修、仓储等工程设施。

9. 能源和资源节约措施

在研究技术方案、设备方案和工程方案时，能源和资源消耗大的项目应提出能源和资源节约措施，并进行能源和资源消耗指标分析。

10. 环境影响评价

建设项目一般会对所在地的自然环境、社会环境和生态环境产生不同程度的影响。因此，在确定厂址和技术方案时，需进行环境影响评价，研究环境条件，识别和分析拟建项目影响环境的因素，提出治理和保护环境措施，比选和优化环境保护方案。环境影响评价主要包括厂址环境条件、项目建设和生产对环境的影响、环境保护措施方案及投资和环境影响评价。

11. 劳动安全卫生与消防

在技术方案和工程方案确定的基础上，分析论证在建设和生产过程中存在的对劳动者和财产可能产生的不安全因素，并提出相应的防范措施，就是劳动安全卫生与消防研究。

12. 组织机构与人力资源配置

项目组织机构和人力资源配置是项目建设和生产运营顺利进行的重要条件，合理、科学地配置有利于提高劳动生产率。

(1) 组织机构，主要包括项目法人组建方案、管理机构组织方案和体系图及机构适应性分析。

(2) 人力资源配置，包括生产作业班级、劳动定员数量及技能素质要求、职工工资福利、劳动生产力水平分析、员工来源及招聘计划、员工培训计划等。

13. 项目实施进度

项目工程建设方案确定后，需确定项目实施进度，包括建设工期、项目实施进度计划(横线图的进度表)，科学组织施工和安排资金计划，保证项目按期完工。

14. 投资估算

投资估算是在项目建设规模、技术方案、设备方案、工程方案及项目进度计划基本确定的基础上，估算项目投入的总资金，包括投资估算依据、建设投资估算(建筑工程费、设备及工器具购置费、安装工程费、工程建设其他费用、基本预备费、涨价预备费、建设期

利息)、流动资金估算和投资估算表等方面的内容。

15. 融资方案

融资方案是在投资估算的基础上，研究拟建项目的资金渠道、融资形式、融资机构、融资成本和融资风险，包括资本金(新设项目法人资本金或既有项目法人资本金)筹措、债务资金筹措和融资方案分析等方面的内容。

16. 项目的经济评价

项目的经济评价包括财务评价和国民经济评价，并通过有关指标的计算，进行项目盈利能力、偿还能力等分析，得出经济评价结论。

17. 社会评价

社会评价是分析拟建项目对当地社会的影响和当地社会条件对项目的适应性和可接受程度，评价项目的社会可行性。评价的内容包括项目的社会影响分析，项目与所在地区的互适性分析和社会风险分析，并得出评价结论。

18. 风险分析

项目风险分析贯穿于项目建设和生产运营的全过程。首先，识别风险，揭示风险来源。识别拟建项目在建设和运营中的主要风险因素(比如市场风险、资源风险、技术风险、工程风险、政策风险等)；其次，进行风险评价，判别风险程度；最后，提出规避风险的对策，降低风险损失。

19. 研究结论与建议

在前面各项研究论证的基础上，从技术、经济、社会、财务等各个方面综合论述项目的可行性，推荐一个或几个方案供决策参考，指出项目存在的问题以及结论性意见和改进建议。

可以看出，建设项目可行性研究报告的内容可概括为 3 部分。第一是市场研究，包括产品的市场调查和预测研究，这是项目可行性研究的前提和基础，其主要任务是要解决项目的“必要性”问题；第二是技术研究，即技术方案和建设条件研究，这是项目可行性研究的技术基础，它要解决项目在技术上的“可行性”问题；第三是效益研究，即经济效益的分析和评价，这是项目可行性研究的核心部分，主要解决项目在经济上的“合理性”问题。市场研究、技术研究和效益研究是构成项目可行性研究的三大支柱。

3.2.3 可行性研究报告的编制依据和要求

1. 编制程序

根据我国现行的工程项目建设程序和国家颁布的《关于建设项目进行可行性研究试行管理办法》，可行性研究报告的编制程序如下。

(1) 建设单位提出项目建议书和初步可行性研究报告。

(2) 项目业主、承办单位委托有资格的单位进行可行性研究。

(3) 咨询或设计单位进行可行性研究工作，编制完整的可行性研究报告。

2. 编制依据

(1) 项目建议书(初步可行性研究报告)及其批复文件。

(2) 国家和地方的经济和社会发展规划，行业部门发展规划。

(3) 国家有关法律、法规和政策。

(4) 对于大中型骨干项目，必须具有国家批准的资源报告、国土开发整治规划、区域规划、江河流域规划、工业基地规划等有关文件。

(5) 有关机构发布的工程建设方案的标准、规范、定额。

(6) 合资、合作项目各方签订的协议书或意向书。

(7) 委托单位的委托合同。

(8) 经国家统一颁布的有关项目评价的基本参数的指标。

(9) 有关的基础数据。

3. 编制要求

(1) 编制单位必须具备承担可行性研究的条件。编制单位必须具有经国家有关部门审批登记的资质等级证明。

(2) 确保可行性研究报告的真实性和科学性。为保证可行性研究报告的质量，应切实做好编制前的准备工作，应有大量的、准确的、可用的信息资料，进行科学的分析比选论证。报告编制单位和人员应坚持独立、客观、公正、科学、可靠的原则，实事求是，对提供的可行性研究报告质量负完全责任。

(3) 可行性研究的深度要规范化和标准化。“报告”选用主要设备的规格、参数应能满足预订货的要求；重大技术、经济方案应有两个以上方案的比选；主要的工程技术数据应能满足项目初步设计的要求。“报告”应附有评估、决策(审批)所必需的合同、协议、政府批件等。

(4) 可行性研究报告必须经过签字。可行性研究报告编制完成后，应由编制单位的行政、技术、经济方面的负责人签字，并对研究报告质量负责。

3.3　项目投资估算

3.3.1　投资估算概述

1. 投资估算的含义及作用

1) 投资估算的含义

投资估算是在投资决策阶段，以方案设计或可行性研究文件为依据，依据特定的方法，按照规定的程序、方法和依据，对建设项目从筹建、施工直至建成投产所需的投资数额进行测算和确定的过程。它是进行建设项目技术经济评价和投资决策的重要依据之一。

投资估算的准确与否不仅影响到可行性研究工作的质量和经济评价结果，而且直接关系到下一阶段设计概算和施工图预算的编制，对建设项目资金筹措方案也有直接影响。因

此，全面准确地估算建设项目的工程造价，是可行性研究乃至整个决策阶段造价管理的重要任务。

2) 投资估算的作用

投资估算在建设工程的投资决策、造价控制、筹集资金等方面都有重要作用，主要包括以下几点。

(1) 项目建议书阶段的投资估算，是项目主管部门审批项目建议书的依据之一，并对项目的规划、规模起参考作用。

(2) 项目可行性研究阶段的投资估算，是项目投资决策的重要依据，也是研究、分析、计算项目投资经济效果的重要条件。当可行性研究报告被批准之后，其投资估算额就是作为设计任务书中下达的投资限额，即作为建设项目投资的最高限额，不得随意突破。

(3) 项目投资估算对工程设计概算起控制作用，设计概算不得突破批准的投资估算额，并应控制在投资估算额以内。

(4) 项目投资估算应作为项目资金筹措及制定建设贷款计划的依据，建设单位可根据批准的项目投资估算额，进行资金筹措和向银行申请贷款。

(5) 项目投资估算是核算建设项目固定资产投资需要额和编制固定资产投资计划的重要依据。

(6) 投资估算是建设工程设计招标、优选设计单位和设计方案的重要依据。在工程设计招标阶段，投标单位报送的投标书中包括项目设计方案、项目的投资估算和经济性分析，招标单位根据投资估算对各项设计方案的经济合理性进行分析、衡量、比较，在此基础上，择优确定设计单位和设计方案。

2．投资估算的阶段划分与精度要求

1) 国外项目投资估算的阶段划分与精度要求

在国外，如英、美等国家，对一个建设项目从开发设想到施工图设计期间各阶段项目投资的预计额均称为估算，只是因各阶段设计深度、技术条件的不同，对投资估算的准确度要求有所不同。英、美等国家把建设项目的投资估算分为以下 5 个阶段。

(1) 投资设想阶段。在尚无工艺流程图、平面布置图，也未进行设备分析的情况下，即根据假想条件比照同类已投产项目的投资额，并考虑涨价因素编制项目所需投资额。这一阶段称为毛估阶段，或称为比照估算。这一阶段投资估算的意义是判断一个项目是否需要进行下一步工作，此阶段对投资估算精度的要求较低，允许误差大于±30%。

(2) 投资机会研究阶段。此时应有初步的工艺流程图、主要生产设备的生产能力及项目建设的地理位置等条件，故可套用相近规模厂的单位生产能力建设费用来估算拟建项目所需的投资额，据以初步判断项目是否可行，或审查项目引起投资兴趣的程度。这一阶段称为粗估阶段，或称为因素估算，对投资估算精度的要求误差控制在±30%以内。

(3) 初步可行性研究阶段。此时已具有设备规格表、主要设备的生产能力和尺寸、项目的总平面布置、各建筑物的大致尺寸、公用设施的初步位置等条件。这一时期的投资估算额，可据以决定拟建项目是否可行，或据以列入投资计划。这一阶段称为初步估算阶段，或称为认可估算，对投资估算精度的要求为误差控制在±20%以内。

(4) 详细可行性研究阶段。此时项目的细节已清楚，并已进行了建筑材料、设备的询

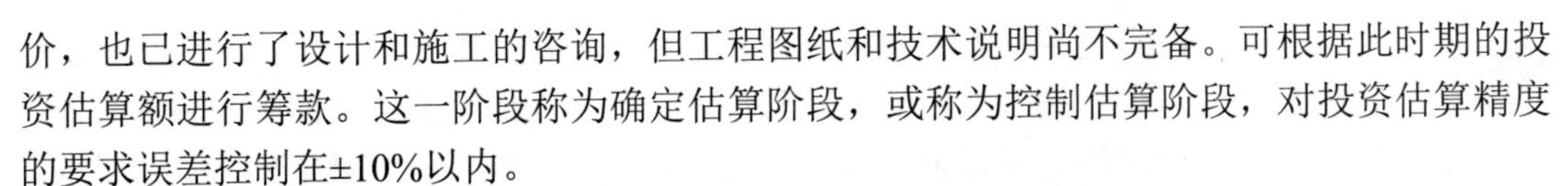

价，也已进行了设计和施工的咨询，但工程图纸和技术说明尚不完备。可根据此时期的投资估算额进行筹款。这一阶段称为确定估算阶段，或称为控制估算阶段，对投资估算精度的要求误差控制在±10%以内。

(5) 工程设计阶段。此时应具有工程的全部设计图纸、详细的技术说明、材料清单、工程现场勘察资料等，故可根据单价逐项计算，从而汇总出项目所需的投资额。可据此投资估算控制项目的实际建设。这一阶段称为详细估算阶段，或称为投标估算阶段，对投资估算精度的要求误差控制在±5%以内。

2) 我国项目投资估算的阶段划分与精度要求

在我国，项目投资估算是初步设计之前各工作阶段均需进行的一项工作。根据需要邀请设计单位参加编制项目规划和项目建议书，并委托设计单位承担项目的初步可行性研究、可行性研究和设计任务书的编制工作。同时根据项目已有技术经济条件，编制和估算出精确度不同的投资估算额。我国建设项目投资估算分为以下几个阶段。

(1) 建设项目规划和项目建议书阶段。在项目规划和项目建议书阶段，按项目建议书中的产品方案、项目建设规模、产品主要生产工艺、企业车间组成、初选建厂地点等，估算建设项目所需的投资额。此阶段项目投资估算是审批项目建议书的依据，是判断项目是否需要进入下一阶段工作的依据，对投资估算精度的要求为误差控制在±30%以内。

(2) 初步可行性研究阶段。初步可行性研究阶段，是在掌握更详细、更深入的资料的条件下，估算建设项目所需投资额。其对投资估算精度的要求为误差控制在±20%以内，此阶段项目投资估算是判断是否进行详细可行性研究的依据。

(3) 详细可行性研究阶段。详细可行性研究阶段的投资估算尤为重要，此阶段的投资估算经审查批准后，即是工程设计任务书中规定的项目投资限额，并据此列入项目年度基本建设计划，对投资估算精度的要求误差控制在±10%以内。

根据《建设项目投资估算编审规程》(CECA/GC1—2015)的规定，有时在方案设计(包括概念方案设计和报批方案设计)以及项目申请报告中也可能需要编制投资估算。

3.3.2 投资估算的编制依据、要求及步骤

总投资构成图

投资估算文件一般由封面、签署页、编制说明、投资估算分析、总投资估算表、单项工程估算表、主要技术经济指标等内容组成。

投资估算编制说明一般包括以下几方面内容。

(1) 工程概况。

(2) 编制范围。说明建设项目总投资估算中所包括的和不包括的工程项目和费用，如有几个单位共同编制时，说明分工编制的情况。

(3) 编制方法。

(4) 编制依据。

(5) 主要技术经济指标，包括投资、用地和主要材料用量指标。当设计规模有远、近期不同的考虑时，或者土建与安装的规模不同时，应分别计算后再综合。

(6) 有关参数、率值选定的说明，如征地拆迁、供电供水、考察咨询等费用的费率标准选用情况。

(7) 特殊问题的说明(包括采用新技术、新材料、新设备、新工艺)，如必须说明的价格的确定，进口材料、设备、技术费用的构成与技术参数，采用特殊结构的费用估算方法，安全、节能、环保、消防等专项投资占总投资的比重，建设项目总投资中未计算项目或费用的必要说明等。

(8) 采用限额设计的工程还应对投资限额和投资分解作进一步说明。

(9) 采用方案比选的工程还应对方案比选的估算和经济指标作进一步说明。

(10) 资金筹措方式。

1．投资估算的编制依据

建设项目投资估算编制依据是指在编制投资估算时所遵循的计量规则、市场价格、费用标准及工程计价有关参数、率值等基础资料，主要有以下几个方面。

(1) 国家、行业和地方政府的有关法律、法规或规定，政府有关部门、金融机构等发布的价格指数、利率、汇率、税率等有关参数。

(2) 行业部门、项目所在地工程造价管理机构或行业协会等编制的投资估算指标、概算指标(定额)、工程建设其他费用定额(规定)、综合单价、各类工程造价指标、指数和有关造价文件等。

(3) 类似工程的各种技术经济指标和参数。

(4) 工程所在地同期的人工、材料、机具市场价格，建筑、工艺及附属设备的市场价格和有关费用。

(5) 与建设项目有关的工程地质资料、设计文件、图纸或有关设计专业提供的主要工程量和主要设备清单等。

(6) 委托单位提供的其他技术经济资料。

2．投资估算的编制要求

建设项目投资估算编制时，应满足以下要求。

(1) 应根据主体专业设计的阶段和深度，结合各行业的特点，所采用生产工艺流程的成熟性，以及国家及地区、行业或部门、市场相关投资估算基础资料和数据的合理、可靠、完整程度，采用合适的方法，对建设项目投资估算。

(2) 应做到工程内容和费用构成齐全，不重不漏，不提高或降低估算标准，计算合理。

(3) 应充分考虑拟建项目设计的技术参数和投资估算所采用的估算系数、估算指标在质和量方面所综合的内容，应遵循口径一致的原则。

(4) 参考工程造价管理部门发布的投资估算指标或各类工程造价指标和指数、工程所在地市场价格水平等，选用指标与具体工程之间存在标准或者条件差异时，应结合建设项目的实际情况进行修正。

(5) 应对影响造价变动的因素进行敏感性分析，分析市场的变动因素，充分估计物价上涨因素和市场供求情况对项目造价的影响。

(6) 投资估算精度应能满足控制初步设计概算要求，并尽量减少投资估算的误差。

3．投资估算的编制步骤

根据投资估算的不同阶段，主要包括以下步骤。

(1) 分别估算各单项工程所需建筑工程费、设备及工器具购置费、安装工程费，在汇总各单项工程费用的基础上，估算工程建设其他费用和基本预备费，完成工程项目静态投资部分的估算。

(2) 在静态投资部分的基础上，估算价差预备费和建设期利息，完成工程项目动态投资部分的估算。

(3) 估算流动资金。

(4) 估算建设项目的总投资。项目总投资的构成，即投资估算的具体内容如图 3-1 所示。

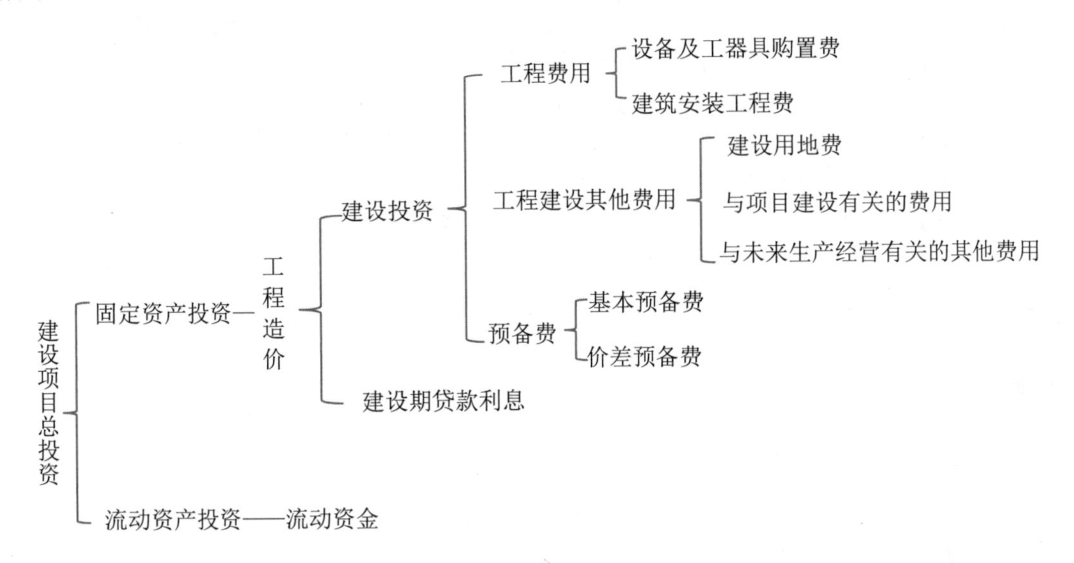

图 3-1　建设项目总投资的构成图

3.3.3　投资估算的编制内容及方法

静态投资部分的估算——生产能力指数法

1. 静态投资部分的估算

静态投资估算的方法有很多，不同方法的适用条件和允许误差程度都是不同的。在项目规划和项目建议书阶段，投资估算的精度低，可采取简单的算法，如单位生产能力法、生产能力指数法、比例法、系数法等。前 4 种估算方法准确性相对不高，主要适用于投资机会研究和初步可行性研究阶段。在详细可行性研究阶段，投资估算精度要求高，需采用相对详细的投资估算法，如指标估算法等。

1) 单位生产能力估算法

单位生产能力估算法是依据调查的统计资料，利用已经建成的性质类似、规模相近的建设项目的单位生产能力投资乘以拟建建设项目的生产能力，得到拟建项目投资额。其计算公式为

$$C_2 = \left(\frac{C_1}{Q_1}\right) Q_2 f \tag{3-1}$$

式中：C_1——已建成类似建设项目的投资额；

C_2——拟建建设项目的投资额；

Q_1——已建成类似建设项目的生产能力；

Q_2——拟建建设项目的生产能力；

f——不同的建设时期、不同的建设地点而产生的定额水平、设备购置和建筑安装材料价格、费用变更和调整等综合调整系数。

这种方法把项目的建设投资与其生产能力的关系视为简单的线性关系，估算结果误差较差，可达±30%。由于在实际工作中不易找到与拟建项目完全类似的项目，通常是把项目按其下属的车间、设施和装置进行分解，分别套用类似车间、设施和装置的单位生产能力投资指标进行计算，然后加总求得项目总投资。或根据拟建项目的规模和建设条件，将投资进行适当调整后估算项目的投资额。这种方法主要用于新建项目或装置的估算，十分简便迅速，但要求估价人员掌握足够的典型工程的历史数据，而且这些数据均应与单位生产能力的造价有关，方可应用，而且必须是新建装置与所选取装置的历史资料类似，仅存在规模大小和时间上的差异。

【例 3.1】某地拟 2021 年兴建一座工厂，年生产某种产品 60 万吨。已知 2018 年在另一地区已建类似工厂，年生产同类产品 40 万吨，投资 5.43 亿元。若综合调整系数为 1.5，用单位生产能力估算法计算拟建项目的投资额是多少？

解：拟建项目投资为

$$C_2=\left(\frac{C_1}{Q_1}\right)Q_2 f$$

$$=(5.43/40)\times 60\times 1.5$$

$$=12.22(\text{亿元})$$

2) 生产能力指数法

生产能力指数法是根据已建成的、性质类似的建设项目生产能力和投资额与拟建项目的生产能力比较，进行粗略估算拟建建设项目投资额的方法，是对单位生产能力估算法的改进。其计算公式为

$$C_2=C_1\left(\frac{Q_2}{Q_1}\right)^x f \tag{3-2}$$

式中：x——生产能力指数($0\leqslant x\leqslant 1$)；

其他符号含义同前。

上式表明造价与规模(或容量)呈非线性关系，且单位造价随工程规模(或容量)的增大而减小。在正常情况下，$0\leqslant x\leqslant 1$。若已建类似项目的生产规模与拟建项目生产规模相差不大，Q_1与Q_2的比值在 0.5～2 之间，则指数 x 的取值近似为 1。若已建类似项目的生产规模与拟建项目生产规模相差不大于 50 倍，且拟建项目生产规模的扩大仅靠增大设备规模来达到时，则 x 的取值约在 0.6～0.7 之间；若是靠增加相同规格设备的数量达到时，x 的取值约在 0.8～0.9 之间。

采用生产能力指数法，计算简单、速度快，但要求类似项目的资料可靠，条件基本相近或相同，否则误差就会增大。其主要应用于设计深度不足，拟建建设项目与类似建设项目规模不同，设计定型并系列化，行业内相关指数和系数等基础资料完备的情况。

【例 3.2】某集团公司拟建设一个年产 30 万吨铸钢厂，根据调查统计资料提供的当地已

建成年产 25 万吨铸钢厂的主厂房工艺设备投资约 2400 万元。已知拟建项目的生产能力指数为 1，拟建项目与类似项目的综合调整系数为 1.25，试估算该项目主厂房的工艺设备投资。

解： 用生产能力指数估算法估算 A 项目主厂房工艺设备投资。其计算公式为

$$C_2 = C_1 \times \left(\frac{Q_2}{Q_1}\right)^X \times f = 2400 \times \left(\frac{30}{25}\right)^1 \times 1.25 = 3600(\text{万元})$$

生产能力指数法与单位生产能力估算法相比精确度略高，其误差可控制在±20%以内，尽管估价误差仍较大，但有它独特的好处，即这种估价方法不需要详细的工程设计资料，只知道工艺流程及规模就可以，在总承包工程报价时，承包商大多采用这种方法估价。

3)　系数估算法

系数估算法也称为因子估算法，它是以已知的拟建建设项目的主体工程费或主要生产工艺设备费为基数，以其他辅助或配套工程费占主体工程费或主要生产工艺设备费的百分比为系数，进行估算拟建建设项目相关投资额的方法。这种方法简单易行，但是精度较低，一般在项目建议书阶段使用，主要应用于设计深度不足，拟建建设项目与类似建设项目的主体工程费或主要生产工艺设备投资比重比较大，行业内相关系数等基础资料完备的情况。系数估算法的种类很多，在我国国内常用的方法有设备系数法和主体专业系数法。朗格系数法是世行项目投资估算常用的方法。

(1)　设备系数法。以拟建项目的设备费为基数，根据已建成的同类项目的建筑安装费和其他工程费等与设备价值的百分比，求出拟建项目建筑安装工程费和其他工程费，进而求出建设项目总投资。其计算公式为

$$C=E(1+f_1P_1+f_2P_2+f_3P_3+\cdots)+I \tag{3-3}$$

式中：C——拟建建设项目投资额；

E——拟建建设项目的主体工程费或主要生产工艺设备费；

$P_1, P_2, P_3, \cdots$——已建成类似建设项目的辅助或配套工程费占主体工程费或主要生产工艺设备费的比重；

$f_1, f_2, f_3, \cdots$——由于建设时间、地点而产生的定额水平、建筑安装材料价格、费用变更和调整等综合调整系数；

I——根据具体情况计算的拟建建设项目各项其他基本建设费用。

(2)　主体专业系数法。以拟建项目中投资比重较大，并与生产能力直接相关的工艺设备投资为基数，根据已建同类项目的有关统计资料，计算出拟建项目各专业工程(总图、土建、采暖、给排水、管道、电气、自控等)与工艺设备投资的百分比，据以求出拟建项目各专业投资，然后加总即为项目总投资。其计算公式为

$$C=E(1+f_1P'_1+f_2P'_2+f_3P'_3+\cdots)+I \tag{3-4}$$

式中：$P'_1, P'_2, P'_3, \cdots$——已建项目中各专业工程费用与工艺设备投资的比重；

其他符号含义同前。

【例 3.3】 某集团公司拟建设一个年产 30 万吨铸钢厂，其中主厂房工艺设备投资额为 3600 万元，根据调查统计得知，已建类似项目中，主厂房其他各专业工程投资占工艺设备投资的比例如表 3-1 所示。

表 3-1　主厂房其他各专业工程投资占工艺设备投资的比例表

加热炉	汽化冷却	余热锅炉	自动化仪表	起重设备	供电与传动	建安工程
0.12	0.01	0.04	0.02	0.09	0.18	0.40

试估算拟建项目主厂房投资。

解：采用主体专业系数法来估算项目主厂房投资

主厂房投资=3600×(1+12%+1%+4%+2%+9%+18%+40%)

=3600×(1+0.86)

=6696(万元)

(3)　朗格系数法。这种方法是以设备费为基数，乘以适当系数来推算项目的建设费用。这种方法在国内不常见，是世行项目投资估算经常采用的方法。该方法的基本原理是将总成本费中的直接成本和间接成本分别计算，再合为项目建设的总成本费用。其计算公式为

$$C = E(1+\sum K_i)K_c \tag{3-5}$$

式中：C——总建设费用；

E——主要设备费；

K_i——管线、仪表、建筑物等项费用的估算系数；

K_c——管理费、合同费、应急费等间接费在内的总估算系数。

建设投资与设备购置费之比为朗格系数 $K_{\rm L}$，即

$$K_{\rm L}=(1+\sum K_i)K_c \tag{3-6}$$

运用朗格系数法估算投资比较简单，但由于没有考虑项目规模大小、设备材质的差异以及不同自然、地理条件差异的影响，所以估算的精度不高。

4)　比例估算法

比例估算法是根据已知的同类建设项目主要生产工艺设备投资占整个建设项目的投资比例，先逐项估算出拟建建设项目主要生产工艺设备投资，再按比例进行估算拟建建设项目相关投资的方法。其主要应用于设计深度不足拟建建设项目与类似建设项目的主要生产工艺设备投资比重较大，行业内相关系数等基础资料完备的情况。

其表达式为

$$I = \frac{1}{K}\sum_{i=1}^{n} Q_i P_i \tag{3-7}$$

式中：I——拟建建设项目的投资额；

K——主要生产工艺设备费占拟建建设项目投资的比例；

n——主要生产工艺设备种类数；

Q_i——第 i 种主要生产工艺设备的数量；

P_i——第 i 种主要生产工艺设备的购置费(到厂价格)；

$\frac{1}{K}$——建设投资对生产工艺设备费的倍数；

$\sum_{i=1}^{n} Q_i P_i$——生产工艺设备的总购置费。

5) 指标估算法

指标估算法是把拟建建设项目以单项工程或单位工程，按费用性质分解为建筑工程、设备购置费、安装工程费及其他基本建设费等，根据各种具体的投资估算指标，进行各单位工程或单项工程投资的估算，在此基础上汇集编制拟建建设项目的各个单项工程费用和拟建建设项目的工程费用投资估算。再按照相关规定估算工程建设其他费用、预备费、建设期贷款利息等，形成拟建建设项目总投资。

(1) 建筑工程费用估算。建设工程费用是指为建造永久性建筑物和构筑物所需要的费用，一般采用单位建筑工程投资估算法、单位实物工程量投资估算法、概算指标投资估算法等进行估算。

① 单位建筑工程投资估算法，以单位建筑工程量投资乘以建筑工程总量计算。一般工业与民用建筑以单位建筑面积(m^2)的投资、工业窑炉砌筑以单位容积(m^3)的投资、水库以水坝单位长度(m)的投资、铁路路基以单位长度(km)的投资、矿上掘进以单位长度(m)的投资，乘以相应的建筑工程量计算建筑工程费。

② 单位实物工程量投资估算法，以单位实物工程量的投资乘以实物工程总量计算，土石方工程按每立方米投资，矿井巷道衬砌工程按每延长米投资，路面铺设工程按每平方米投资，乘以相应的实物工程总量计算建筑工程费。

③ 概算指标投资估算法，对于没有上述估算指标且建筑工程费占总投资比例较大的项目，可采用概算指标估算法。采用此种方法，应具有较为详细的工程资料、建筑材料价格和工程费用指标，投入的时间和工作量大。

(2) 设备及工器具购置费估算。设备购置费根据项目主要设备表及价格、费用资料编制，工器具购置费按设备费的一定比例计取。对于价值高的设备应按单台(套)估算购置费，价值较小的设备可按类估算，国内设备和进口设备应分别估算。

(3) 安装工程费估算。安装工程费通常按行业或专门机构发布的安装工程定额、取费标准和指标估算投资，具体可按安装费率、每吨设备安装费或单位安装实物工程量的费用估算，即

$$\text{安装工程费}=\text{设备原价}\times\text{安装费率} \tag{3-8}$$

$$\text{安装工程费}=\text{设备吨位}\times\text{每吨安装费} \tag{3-9}$$

$$\text{安装工程费}=\text{安装工程实物量}\times\text{安装费用指标} \tag{3-10}$$

(4) 工程建设其他费用估算。工程建设其他费用按各项费用科目的费率或者取费标准估算。

(5) 基本预备费估算。基本预备费在工程费用和工程建设其他费用基础之上乘以基本预备费率。

使用指标估算法，应注意以下事项。

① 使用估算指标法应根据不同地区、年代而进行调整。因为地区、年代不同，设备与材料的价格均有差异，调整方法可以按主要材料消耗量或“工程量”为计算依据；也可以按不同的工程项目的“万元工料消耗定额”而定不同的系数。在有关部门颁布有定额或材料价差系数(物价指数)时，可以据其调整。

② 使用估算指标法进行投资估算决不能生搬硬套，必须对工艺流程、定额、价格及费用标准进行分析，经过实事求是的调整与换算后，才能提高估算精确度。

2．建设投资动态部分的估算

建设投资动态部分主要包括价格变动可能增加的投资额，价差预备费、建设期利息两部分内容，如果是涉外项目，还应该计算汇率的影响。动态部分的估算应以基准年静态投资的资金使用计划为基础来计算，而不是以编制的年静态投资的资金为基础来计算。

3．流动资金估算方法

流动资金是指生产经营性项目投产后，为进行正常的生产运营，用于购买原材料、燃料，支付工资及其他经营费用等所需的周转资金。流动资金估算一般采用分项详细估算法，个别情况或者小型项目可采用扩大指标法。

1) 分项详细估算法

流动资金的显著特点是在生产过程中不断周转，其周转额的大小与生产规模及周转速度直接相关。分项详细估算法是根据周转额与周转速度之间的关系，对构成流动资金的各项流动资产和流动负债进行估算。其计算公式为

流动资金=流动资产-流动负债 (3-11)

流动资产=应收账款+预付账款+存货+现金 (3-12)

流动负债=应付账款+预收账款 (3-13)

流动资金本年增加额=本年流动资金-上年流动资金 (3-14)

进行流动资金估算时，首先计算各类流动资产和流动负债的年周转次数，然后再分项估算占用资金额。

(1) 周转次数是指流动资金的各个构成项目在一年内完成多少个生产过程，可用1年天数(通常按360天计算)除以流动资金的最低周转天数计算，则各项流动资金年平均占用额度为流动资金的年周转额度除以流动资金的年周转次数，即

周转次数=360/流动资金最低周转天数 (3-15)

各类流动资产和流动负债的最低周转天数，可参照同类企业的平均周转天数并结合项目特点确定，或按部门(行业)的规定。另外，在确定最低周转天数时应考虑储存天数、在途天数，并考虑适当的保险系数。

(2) 应收账款是指企业对外赊销商品、提供劳务尚未收回的资金。其计算公式为

应收账款=年经营成本/应收账款周转次数 (3-16)

(3) 预付账款是指企业为购买各类材料、半成品或服务所预先支付的款项。其计算公式为

预付账款=外购商品或服务年费用金额/预付账款周转次数 (3-17)

(4) 存货是指企业为销售或者生产耗用而储备的各种物资，主要有原材料、辅助材料、燃料、低值易耗品、维修备件、包装物、商品、在产品、自制半成品和产成品等。为了简化计算，仅考虑外购原材料、燃料、其他材料、在产品和产成品，并分项进行计算。其计算公式为

存货=外购原材料、燃料+其他材料+在产品+产成品 (3-18)

外购原材料、燃料=年外购原材料、燃料费用/分项周转次数 (3-19)

其他材料=年其他材料费用/其他材料周转次数 (3-20)

$$在产品=\frac{年外购原材料、燃料费用+年工资及福利费+年修理费+年其他制造费用}{在产品周转次数} \tag{3-21}$$

$$产成品=\frac{年经营成本-年其他营业费用}{产成品周转次数} \tag{3-22}$$

(5) 现金，项目流动资金中的现金是指货币资金，即企业生产运营活动中停留于货币形态的那部分资金，包括企业库存现金和银行存款，其计算公式为

$$现金=\frac{年工资及福利费+年其他费用}{现金周转次数} \tag{3-23}$$

年其他费用=制造费用+管理费用+营业费用-(以上三项费用中所含的工资及福利费、折旧费、摊销费、修理费)　(3-24)

(6) 流动负债估算是指在一年或者超过一年的一个营业周期内，需要偿还的各种债务，包括短期借款、应付票据、应付账款、预收账款、应付工资、应付福利费、应付股利、应交税费、其他暂收应付款、预提费用和一年内到期的长期借款等。在可行性研究中，流动负债的估算可以只考虑应付账款和预收账款两项。其计算公式为

$$应付账款=\frac{外购原材料、燃料动力费及其他材料年费用}{应付账款周转次数} \tag{3-25}$$

预收账款=预收的营业收入年金额/预收账款周转次数　(3-26)

2) 扩大指标估算法

扩大指标估算法是根据现有同类企业的实际资料，求得各种流动资金率指标，亦可依据行业或部门给定的参考值或经验确定比率。将各类流动资金率乘以相对应的费用基数来估算流动资金。一般常用的基数有营业收入、经营成本、总成本费用和建设投资等，究竟采用何种基数依行业习惯而定，其计算公式为

年流动资金额=年费用基数×各类流动资金率　(3-27)

扩大指标估算法简便易行，但准确度不高，适用于项目建议书阶段的估算。

3) 流动资金估算应注意的问题

(1) 在采用分项详细估算法时，应根据项目实际情况分别确定现金、应收账款、预付账款、存货、应付账款和预收账款的最低周转天数，并考虑一定的保险系数。因为最低周转天数减少，将增加周转次数，从而减少流动资金需用量，因此，必须切合实际地选用最低周转天数。对于存货中的外购原材料和燃料，要分品种和来源，考虑运输方式和运输距离，以及占用流动资金的比重大小等因素确定。

(2) 流动资金属于长期性(永久性)流动资产，流动资金的筹措可通过长期负债和资本金(一般要求占30%)的方式解决。流动资金一般要求在投产前一年开始筹措，为简化计算，可规定在投产的第一年开始按生产负荷安排流动资金需用量。其借款部分按全年计算利息，流动资金利息应计入生产期间财务费用，项目计算期末收回全部流动资金(不含利息)。

(3) 用扩大指标估算法计算流动资金，可能需以经营成本及其中的某些科目为基数，因此实际上流动资金估算应在经营成本估算之后进行。

(4) 在不同的生产负荷下的流动资金，应按不同的生产负荷所需的各项费用金额，根据上述公式分别估算，而不能直接按照 100%生产负荷下的流动资金乘以生产负荷百分比求得。

3.4 项目财务评价

3.4.1 财务评价概述

财务评价，又称财务分析，是根据国家现行的财税制度和价格体系，分析、计算项目直接发生的财务效益和费用，编制财务报表，计算评价指标，考察项目的盈利能力、清偿能力以及外汇平衡等财务状况，据以判断项目的财务可行性。财务评价是建设项目经济评价中的微观层次，主要从微观投资主体的角度分析项目可以给投资主体带来的效益以及投资风险。

作为市场经济微观主体的企业进行投资时，一般进行项目财务评价。财务评价是项目可行性研究的核心内容，其评价结论是决定项目取舍的重要依据。

1．财务分析的概念

财务分析是项目经济评价的重要组成部分。财务分析是在财务效益与费用的估算以及编制财务辅助报表的基础上，编制财务报表，计算财务分析指标，考察和分析项目的盈利能力、偿债能力和财务生存能力，判断项目的财务可行性，明确项目对财务主体的价值以及对投资者的贡献，为投资决策、融资决策以及银行审贷提供依据。

2．财务评价的作用

财务评价的作用如下。

(1) 考察项目的财务盈利能力。

(2) 用于制定适宜的资金规划。

(3) 为协调企业利益与国家利益提供依据。

3．财务评价的内容

财务评价的内容如下。

(1) 盈利能力分析评价。通过静态或动态评价指标测算项目的财务盈利能力和盈利水平。

(2) 偿债能力分析评价。分析测算项目偿还贷款的能力。

(3) 外汇平衡分析评价。考察涉及外汇收支的项目在计算期内各年的外汇余缺程度。

(4) 不确定性分析评价。分析项目在计算器内不确定性因素可能对项目产生的影响和影响程度。

(5) 抗风险能力分析评价。在可变因素的概率分布已知的情况下，分析可变因素在各种状态下项目经济评价指标的取值，从而了解项目的风险状况。

4．财务分析在融资前与融资后的关系

项目决策可分为投资决策和融资决策两个层次。投资决策重在考察项目净现金流的价值是否大于其投资成本，融资决策重在考察资金筹措方案能否满足要求。严格来分，投资决策在先，融资决策在后。根据不同决策的需要，财务分析可分为融资前分析和融资后分析。

财务分析一般应先进行融资前分析。融资前分析是指在考虑融资方案前就可以进行的财务分析，即不考虑债务融资条件下进行的财务分析。在融资前分析的结论满足要求的情

况下，初步设定融资方案，再进行融资后分析。融资后分析是指以设定的融资方案为基础进行的财务分析。

在项目的初期研究阶段，也可以只进行融资前分析。融资前分析只进行盈利能力分析，并以项目动态分析(折现现金流量分析)为主，计算项目投资内部收益率和净现值指标，也可以以静态分析(非折现现金流量分析)为辅，计算投资回收期指标。融资后分析主要是针对项目资本金折现现金流量和投资各方折现现金流量进行分析，既包括盈利能力分析，又包括偿债能力和财务生存能力分析等内容。

静态投资部分的估算——生产能力指数法

财务评价指标体系—财务内部收益率

财务评价指标体系—动态投资回收

3.4.2　财务评价指标体系及计算

1．财务评价指标体系

财务评价指标体系是最终反映项目财务可行性的数据体系。由一系列不同的指标组成，任何一种评价指标在反映项目的经济效果时，都会带有一定的局限性，因此，需要建议一套完整的指标体系来从不同层次、不同侧面来反映项目的经济效果。根据不同的评价深度和可获得资料的多少以及项目本身所处条件的不同可选用不同的指标。

建设项目财务评价指标体系根据不同的标准，可作不同的分类形式，包括以下几种。

(1)　根据财务评价指标在计算时是否考虑资金的时间价值，进行贴现运算，将指标划分为静态指标和动态指标两类。前者不考虑资金时间价值、不进行贴现运算，后者则考虑资金时间价值、进行贴现运算。

(2)　按指标的性质不同，财务评价指标可以分为时间性指标、价值性指标和比率性指标。

(3)　根据指标所反映的评价内容，财务评价指标可以分为反映盈利能力的指标和反映偿债能力指标。

财务评价指标体系如表 3-2 所示。

表 3-2　财务评价指标体系

静态指标	动态指标	时间性指标	价值性指标	比率性指标	盈利能力指标	偿债能力指标
静态投资回收期	动态投资回收期	投资回收期	财务净现值	财务内部收益率	财务净现值	借款偿还期
借款偿还期	财务净现值	借款偿还期		投资利润率	财务内部收益率	
投资利润率	财务内部收益率			投资利税率	投资回收期	
投资利税率				资本金利润率	投资利润率	
资本金利润率				资本金净利润率	投资利税率	
资本金净利润率					资本金利润率	
					资本金净利润率	

2．财务评价指标的计算

1) 财务盈利能力评价指标计算

财务盈利能力评价主要考察投资项目投资的盈利水平。

(1) 财务净现值(FNPV)。财务净现值是指把项目计算期内各年的财务净现金流量，按照一个给定的标准折现率(基准收益率)折算到建设期初(项目建设期第一年年初)的现值之和。财务净现值是考察项目在其计算期内盈利能力的主要动态评价指标。其表达式为

$$\mathrm{FNPV}=\sum_{t=0}^{n}(\mathrm{CI}-\mathrm{CO})_t(1+i_c)^{-t} \tag{3-28}$$

式中：CI、CO——分别为现金流入、现金流出量；

$(\mathrm{CI}-\mathrm{CO})_t$——第 t 年的净现金流量；

n——项目计算期；

i_c——基准收益率或设定的折现率。

判别准则是：在多方案比选中，按照设定的折现率来计算 $\mathrm{FNPV}>0$ 且财务净现值大者为优，$\mathrm{FNPV}>0$ 说明项目的净效益大于用基准收益率 i_c 计算的平均收益额，因而在财务上项目可以被接受；当FNPV=0时，说明拟建项目的净效益正好等于用基准收益率计算的平均收益额，这时判断项目是否可行，要看分析所选用的折现率，在财务评价中，若选用的折现率大于银行长期贷款利率，项目是可以被接受的，若选用的折现率等于或小于银行长期贷款利率，一般可判断项目不可行；当 $\mathrm{FNPV}<0$ 时，说明拟建项目的净效益小于用基准收益率计算的平均效益额，一般认为项目不可行。

【例 3.4】某拟建项目的产品运营期为 4 年，各年的现金流量表如表 3-3 所示。设基准收益率为 10%，试用净现值判断该项目是否可行？

表 3-3　各年的现金流量表

年　份	收入/元	支出/元
0	0	-5000
1	4000	-2000
2	5000	-1000
3	0	-1000
4	7000	0

解：其现金流量图为

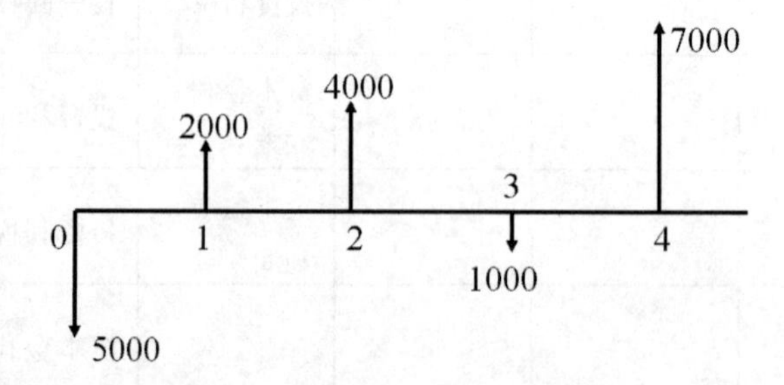

依据现金流量图可得各年的净现金流量，如表 3-4 所示。

表 3-4　各年的净现金流量

单位：元

年份	0	1	2	3	4
净现金流量	−5000	2000	4000	−1000	7000

根据上表，求得净现值为

$$\mathrm{FNPV} = \sum_{t=0}^{n}(\mathrm{CI}-\mathrm{CO})_t(1+i_c)^{-t}$$

$$= -5000 + 2000(P/F,10\%,1) + 4000(P/F,10\%,2) - 1000(P/F,10\%,3) + 7000(P/F,10\%,4)$$

$$= 4152(\text{元})$$

因为 $\mathrm{FNPV} > 0$，所以该项目可行。

(2) 财务内部收益率(FIRR)。财务内部收益率是指项目在整个计算期内各年净现金流量现值累计等于零的折现率，也就是使项目的财务净现值等于零时的折现率，是项目占用资金预期可获得的收益率，可以用来衡量投资的回报水平，其表达式为

$$\sum_{t=0}^{n}(\mathrm{CI}-\mathrm{CO})_t(1+\mathrm{FIRR})^{-t} = 0 \tag{3-29}$$

财务内部收益率是反映项目实际收益率的一个动态指标，该指标越大说明项目的获利能力越强。财务内部收益率的具体计算可根据现金流量表中净现金流量用插值法计算，如图3-2所示。

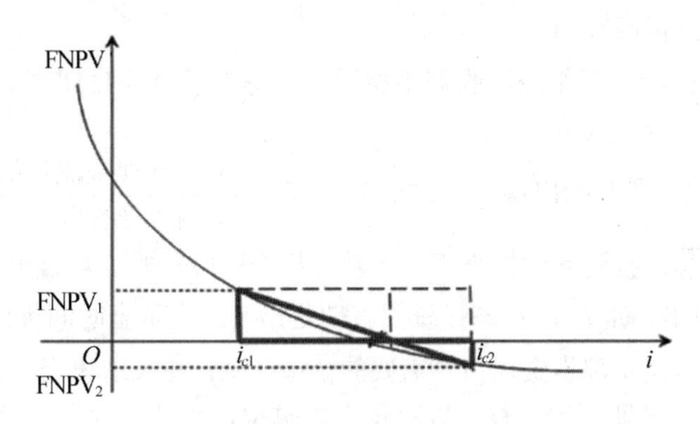

图 3-2　插值法

计算方法如下：

$$\mathrm{FIRR} = i_1 + \frac{\mathrm{FNPV}_1}{\mathrm{FNPV}_1 - \mathrm{FNPV}_2}(i_2 - i_1) \tag{3-30}$$

或

$$\mathrm{FIRR} = i_1 + \frac{|\mathrm{FNPV}_1|}{|\mathrm{FNPV}_1| + |\mathrm{FNPV}_2|}(i_2 - i_1) \tag{3-31}$$

式中：i_1——较低的试算折现率，使 $\mathrm{FNPV}_1 \geqslant 0$；

i_2——较高的试算折现率，使 $\mathrm{FNPV}_2 \leqslant 0$。

$$\mathrm{FNPV}_1 = \sum_{t=0}^{n}(\mathrm{CI}-\mathrm{CO})_t(1+i_1)^{-t} \tag{3-32}$$

$$\mathrm{FNPV}_2=\sum_{t=0}^{n}(\mathrm{CI}-\mathrm{CO})_t(1+i_2)^{-t} \tag{3-33}$$

由此计算出的财务内部收益率通常为一近似值。为控制误差，一般要求$(i_2-i_1)\leqslant 2\%$，否则，折现率i_1、i_2和净现值之间不一定呈线性关系，从而使求得的内部收益率失真。

判断准则：一般情况下，财务内部收益率$\mathrm{FIRR}\geqslant i_c$(行业基准收益率)时，项目可行。

【**例 3.5**】已知某项目 i=15%时，净现值为 30 万元，i=17%时，净现值为-70 万元，这只试算内插法求该项目的财务内部收益率。

解：根据公式$\mathrm{FIRR}=i_1+\dfrac{\mathrm{FNPV}_1}{\mathrm{FNPV}_1-\mathrm{FNPV}_2}(i_2-i_1)$，有：

$$\mathrm{FIRR}=15\%+\frac{30}{30-(-70)}(17\%-15\%)=15.6\%$$

(3) 投资回收期。投资回收期按照是否考虑资金的时间价值可以分为静态投资回收期和动态投资回收期。

① 静态投资回收期(P_t)。静态投资回收期是指以项目每年的净收益回收项目全部投资所需要的时间，是考察项目财务上投资回收能力的重要指标。这里的全部投资包含了建设投资和流动资金投资。项目每年的净收益指税后利润加折旧。静态投资回收期一般以“年”为单位，自项目建设开始年算起。静态投资回收期的表达式为

$$\sum_{t=0}^{P_T}(\mathrm{CI}-\mathrm{CO})_t=0 \tag{3-34}$$

式中：P_t——静态投资回收期。

如果项目建成投产后各年的净收益不相同，则静态投资回收期可根据累计净现金流量用插值法求得，其计算公式为

$$P_t=\text{累计净现金流量开始出现正值的年份}-1+\frac{\text{上一年累计现金流量的绝对值}}{\text{当年净现金流量}} \tag{3-35}$$

判断准则：当静态投资回收期小于等于基准投资回收期时，项目可行。

② 动态投资回收期(P_t')。动态投资回收期是指在考虑资金时间价值的情况下，以项目净现金流量的现值抵偿全部投资现值所需要的全部时间，是反映投资回收能力的重要指标。动态投资回收期自建设期开始计算，以“年”为单位，累计净现金流量现值等于零或者出现正值的年份即为投资回收期，其表达式为

$$\sum_{t=0}^{P_t'}(\mathrm{CI}-\mathrm{CO})_t(1+i_c)^{-t}=0 \tag{3-36}$$

式中：P_t'——动态投资回收期；

其他符号含义同前。

P_t'也可以用插值法求出，其计算公式为

$$P_t'=\text{累计折现值开始出现正值的年份}-1+\frac{\text{上一年累计现金流量现值的绝对值}}{\text{当年净现金流量现值}} \tag{3-37}$$

判断准则：计算出的动态投资回收期也要与行业标准动态投资回收期或行业平均动态投资回收期进行比较，如果小于或等于标准动态投资回收期或行业平均动态投资回收期，

则认为项目是可以接受的。

一般情况下，只要在项目寿命期结束之前能够收回投资，就表示项目已经获得了合理的收益。因此，只要动态投资回收期不大于项目寿命期，项目就可行。

【例 3.6】某项目有关数据如表 3-5 所示。设基准收益率为 10%，寿命期为 6 年，求该项目的静态投资回收期与动态投资回收期。

表 3-5　净现金流量

年序/年	1	2	3	4	5	6
净现金流量/万元	−200	60	60	60	60	60

解：计算各年的累计净现金流量等相应数据，如表 3-6 所示。

表 3-6　各年数据

年序/年	1	2	3	4	5	6
净现金流量/万元	−200	60	60	60	60	60
累计净现金流量	−200	−140	−80	−20	40	100
净现金流量现值(P/F,10%,t)	−181.82	49.58	45.08	40.98	37.25	33.87
累计净现金流量现值	−181.82	−132.24	−87.16	−46.18	−8.93	24.96

静态投资回收期 $P_t=4+\dfrac{|-20|}{60}=4.33$ (年)

动态投资回收期 $P_t'=6-1+\dfrac{|-8.93|}{33.87}=5.26$ (年)

(4)　总投资收益率(ROI)，表示总投资的盈利水平，是指使项目达到设计能力后正常年份的年息税前利润或运营期内年平均息税前利润(EBIT)与项目总投资(TI)的比率，其计算公式为

$$\mathrm{ROI}=\frac{\mathrm{EBIT}}{\mathrm{TI}}\times 100\% \tag{3-38}$$

息税前利润=营业收入-营业税金及附加-经营成本-折旧和摊销

判断准则：总投资收益率高于同行业的收益率参考值，表明用总投资收益率表示的盈利能力满足要求。

(5)　项目资本金净利润率(ROE)。项目资本金净利润率表示项目资本金的盈利水平，是指项目达到设计能力后正常年份的年净利润或运营期内年平均净利润(NP)与项目资本金(EC)的比率，其计算公式为

$$\mathrm{ROE}=\frac{\mathrm{NP}}{\mathrm{EC}}\times 100\% \tag{3-39}$$

判断准则：项目资本金净利润率高于同行业的净利润率参考值，则表明用项目资本金利润率表示的盈利能力满足要求。

2)　偿债能力评价指标计算

投资项目的资金构成一般可分为债务资金和自有资金，自有资金可长期使用，而债务

资金必须按期偿还，项目的投资者自然要考虑项目的偿债能力，也就是能否按期收回本息。因此，偿债分析是财务分析中的一项重要内容。

项目偿债能力分析主要通过计算利息备付率、偿债备付率、资产负债率、流动比率、速动比率等评价指标来进行。

(1) 利息备付率(ICR)。利息备付率是指在借款偿还期内的息税前利润(EBIT)与计入总成本费用的当年应付利息(PI)的比值。它从付息资金来源的充裕性角度反映项目偿还债务利息的能力，用于支付利息的息税前利润等于利润总额和当期应付利息之和，当期应付利息是指计入总成本费用的全部利息。利息备付率的计算公式为

$$\text{ICR}=\frac{\text{EBIT}}{\text{PI}}\times 100\% \tag{3-40}$$

利息备付率应分年计算。若偿还前期的利息备付率数值偏低，为分析的需要，也可以补充计算债务偿还期内年平均利息备付率。利息备付率表示利息支付的保证倍率，对于正常经营的企业，利息备付率至少应当大于 1，一般不宜低于 2，并结合债权人的要求确定。利息备付率高，说明利息支付的保障程度高，偿债风险小；利息备付率低于 1，表示没有足够的资金支付利息，偿债风险很大。

(2) 偿债备付率(DSCR)。偿债备付率是指项目在债务偿还期内，各年可用于计算还本付息的资金(EBITDA-T_{AX})与当年应还本付息额(PD)的比值，可用于计算还本付息的资金是指息税折旧摊销前的利润(即息税前利润加上折旧和摊销)减去所得税后的余额；当年应还本付息金额包括还本金额及计入总成本费用的全部利息。偿债备付率的计算公式为

$$\text{DSCR}=\frac{\text{EBITDA}-T_{\text{AX}}}{\text{PD}}\times 100\% \tag{3-41}$$

式中：EBITDA ——息税前利润加折旧和摊销；

T_{AX} ——企业所得税。

如果运营期间支出了维护运营的投资费用，应从分子中扣减。

偿债备付率可以按年计算，也可以按整个借款期计算。偿债备付率表示可用于还本付息资金偿还借款本息的保证倍率，正常情况下应当大于 1，一般不宜低于 1.3，并结合债务人的要求确定。偿债备付率低。说明偿付债务本息的能力不足，偿债风险大。当这一指标小于 1 时，表示可用于计算还本付息的资金不足以偿付当年债务。

(3) 资产负债率。资产负债率反映项目各年所面临的财务风险程度及偿债能力的指标。这一比率越低，则偿债能力越强。但是资产负债率的高低还反映了项目利用负债资金的程度，因此该指标水平应适当。其计算公式为

$$\text{资产负债率}=\text{负债总额}/\text{资产总额} \tag{3-42}$$

(4) 流动比率。该指标反映企业偿还短期债务的能力。这一比率越高，单位流动负债将有更多的流动资产作保障，短期偿债能力就越强，但是可能会导致流动资产利用效率低下，影响项目效益。因此流动比率一般为 2∶1 较好。其计算公式为

$$\text{流动比率}=\text{流动资产总额}/\text{流动负债总额} \tag{3-43}$$

(5) 速动比率。该指标反映了企业在很短时间内偿还短期债务的能力。速动资产是流动资产中变现最快的部分，速动比率越高，短期偿债能力越强。同样，速动比率过高也会

影响资产利用效率，进而影响企业经济效益。因此，速动比率一般为 1 较好。其计算公式为

速动比率=速动资产总额/流动负债总额　　(3-44)

速动资产=流动资产−存货　　(3-45)

3)　财务生存能力分析

财务生存能力分析，应在财务分析辅助表和利润与利润分配表的基础上编制财务计划现金流量表，通过考察项目计算期内的投资、融资和经营活动所产生的各项现金流入和流出，计算净现金流量和累计盈余资金，分析项目是否有足够的净现金流量维持正常运营，以实现财务的可持续性。

(1)　财务生存能力分析的作用。财务生存能力分析旨在分析考察“有项目”时(企业)在整个计算期内的资金充裕程度，分析财务可持续性，判断在财务上的生存能力，应根据财务计划现金流量表进行。

(2)　财务生存能力的分析方法。财务生存能力分析应结合偿债能力进行，项目的财务生存能力分析可通过以下相辅相成的两个方面进行。

一方面是分析是否有足够的净现金流量维持正常运营。

①　在项目运营期间，只有能够从项目经济活动中得到足够的净现金流量，项目才能持续生存。

②　拥有足够的经营净现金流量是财务上可持续的基本条件，特别是在运营初期。

③　通常因运营期前期的还本付息负担较重，故应特别注重运营期前期的财务生存能力分析。

另一方面是各年累计盈余资金不出现负值是财务上可持续的必要条件。

在整个运营期间，允许个别年份的净现金流量出现负值，但不能容许任一年份的累计盈余资金出现负值，一旦出现负值时应适时地进行短期融资。

3.4.3　财务评价报表

在项目财务评价中的评价指标是根据有关项目财务报表中的数据计算所得的，因此在计算财务指标之前，需要编制一套财务报表。项目财务评价的基本报表是根据国内外目前使用的一些不同的报表格式，结合我国实际情况和现行有关规定设计的，表中的数据没有统一的估算方法，但这些数据的估算及其精度对评价结论的影响是很重要的，评价过程中应特别注意。

为了进行投资项目的经济效果分析，需编制的财务报表主要有各类现金流量表、利润与利润分配表、资产负债表和财务外汇平衡表等。

1)　现金流量表

从项目财务评价的角度看，在某一时点上流出项目的资金称为现金流出，记为 CO；流入项目的资金称为现金流入，记为 CI。现金流入与现金流出统称为现金流量，现金流入为正现金流量，现金流出为负现金流量。同一时点上的现金流入量与现金流出量的代数和(CI−CO)称为净现金流量，记为 NCF。

在货币经济中，任何建设项目的效益和费用都可以抽象为现金流量系统。现金流量表

就是对建设项目流量系统的表格式反映，用以计算各项静态和动态评价指标，进行项目财务盈利能力分析。按投资计算基础的不同，现金流量表分为项目全部投资的现金流量表(项目投资现金表)和项目自有资金现金流量表(项目资本金现金流量表)。

(1) 项目投资现金流量表。项目投资现金流量表(见表 3-7)是从项目自身的角度出发，不分投资资金的来源，以项目全部投资作为计算基础，用以计算全部投资所得税前及所得税后财务内部收益率、财务净现值及投资回收期等评价指标，考察项目全部投资的盈利能力，为各个投资方案(不论其资金来源及利息多少)进行比较建立共同基础。

表 3-7　项目投资现金流量表

序号	项目	建设期		运营期					
		1	2	3	4	5	6	…	*n*
1	现金流入								
1.1	营业收入(不含销项税)								
1.2	销项税额								
1.3	补贴收入								
1.4	回收固定资产余值								
1.5	回收流动资金								
2	现金流出								
2.1	建设投资								
2.2	流动资金投资								
2.3	经营成本(不含进项税)								
2.4	进项税额								
2.5	应纳增值税								
2.6	增值税附加								
2.7	维持运营投资								
2.8	调整所得税								
3	所得税后净现金流量								
4	累计税后净现金流量								
5	折现系数								
6	折现后净现金流								
7	累计折现净现金流量								

(2) 自有资金现金流量表。自有资金现金流量表(见表 3-8)从投资者的角度出发，以投资者的出资额作为计算基础，把借款本金偿还和利息支付作为现金流出，用以计算自有资金财务内部收益率、财务净现值及投资回收期等评价指标，考察项目自有资金的盈利能力。

表 3-8　自有资金现金流量表

序号	项目	建设期		运营期					
		1	2	3	4	5	6	…	n
1	现金流入								
1.1	营业收入(不含销项税)								
1.2	销项税额								
1.3	补贴收入								
1.4	回收固定资产余值								
1.5	回收流动资金								
2	现金流出								
2.1	项目资本金								
2.2	借款本金偿还								
2.3	借款利息偿还								
2.4	流动资金投资								
2.5	经营成本(不含进项税)								
2.6	进项税额								
2.7	应纳增值税								
2.8	增值税附加								
2.9	维持运营投资								
2.10	调整所得税								
3	所得税后净现金流量								
4	累计税后净现金流量								
5	折现系数								
6	折现后净现金流								
7	累计折现净现金流量								

2)　利润及利润分配表

利润及利润分配表(见表3-9)反映项目计算期内各年的利润总额、所得税及利润分配情况，用以计算投资利润率、投资利税率和资本金利润率等指标。

表 3-9　利润及利润分配表

序号	项目	合计	投产期		达到设计能力生产期			
			3	4	5	6	…	n
	生产负荷%							
1	营业收入(不含销项税)							
2	增值税附加税							
3	总成本费用(不含进项税)							

续表

序号	项目	合计	投产期		达到设计能力生产期			
			3	4	5	6	…	*n*
4	补贴收入							
5	利润总额(1-2-3+4)							
6	弥补以前年度亏损							
7	应纳税所得额(5-6)							
8	所得税							
9	净利润(5-8)							
10	期初未分配利润							
11	可供分配利润(9+10)							
12	提取法定盈余公积金							
13	可供投资者分配的利润(11-12)							
14	应付投资者各方股利							
15	未分配利润(13-14)							
15.1	用于还款利润							
15.2	剩余利润转下年期初未分配利润							
16	息税前利润							

3) 资产负债表

资产负债表(见表 3-10)综合反映项目计算期内各年年末资产、负债和所有者权益的增减变化及对应关系，以考察项目资产、负债、所有者权益的结构是否合理，用以计算资产负债率、流动比率及速动比率，进行清偿能力分析。资产负债表的编制依据是“资产=负债+所有者权益”。

表 3-10 资产负债表

序号	项目	合计	建设期		投产期		达到设计能力生产期			
			1	2	3	4	5	6	…	*n*
1	资产									
1.1	流动资产									
1.1.1	应收账款									
1.1.2	存货									
1.1.3	现金									
1.1.4	累计盈余资金									
1.1.5	其他流动资产									
1.2	在建工程									
1.3	固定资产									
1.3.1	原值									

续表

序号	项目	合计	建设期		投产期		达到设计能力生产期			
			1	2	3	4	5	6	…	n
1.3.2	累计折旧									
1.3.3	净值									
1.4	无形及其他递延资产净值									
2	负债及所有者权益									
2.1	流动负债总额									
2.1.1	应付账款									
2.1.2	其他短期债款									
2.1.3	其他流动负债									
2.2	中长期借款									
2.2.1	中期借款(流动资金)									
2.2.2	长期借款									
	负债小计									
2.3	所有者权益									
2.3.1	资本金									
2.3.2	资本公积金									
2.3.3	累计盈余公积金									
2.3.4	累计未分配利润									
	清偿能力分析： 资产负债率/% 流动比率/% 速动比率/%									

4)　财务外汇平衡表

财务外汇平衡表(见表 3-11)适用于有外汇收支的项目，用以反映项目计算期内各年外汇余缺程度，进行外汇平衡分析。

表 3-11　财务外汇平衡表

序号	项目	合计	建设期		投产期		达到设计能力生产期			
			1	2	3	4	5	6	…	n
	生产负荷/%									
1	外汇来源									
1.1	产品销售外汇收入									
1.2	外汇借款									
1.3	其他外汇收入									
2	外汇应用									
2.1	固定资产投资中外汇支出									

续表

序号	项目	合计	建设期		投产期		达到设计能力生产期			
			1	2	3	4	5	6	…	n
2.2	进口原材料									
2.3	进口零部件									
2.4	技术转让费									
2.5	偿付外汇借款本息									
2.6	其他外汇支出									
2.7	外汇余缺									

注：1．其他外汇收入包括自筹外汇等。

2．技术转让费是指生产期支付的技术转让费。

3.5 案例分析

【案例一】

某工业引进项目，建设期为 2 年，该项目的实施计划为：第一年完成项目的全部投资 40%，第二年完成 60%，第三年项目投产并且达到 100%设计生产能力，预计年产量为 3000 万吨。

设备购置费 5287.07 万元，根据已建同类项目统计情况，一般建筑工程占设备购置投资的 27.6%，安装工程占设备购置投资的 10%，工程建设其他费用占设备购置投资的 7.7%，以上三项的综合调整系数分别为：1.23，1.15，1.08。

本项目固定资产投资中有 2000 万元来自银行贷款，其余为自有资金，且不论是借款还是自有资金均按计划比例投入。根据借款协议，贷款利率按 10%计算，按季计息。基本预备费费率为 10%，建设期内涨价预备费平均费率为 6%。

问题：估算项目固定资产投资额。

解：

由设备系数估算法，

固定资产投资额=设备购置费+建安工程费+工程建设其他费用

$$=5287.07\times(1+27.6\%\times1.23+10\%\times1.15+7.7\%\times1.08)=8129.61(\text{万元})$$

基本预备费$=8129.61\times10\%=812.96(\text{万元})$

价差预备费$=(8129.61+812.96)\times40\%\times[(1+6\%)^1(1+6\%)^{0.5}(1+6\%)^{1-1}-1]+$

$$(8129.61+812.96))\times60\%\times[(1+6\%)^1(1+6\%)^{0.5}(1+6\%)^{2-1}-1]$$

$$=1168.12(\text{万元})$$

贷款实际利率$=\left(1+\dfrac{10\%}{4}\right)^4-1=10.38\%$

建设期第一年贷款利息$=\dfrac{1}{2}\times2000\times40\%\times10.38\%=41.52(\text{万元})$

$$建设期第二年贷款利息=\left(2000\times40\%+41.52+\frac{1}{2}\times2000\times60\%\right)\times10.38\%$$

$$=149.63(万元)$$

$$建设期贷款利息=41.52+149.63=191.15(万元)$$

$$固定资产投资=8129.61+812.96+1168.12+191.15=10301.84(万元)$$

【案例二】

某企业拟投资建设一个生产市场急需产品的工业项目。该项目建设期 1 年，运营期 6 年。项目投产第一年可获得当地政府扶持该产品生产的补贴收入 100 万元。项目建设的其他基本数据如下。

1．项目建设投资估算 1000 万元，预计全部形成固定资产(包含可抵扣固定资产进项税额 80 万)，固定资产使用年限 10 年，按直线法折旧，期末净残值率为 4%，固定资产余值在项目运营期末收回。投产当年需要投入运营期流动资金为 200 万元。

2．正常年份年营业收入为 678 万元(其中销项税额为 78 万)，经营成本为 350 万元(其中进项税额为 25 万)；税金附加按应纳增值税的 10%计算，所得税税率为 25%；行业所得税后基准收益率为 10%，基准投资回收期为 6 年，企业投资者可接受的最低所得税后收益率为 15%。

3. 投产第一年仅达到设计生产能力的 80%，预计这一年的营业收入及其所含销项税额、经营成本及其所含进项税额均为正常年份的 80%；以后各年均达到设计生产能力。

4．运营第 4 年，需要花费 50 万元(无可抵扣进项税额)更新新型自动控制设备配件，维持以后的正常运营，该维持运营投资按当期费用计入年度总成本。

问题：

1．编制拟建项目投资现金流量表。

2．计算项目的静态投资回收期、财务净现值和财务内部收益率。

3．评价项目的财务可行性。

解问题 1：

编制拟建项目投资现金流量如表 3-12 所示。

编制现金流量表之前需要计算以下数据。

(1)　计算固定资产折旧费(融资前，固定资产原值不含建设期利息)。

固定资产原值=形成固定资产的费用−可抵扣固定资产进项税额

固定资产折旧费=(1000−80) ×(1−40%)÷10=88.32(万元)

(2)　计算固定资产余值。

固定资产使用年限 10 年，运营期末只用了 6 年还有 4 年未折旧，所以，运营期末固定资产余值为

固定资产余值=年固定资产折旧费×4+残值=88.32×4+(1000−80) ×4%)=360.08(万元)

(3)　计算调整所得税。

增值税应纳税额=当期销项税额−当期进项税额−可抵扣固定资产进项税额

故：

第 2 年(投产第一年)的当期销项税额−当期进项税额−可抵扣固定资产进项税额=78×0.8−25×0.8−80=−37.6(万元)<0，故第 2 年应纳增值税额为 0。

第 3 年的当期销项税额-当期进项税额-可抵扣固定资产进项税额=78-25-37.6=15.4(万元)，故第 3 年应纳增值税额为 15.4 万元。

第 4 年、第 5 年、第 6 年、第 7 年的应纳增值税=78-25=53(万元)

调整所得税=[营业收入-当期销项税额-(经营成本-当期进项税额)-折旧费-维持运营投资+补贴收入-增值税附加]×25%

故：

$$第2年(投产第1年)调整所得税=[(678-78)\times 80\%-(350-25)\times 80\%-88.32-0+100-0]\times 25\%=57.92(万元)$$

$$第3年调整所得税=(600-325-88.32-0+0-15.4\times 10\%)\times 25\%=46.29(万元)$$

$$第4年调整所得税=(600-325-88.32-0+0-53\times 10\%)\times 25\%=45.35(万元)$$

$$第5年调整所得税=(600-325-88.32-50+0-53\times 10\%)\times 25\%=32.85(万元)$$

$$第6、7年调整所得税=(600-325-88.32-0+0-53\times 10\%)\times 25\%=45.35(万元)$$

表 3-12　项目投资现金流量表

单位：万元

序号	项目	建设期	运营期					
		1	2	3	4	5	6	7
1	现金流入	0.00	642.40	678.00	678.00	678.00	678.00	1268.08
1.1	营业收入(不含销项税)		480.00	600.00	600.00	600.00	600.00	600.00
1.2	销项税额		62.4	78.00	78.00	78.00	78.00	78.00
1.3	补贴收入		100.00					
1.4	回收固定资产余值							390.08
1.5	回收流动资金							200.00
2	现金流出	1000.00	537.92	413.23	453.65	491.15	453.65	453.65
2.1	建设投资	1000.00						
2.2	流动资金投资		200.00					
2.3	经营成本(不含进项税)		260.00	352.00	352.00	352.00	352.00	352.00
2.4	进项税额		20.00	25.00	25.00	25.00	25.00	25.00
2.5	应纳增值税		0.00	15.40	53.00	53.00	53.00	53.00
2.6	增值税附加			1.54	5.30	5.30	5.30	5.30
2.7	维持运营投资					50.00		
2.8	调整所得税		57.92	46.29	45.35	32.85	45.35	45.35
3	所得税后净现金流量	-1000.00	104.48	264.77	224.35	186.85	224.35	814.43
4	累计税后净现金流量	-1000.00	-895.52	-630.75	-406.40	-219.55	4.80	819.23

续表

序号	项目	建设期	运营期					
		1	2	3	4	5	6	7
5	折现系数	0.9091	0.8264	0.7513	0.6830	0.6209	0.5645	0.5132
6	折现后净现金流	−909.10	86.34	198.92	153.23	116.02	126.65	417.97
7	累计折现净现金流量	−909.10	−822.76	−623.84	−470.60	−354.39	−227.94	190.02

解问题 2：

(1) 计算项目的静态投资回收期。

$$静态投资回收期=累计净现金流量开始出现正值的年份-1+\frac{上一年累计现金流量的绝对值}{当年净现金流量}$$

$$=(6-1)+\frac{|-219.55|}{224.35}=5.98年$$

项目静态投资回收期为 5.98 年。

(2) 计算项目财务净现值。

项目财务净现值是把项目计算期内各年的净现金流量，按照基准收益率折算到建设期初的现值之和，也就是计算期末累计折现后净现金流量 190.02 万元，如表 3-12 所示。

(3) 计算项目的财务内部收益率。

编制项目财务内部收益率试算表如表 3-13 所示。

表 3-13　财务内部收益率试算表

单位：万元

序号	项目	建设期	运营期					
		1	2	3	4	5	6	7
1	现金流入	0.00	662.40	678.00	678.00	678.00	678.00	678.00
2	现金流出	1000.00	537.92	413.23	453.65	491.15	453.65	453.65
3	净现金流量	−1000.00	104.48	264.77	224.35	186.85	224.35	814.43
4	折现系数 i=15%	0.8696	0.7561	0.6575	0.5718	0.4972	0.4323	0.3759
5	折现后净现金流量	−869.60	79.00	174.09	128.28	92.90	96.99	306.14
6	累计折现净现金流量	−869.60	−790.60	−616.51	−488.23	−395.33	−298.34	7.80
7	折现系数 i=17%	0.8547	0.7305	0.6244	0.5337	0.4561	0.3898	0.3332
8	折现后净现金流量	−854.70	76.32	165.32	119.74	85.22	87.45	271.37
9	累计折现净现金流量	−854.70	−778.38	−613.06	−493.32	−408.10	−320.65	−49.28

首先确定 $i_1=15\%$，以 i_1 作为设定的折现率，计算出各年的折现系数。利用财务内部收益率试算表，计算出各年的折现净现金流量和累计折现净现金流量，从而得到财务净现值 $FVPV_1=7.80(万元)$，见表 3-13。

再设定 $i_2=17\%$，以 i_2 作为设定的折现率，计算出各年的折现系数。同样，利用财务内部收益率试算表，计算各年的折现净现金流量和累计折现净现金流量，从而得到财务净现

值 $FVPV_2=-49.28$(万元)，见表 3-13。

试算结果满足：$FNPV_1>0$，$FVPV_2<0$，且满足精度要求，可采用插值法计算出拟建项目的财务内部收益率FIRR。

由表 3-13 可知：

$$i_1=15\%\text{时，}\ FVPV_1=7.80$$

$$i_2=17\%\text{时，}\ FVPV_2=-49.28$$

用插值法计算拟建项目的内部收益率 FIRR，即：

$$FIRR=i_1+(i_2-i_1)\times\frac{FNPV_1}{FNPV_1-FNPV_2}=15\%+(17\%-15\%)\times\frac{7.80}{7.80+|-49.28|}$$

$$=15\%+0.27\%=15.27\%$$

解问题 3：

评价项目的财务可行性。

本项目的静态投资回收期为 5.98 年，小于基准投资回收期 6 年；累计财务净现值为 190.02 万元>0；财务内部收益率 FIRR=15.27% >行业基准收益率 10%，所以，从财务角度分析该项目可行。

本 章 小 结

本章介绍了建设项目的可行性研究编制内容及编制方法，强调可行性研究的重要性，它可以作为建设项目投资决策、编制设计文件、向银行贷款、签订合同、审批项目、施工组织及进度安排和竣工验收、项目后评价的依据。本章阐述了投资估算的内容及编制依据，描述了国内外投资估算的阶段划分和精度要求，要求读者熟悉投资估算的内容依据和步骤，并能够应用单位生产能力估算法、生产能力指数法、系数估算法、比例估算法、指标估算法等投资估算方法和流动资金估算中的分项详细估算法、扩大指标估算法进行建设项目的投资估算。本章还介绍了财务评价作为项目经济评价的重要组成部分，财务分析可分为融资前分析和融资后分析，并介绍了财务评价指标体系，从盈利能力分析指标和债务清偿能力分析指标来综合判断项目的财务可行性。

习题

习题参考答案

第 4 章　建设项目设计阶段工程造价控制

【学习目标】

1. 素质目标

- 培养学生诚实守信、坚持准则，拥有规范意识和良好的职业道德。
- 培养学生团队协作精神和集体荣誉感，以及实事求是的工作作风。
- 培养学生严谨、客观、团结一致的从业态度。
- 培养学生管理统筹、沟通协调、自信表达的职业素养。

2. 知识目标

- 了解工程设计的含义、设计阶段的工作特点，熟悉设计阶段进行工程造价控制的内容和意义。
- 掌握设计阶段的划分和设计程序。
- 熟悉设计方案优选原则和方法，了解限额设计和标准化设计的含义。
- 掌握运用价值工程优化设计方案的方法。
- 掌握设计概算、施工图预算的编制和审查方法。

3. 能力目标

- 能运用价值工程进行设计方案优选和进行设计阶段工程造价控制。
- 能进行设计概算的编制。

4.1　建设工程设计概述

4.1.1　工程设计概述

1. 工程设计的含义

工程设计是指在工程开始施工之前，设计者根据已批准的设计任务书，为具体实现拟建项目的技术、经济要求，拟定建筑、安装及设备制造等所需的规划、图纸、数据等技术文件的工作。设计是建设项目由计划变为现实具有决定意义的工作阶段。设计文件是建筑安装施工的依据。拟建工程在建设过程中能否保证质量、保证进度和节约投资，在很大程度上取决于设计工作的优劣。工程建成后，能否获得满意的经济效果，除了项目决策外，设计工作也起着决定性的作用。

2. 工程设计阶段划分

根据国家有关文件的规定，设计阶段的分类如图 4-1 所示。一般工业项目设计可按初步设计和施工图设计两个阶段进行，称为“两阶段设计”。对于技术上复杂、在设计时有一定难度的工程，可以按初步设计、技术设计和施工图设计三个阶段进行，称为“三阶段设计”。小型工程建设项目，技术上较简单的，经项目相关管理部门同意可以简化为施工图设计一个阶段进行。大型复杂建设项目，除按规定分阶段进行设计外，还应进行总体规划设计或总体设计。

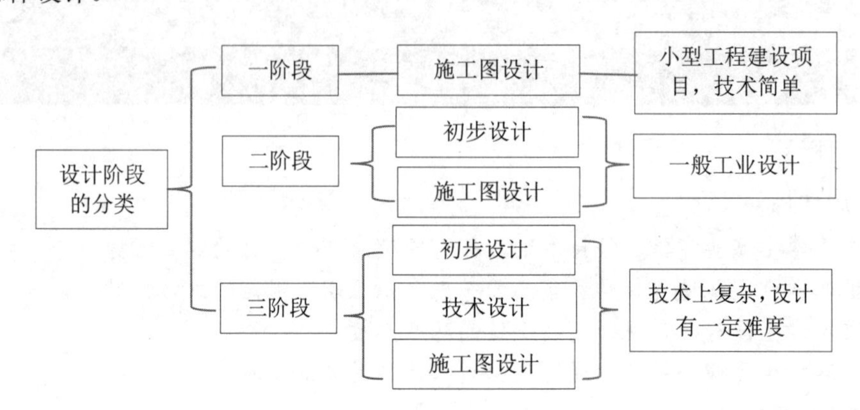

图 4-1　设计阶段的分类

3. 设计阶段的工作特点

在建设工程实施的各个阶段中，设计阶段是建设工程目标控制全过程中的主要阶段。因此，正确地认识以下设计阶段的特点，对于准确地控制工程造价具有十分重要的意义。

(1) 设计阶段是决定建设工程价值和使用价值的主要阶段。

(2) 设计阶段的工作表现为创造性的脑力劳动。

(3) 设计质量对建设工程总体质量有决定性影响。

(4) 设计阶段的工作需要反复协调。

(5) 设计阶段是影响建设工程投资的关键阶段。

4.1.2　设计阶段影响工程造价的因素

设计阶段影响工程造价的因素

1. 影响工业建设项目工程造价的主要因素

1) 总平面设计

总平面设计主要是指总图运输设计和总平面配置，主要内容包括：厂址方案、占地面积、土地利用情况；总图运输、主要建筑物和构筑物及公用设施的配置；外部运输、水、电、气及其他外部协作条件等。

总平面设计是否合理对于整个设计方案的经济合理性有重大影响。正确合理的总平面设计可大大减少建筑工程量，节约建设用地，节省建设投资，加快建设进度，降低工程造价和项目运行后的使用成本，并为企业创造良好的生产组织、经营条件和生产环境，还可以为城市建设或工业区创造完美的建筑艺术整体。

总平面设计中影响工程造价的主要因素包括以下几点。

(1) 现场条件。现场条件是制约设计方案的重要因素之一，对工程造价的影响主要体现在：地质、水文、气象条件等影响基础形式的选择、基础的埋深(持力层、冻土线)；地形地貌影响平面及室外标高的确定；场地大小、邻近建筑物地上附着物等影响平面布置、建筑层数、基础形式及埋深。

(2) 占地面积。占地面积的大小一方面影响征地费用的高低，另一方面也影响管线布置成本和项目建成运营的运输成本。因此在满足建设项目基本使用功能的基础上，应尽可能地节约用地。

(3) 功能分区。无论是工业建筑还是民用建筑都有许多功能，这些功能之间相互联系、相互制约。合理的功能分区既可以使建筑物的各项功能充分发挥，又可以使总平面布置紧凑、安全。比如在建筑施工阶段避免大挖大填，可以减少土石方量和节约用地，降低工程造价。对于工业建筑，合理的功能分区还可以使生产工艺流程顺畅，从全生命周期造价管理考虑还可以使运输简便，降低项目建成后的运营成本。

(4) 运输方式。运输方式决定运输效率及成本，不同运输方式的运输效率和成本不同。例如，有轨运输的运量大，运输安全，但是需要一次性投入大量资金；无轨运输无须一次性投入大规模资金，但运量小、安全性较差。因此，要综合考虑建设项目生产工艺流程和功能区的要求以及建设场地等具体情况，选择经济合理的运输方式。

2) 工艺设计中影响工程造价的主要因素

工艺设计阶段影响工程造价的主要因素包括：建设规模、标准和产品方案；工艺流程和主要设备的选型；主要原材料、燃料供应情况；生产组织及生产过程中的劳动定员情况；“三废”治理及环保措施等。

按照建设程序，建设项目的工艺流程在可行性研究阶段已经确定。设计阶段的任务就是严格按照批准的可行性研究报告的内容进行工艺技术方案的设计，确定具体的工艺流程和生产技术。在具体项目工艺设计方案的选择时，应以提高投资的经济效益为前提，深入分析、比较，综合考虑各方面的因素。

3) 建筑设计中影响工程造价的主要因素

在进行建筑设计时，设计单位及设计人员应首先考虑业主所要求的建筑标准，根据建筑物、构筑物的使用性质、功能及业主的经济实力等因素确定；其次，应在考虑施工条件和施工过程合理组织的基础上，决定工程的立体平面设计和结构方案的工艺要求。

建筑设计阶段影响工程造价的主要因素包括以下几点。

(1) 平面形状。一般来说，建筑物平面形状越简单，单位面积造价就越低。当一座建筑物的形状不规则时，将导致室外工程、排水工程、砌砖工程及屋面工程等复杂化，增加工程费用。即使在同样的建筑面积下，建筑平面形状不同，建筑周长系数 $K_{周}$ (建筑物周长与建筑面积比，即单位建筑面积所占外墙长度)便不同。通常情况下建筑周长系数越低，设计越经济。圆形、正方形、矩形、T 形、L 形建筑的 $K_{周}$依次增大。但是圆形建筑物施工复杂，施工费用一般比矩形建筑增加 20%～30%，所以其墙体工程量所节约的费用并不能使建筑工程造价降低。虽然正方形建筑既有利于施工，又能降低工程造价，但是若不能满足建筑物美观和使用要求，则毫无意义。因此，建筑物平面形状的设计应在满足建筑物使用功能的前提下，降低建筑周长系数，充分注意建筑平面形状的简洁、布局的合理，从而降低

工程造价。

(2) 流通空间。在满足建筑物使用要求的前提下，应将流通空间减到最小，这是建筑物经济平面布置的主要目标之一。因为门厅、走廊、过道、楼梯以及电梯井的流通空间都不能用来获利，但是却需要花费相当多的采光、采暖、装饰、清扫等方面的费用。

(3) 空间组合，包括建筑物的层高、层数、室内外高差等因素。

① 层高。在建筑面积不变的情况下，建筑层高的增加会引起各项费用的增加，如墙与隔墙及其有关粉刷、装饰费用的增加；楼梯造价和电梯设备费用的增加；供暖空间体积的增加；卫生设备、上下水管道长度的增加等。另外，由于施工垂直运输量的增加，可能增加屋面造价；由于层高的增加而导致建筑物总高度增加很多时，还可能会增加基础造价。

② 层数。建筑物层数对造价的影响，因建筑类型、结构形式的不同而不同。层数不同，则荷载不同，对基础的要求也不同，同时也影响占地面积和单位面积造价。如果增加一个楼层不影响建筑物的结构形式，单位建筑面积的造价可能会降低。但是当建筑物超过一定层数时，结构形式就要发生改变，单位造价通常会增加。建筑物层数越高，电梯及楼梯的造价将有提高的趋势，建筑物的维修费用也将增加，但是采暖费用有可能下降。

③ 室内外高差。室内外高差过大，则建筑物的工程造价会提高；高差过小又影响使用及卫生要求等。

(4) 建筑物的体积与面积。建筑物尺寸的增加，一般会引起单位面积造价的降低。对于同一项目，固定费用不一定会随着建筑体积和面积的扩大而有明显的变化，一般情况下，单位面积固定费用会相应减少。对于工业建筑，厂房、设备布置紧凑合理，可提高生产能力，采用大跨度、大柱距的平面设计形式，可提高平面利用系数，从而降低工程造价。

(5) 建筑结构，即建筑工程中由基础、梁、板、柱、墙、屋架等构件所组成的起骨架作用的、能承受直接荷载和间接荷载的空间受力体系。建筑结构因所用的建筑材料不同，可分为砌体结构、钢筋混凝土结构、钢结构、轻型钢结构、木结构和组合结构等。

建筑结构的选择既要满足力学要求，又要考虑其经济性。对于五层以下的建筑物一般选用砌体结构；对于大中型工业厂房一般选用钢筋混凝土结构；对于多层房屋或大跨度建筑，选用钢结构明显优于选用钢筋混凝土结构；对于高层或者超高层建筑，选择框架结构和剪力墙结构比较经济。由于各种建筑体系的结构各有利弊，在选用结构类型时应结合实际，因地制宜，就地取材，采用经济合理的结构形式。

(6) 柱网布置。对于工业建筑，柱网布置对结构的梁板配筋及基础的大小会产生较大的影响，从而对工程造价和厂房面积的利用效率都有较大的影响。柱网布置是确定柱子的跨度和间距的依据。柱网的选择与厂房中有无吊车、吊车的类型及吨位、屋顶的承重结构以及厂房的高度等因素有关。对于单跨厂房，当柱间距不变时，跨度越大，单位面积造价越低。因为除屋架外，其他结构架分摊在单位面积上的平均造价随跨度的增大而减小；对于多跨厂房，当跨度不变时，中跨数目越多越经济，这是因为柱子和基础分摊在单位面积上的造价减少。

4) 材料选用

建筑材料的选择是否合理，不仅直接影响到工程质量、使用寿命、耐火和抗震性能，而且对施工费用、工程造价有很大影响。建筑材料一般占直接费的 70%，降低材料费用，不仅可以降低直接费，还可以降低间接费。因此，设计阶段合理选择建筑材料，控制材料

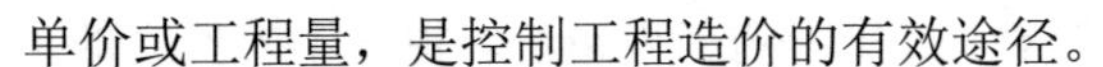

单价或工程量，是控制工程造价的有效途径。

5)　设备选用

现代建筑越来越依赖于设备。对于住宅来说，楼层越多设备系统越庞大，例如，高层建筑物内部空间的交通工具电梯，室内环境的调节设备如空调、通风、采暖等，各个系统的分布占用空间都在考虑之列，既有面积、高度的限额，又有位置的优选和规范的要求。因此，设备配置是否得当，直接影响建筑产品整个寿命周期的成本。

设备选用的重点因设计形式的不同而不同，应选择能满足生产工艺和生产能力要求的最适用的机械和设备。此外，根据工程造价资料的分析，设备安装工程造价占工程总投资的 20%～50%，由此可见设备方案设计对工程造价的影响。设备的选用应充分考虑自然环境对能源节约的有利条件，如果从建筑产品的整个寿命周期分析，能源节约是一笔不可忽略的费用。

2. 民用项目设计中影响工程造价的主要因素

民用建设项目设计是根据建筑物的使用功能要求，确定建筑标准、结构形式、建筑物空间与平面布置以及建筑群体的配置。民用建筑设计包括住宅设计、公共建筑设计和住宅小区设计。住宅建筑是民用建筑中最大量、最主要的建筑形式。

1)　住宅小区规划中影响工程造价的主要因素

在进行住宅小区建设规划时，要根据小区的基本功能和要求，确定各构成部分的合理层次与关系，安排住宅建筑、公共建筑、管网、道路及绿地的布局，确定合理人口与建筑密度、房屋间距和建筑层数，布置公共设施项目、规模及服务半径，以及水、电、热、煤气的供应等，并划分包括土地开发在内的上述各部分的投资比例。小区规划设计的核心是提高土地利用率。

(1)　占地面积。居住小区的占地面积不仅直接决定着土地费的高低，而且影响着小区内道路、工程管线长度和公共设备的多少，而这些费用对小区建设投资的影响通常很大。因而，用地面积指标在很大程度上影响着小区建设的总造价。

(2)　建筑群体的布置形式。建筑群体的布置形式对用地的影响不容忽视，通过采取高低搭配、点条结合、前后错列以及局部东西向布置、斜向布置或拐角单元等手法节省用地。在保证小区居住功能的前提下，适当地集中公共设施，提高公共建筑的层数，合理地布置道路，充分利用小区内的边角用地，有利于提高建筑密度，降低小区的总造价。或者通过合理压缩建筑的间距、适当提高住宅层数或高低层搭配以及适当增加房屋长度等方式节约用地。

2)　民用住宅建筑设计中影响工程造价的主要因素

(1)　建筑物平面形状和周长系数。与工业项目建筑设计类似，如按使用指标，虽然圆形建筑 $K_{周}$最小，但由于施工复杂，施工费用较矩形建筑增加 20%～30%，故其墙体工程量的减少不能使建筑工程造价降低，而且使用面积有效利用率不高以及用户使用不便。因此，一般建造矩形和正方形住宅，既有利于施工，又能降低造价和使用方便。在矩形住宅建筑中，又以长∶宽比为 2∶1 最佳。一般住宅单元以 3～4 个住宅单元、房屋长度 60～80m 较为经济。

在满足住宅功能和质量前提下，适当加大住宅宽度。这是由于宽度加大，墙体面积系数相应减少，有利于降低造价。

(2) 住宅的层高和净高。住宅的层高和净高，直接影响工程造价。根据不同性质的工程综合测算住宅层高每降低10cm，可降低造价1.2%～1.5%。层高降低还可提高住宅区的建筑密度，节约土地成本及市政设施费。但是，层高设计中还应考虑采光与通风问题，层高过低不利于采光及通风，因此，民用住宅的层高一般不宜超过2.8m。

(3) 住宅的层数。在民用建筑中，在一定幅度内，住宅层数的增加具有降低造价和使用费用以及节约用地的优点。当住宅层数超过一定限度时，要经受较强的风力荷载，需要提高结构强度，改变结构形式，工程造价则大幅度上升。

(4) 住宅单元组成、户型和住户面积。据统计三居室住宅的设计比两居室的设计降低1.5%左右的工程造价。四居室的设计又比三居室的设计降低3.5%的工程造价。

衡量单元组成、户型设计的指标是结构面积系数(住宅结构面积与建筑面积之比)，结构面积系数越小设计方案越经济。因为结构面积系数小，有效面积就增加。结构面积系数除与房屋结构有关外，还与房屋外形及其长度和宽度有关，同时也与房间平均面积大小和户型组成有关。房屋平均面积越大，内墙、隔墙在建筑面积所占比重就越小。

(5) 住宅建筑结构的选择。随着我国工业化水平的提高，住宅工业化建筑体系的结构形式多种多样，考虑工程造价时应根据实际情况，因地制宜、就地取材，采用适合本地区的经济合理的结构形式。

3. 影响工程造价的其他因素

除以上因素之外，在设计阶段影响工程造价的因素还包括以下几点。

1) 设计单位和设计人员的知识水平

设计单位和设计人员的知识水平对工程造价的影响是客观存在的。为了有效地降低工程造价，设计单位和设计人员首先要能够充分利用现代设计理念，运用科学的设计方法优化设计成果；其次，要善于将技术与经济相结合，运用价值工程理论优化设计方案；最后，设计单位和设计人员应及时与造价咨询单位进行沟通，使造价咨询人员能够在前期设计阶段就参与项目，达到技术与经济的完美结合。

2) 项目利益相关者的利益诉求

设计单位和设计人员在设计过程中要综合考虑业主、承包商、监管机构、咨询单位、运营单位等利益相关者的要求和利益，并通过利益诉求的均衡来达到和谐的目的，避免后期出现频繁的设计变更而导致工程造价的增加。

3) 风险因素

设计阶段承担着重大风险，它对后面的工程招标和施工有着重要影响。该阶段是确定建设工程总造价的一个重要阶段，决定着项目的总体造价水平。

4.1.3 设计阶段工程造价控制的内容和意义

1. 设计阶段工程造价控制的内容

设计阶段工程造价管理的主要工作内容是根据委托合同约定可选择设计概算、施工图预算或进行概(预)算审查，工作目标是保证概(预)算编制依据的合法性、时效性、适用性和概(预)算报告的完整性、准确性、全面性。可通过概(预)算对设计方案作出客观经济评价，同时还可根据委托人的要求和约定对设计提出可行的造价管理方法及优化建议。

设计阶段工程造价管理的阶段性工作成果文件是指设计概算造价报告、施工图预算造价报告或其审查意见等。

2．设计阶段的工程造价控制的意义

设计阶段的工程造价控制有以下重要意义。

(1) 在设计阶段，进行工程造价的计价分析可以使造价构成更合理，提高资金利用效率。在设计阶段，工程造价的计价形式是编制设计概算，通过概算了解工程造价的构成，分析资金分配的合理性，并可以利用设计阶段各种控制工程造价的方法使经济与成本趋于合理化。

(2) 在设计阶段，进行工程造价的计价分析可以提高投资控制效率。编制设计概算可以了解工程各组成部分的投资比例。对于投资比例较大的部分应作为投资控制的重点，这样可提高投资控制效率。

(3) 在设计阶段，控制工程造价会使控制工作更主动。设计阶段控制工程造价，可以使被控制变为主动控制。设计阶段可以先开列新建建筑物每部分或分项的计划支出费用的表，即投资计划，然后当详细设计方案制定出来后，对照造价计划中所列的指标进行审核，预先发现差异，主动采取一些控制方法消除差异，使设计更经济。

(4) 在设计阶段，控制工程造价，便于技术与经济相结合。设计人员往往关注工程的使用功能，力求采用较先进的技术方法实现项目所需功能，对经济因素考虑较少。在设计阶段吸引控制造价的人员参与全过程设计，使设计一开始就建立在健全的经济基础之上，在作出重要决定时就能充分认识其经济后果。

(5) 在设计阶段，控制工程造价效果最显著。工程造价控制贯穿项目建设全过程。设计阶段的造价对投资造价的影响程度很大。控制建设投资的关键在设计阶段，在设计一开始就将控制投资的思想植根于设计人员的头脑中，以保证选择恰当的设计标准和合理的功能水平。

4.2　设计方案的评价与优化

4.2.1　设计方案评价的原则

设计方案评价与优化是设计过程的重要环节，是指通过对设计方案进行技术和经济的分析、计算、比较和评价，从而选出环境上自然协调，功能上适用，结构上坚固耐用，造型上美观和经济上合理的最优设计方案，为决策提供科学的依据。设计方案的优选应遵循以下原则。

1) 设计方案必须要处理好经济合理性与技术先进性之间的关系

经济合理性要求工程造价尽可能低，但如果一味地追求经济效果，可能会导致项目的功能水平偏低，无法满足使用者的要求。技术先进性追求技术的尽善尽美，项目功能水平先进，但可能会导致工程造价偏高。因此，技术先进性和经济合理性是一对矛盾体，设计者应尽量妥善地处理好二者的关系。一般情况下，要在满足使用者要求的前提下，尽可能

降低工程造价；或在资金限制范围内，尽可能提高项目功能水平。

2)　设计方案必须兼顾建设与使用，考虑项目全寿命周期的费用

工程在建设过程中，控制工程造价是一个很重要的目标，但是造价水平的变化又会影响项目将来的使用成本。如果单纯降低造价，建造质量得不到保障，就会导致使用过程中的维修费用很高，甚至有可能发生重大事故，给社会财产和人民安全带来严重损害。一般情况下，项目技术水平与工程造价、使用成本之间的关系如图 4-2 所示。在设计过程中应兼顾建设过程和使用过程，力求项目全寿命费用最低，即做到成本低、维护少，使用费用低。

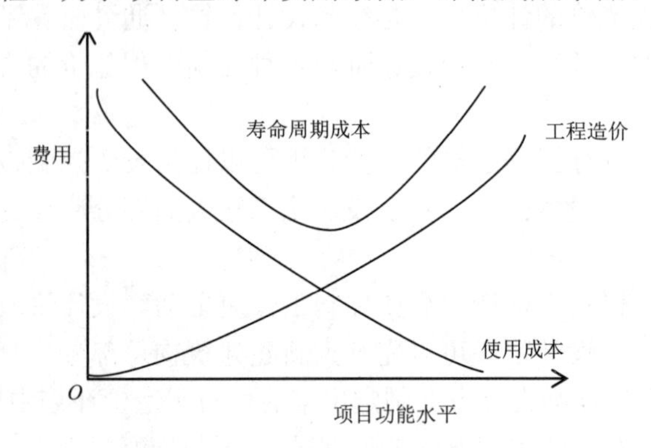

图 4-2　项目技术水平工程造价、使用成本之间的关系

3)　功能设计必须兼顾近期与远期的要求

设计项目时应选择合理的功能水平，同时也要根据远景发展需要，适当地留有发展余地。一项工程建成后，往往要在很长的时间内发挥作用，如果按照目前的要求设计工程，在不远的将来可能会出现由于项目功能水平无法满足需要而需要重新建造的情况，但是，如果按照未来的需要设计工程，又会出现由于功能水平高而需要使近期资源闲置浪费的现象。所以，设计者要兼顾近期和远期的要求，选择合理的功能水平，同时，也要根据远景发展需要，适当地留有发展余地。

4.2.2　设计方案优选的方法

设计方案优选的方法主要有多指标法、单指标法以及多因素评分法，如图 4-3 所示。

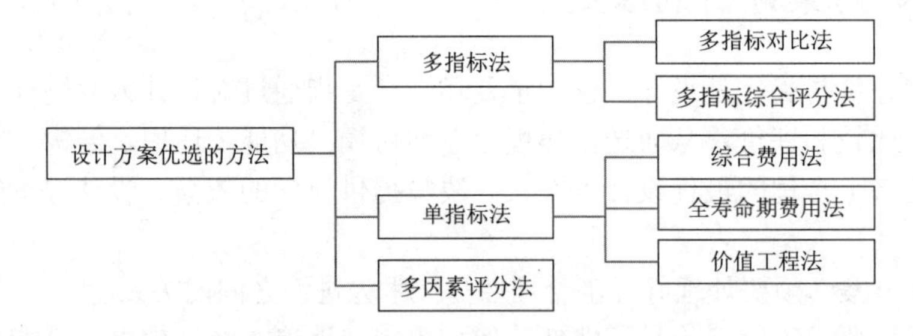

图 4-3　设计方案优选的方法

多指标评价法

1. 多指标评价法

多指标评价法是指通过反映建筑产品功能和耗费特点的若干技术经济指

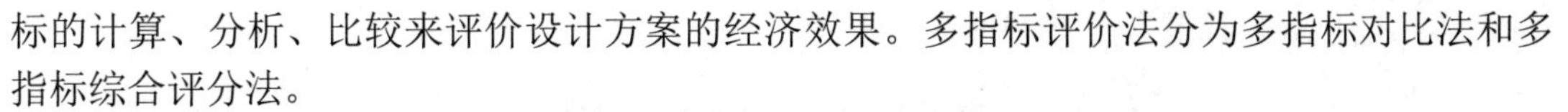

标的计算、分析、比较来评价设计方案的经济效果。多指标评价法分为多指标对比法和多指标综合评分法。

1)　多指标对比法

多指标对比法是使用一组适用的指标体系，将对比方案的指标值列出，然后一一进行对比分析，根据指标值的高低，分析判断方案的优劣。

多指标对比法首先需要将指标体系中的各个指标，按其在评价中的重要性分为主要指标和辅助指标。主要指标是指能够比较充分反映工程的技术经济特点的指标，是确定工程项目经济效果的主要依据。辅助指标在技术经济分析中处于次要地位，是主要指标的补充。当主要指标不足以说明方案的技术经济效果的优劣时，辅助指标就成为进一步进行技术经济分析的依据，但是要注意参选方案在功能、价格、时间及风险等方面的可比性。如果方案不完全符合对比条件，要加以调整，使其满足对比条件后再进行对比，并在综合分析时予以说明。

这种方法的优点是指标全面、分析确切，可通过各种技术经济指标定性或定量地直接反映方案技术经济性能的主要方面，但不便于考虑对某一功能的评价，不便于综合定量分析，容易出现某一方面有些指标较优另一些指标较差，而另一方面则可能是有些指标较差而另一些指称较优，这种根据不同指标评价结果不同的情况，从而使分析工作复杂化。

2)　多指标综合评分法

采用此法首先要对设计方案设定若干个评价指标，并按其重要程度确定权重，然后按照确定的评分标准方案对指标进行打分，最后计算出各方案的加权得分，得分最高者为最优设计方案，其计算公式为

$$S=\sum_{i=1}^{n}W_i\cdot S_i \tag{4-1}$$

式中：S——设计方案总得分；

S_i——某方案在评价指标 i 上的得分；

W_i——评价指标 i 的比重；

n——评价指标的数量。

注：评价指标的权重的加和等于 1。

这种方法的优点在于避免了多指标间可能发生相互矛盾的现象，评价结果是唯一的，但是在确定权重及评分过程中存在主观臆断成分。同时，由于分值是相对的， 因而不能直接判断各方案的各项功能的实际水平。

【例 4.1】某建筑工程有 4 个设计方案，选定的评价指标为实用性、平面布置、经济性、美观性 4 项。各指标的权重及各方案的得分(10 分制)如表 4-1 所示，试选择最优设计方案。

表 4-1　各指标的权重及各方案的得分

评价指标	权重	方案 A	方案 B	方案 C	方案 D
		得分	得分	得分	得分
实用性	0.4	9	8	7	6
平面布置	0.2	8	7	8	9
经济性	0.3	9	7	9	8
美观性	0.1	7	9	8	9

解：进行加权计算各方案得分，如表 4-2 所示。

表 4-2　加权计算各方案得分

评价指标	权重	方案 A		方案 B		方案 C		方案 D	
		得分	加权得分	得分	加权得分	得分	加权得分	得分	加权得分
实用性	0.4	9	3.6	8	3.2	7	2.8	6	2.4
平面布置	0.2	8	1.6	7	1.4	8	1.6	9	1.8
经济性	0.3	9	2.7	7	2.1	9	2.7	8	2.4
美观性	0.1	7	0.7	9	0.9	8	0.8	9	0.9
合计			8.6		7.6		7.9		7.5

由表 4-2 可知，方案 A 的加权得分最高，因此方案 A 最优。

2．单指标法

单指标法是指以单一指标为基础进行综合分析与评价。它分为综合费用法、全寿命期费用法和价值工程法。

1)　综合费用法

这里的费用包括方案投产后的年度使用费、方案的建设投资以及由于工期提前或延误而产生的收益或亏损等。该方法的基本出发点在于将建设投资和使用费结合起来考虑，同时考虑建设周期对投资效益的影响，以综合费用最小为最佳方案。

综合费用法是一种静态价值指标评价方法，没有考虑资金的时间价值，只适用于建设周期较短的工程。此外，由于综合费用法只考虑费用，未能反映功能、质量、安全、环保等方面的差异，因而只有在方案的功能、建设标准等条件相同或基本相同时才能采用。

2)　全寿命期费用法

建设工程全寿命期费用除包括筹建、征地拆迁、咨询、勘察、设计、施工、设备购置以及贷款支付利息等与工程建设有关的一次性投资费用之外，还包括工程完成后交付使用期内经常发生的费用支出，如维修费、设施更新费、采暖费、电梯费、空调费、保险费等。这些费用统称为使用费，按年计算时称为年度使用费。

全寿命期费用评价法考虑到了资金的时间价值，是一种动态的价值指标评价方法。由于不同技术方案的寿命期不同，因此，应用全寿命期费用评价法计算费用时，不用净现值法，而用年度等值法，以年度费用最小者为最优方案。

3)　价值工程法

价值工程法主要是对产品进行功能分析，研究如何以最低的全寿命期成本实现产品的必要功能，从而提高产品价值。

在设计中应用价值工程的原理和方法，在保证建设工程功能不变或功能改善的情况下，力求节约成本，从而设计出更加符合用户要求的产品。

3．多因素评分法

多因素评分法是多指标法与单指标法相结合的一种方法。对需要进行分析评价的设计方案设定若干个评价指标，按其重要程度分配权重，然后按照评价标准给各指标打分，将各项指标所得分数与其权重采用综合方法整合，得出各设计方案的评价总分，以获总分最高者为最佳方案。多因素评分优选法综合了定量分析评价与定性分析评价的优点，可靠性高，应用广泛。

4.2.3　工程设计方案优化途径

实际工作中可通过设计招投标和方案竞选、推广标准化设计限额设计、运用价值工程等方法对工程设计进行优化。

1．通过设计招投标和方案竞选优化设计方案

设计招标建设单位或招标代理机构首先就拟建设计任务编制招标文件，并通过报刊、网络或其他媒体发布招标会，吸引设计单位参加设计招标或设计方案竞选，然后对投标单位进行资格审查，并向合格的设计单位发售招标文件，组织设计方案的投标单位勘察工程现场，解答投标单位提出的问题。投标单位编制并投送标书。建设单位或招标代理机构组织开标和评标活动，择优确定中标设计单位并发出中标通知，双方签订设计委托合同。

设计招标鼓励竞争，促使设计单位改进管理，采用先进技术，降低工程造价，提高设计质量，也有利于控制项目建设投资和缩短设计周期，降低设计费用，提高投资效益。

设计招投标是招标方和投标方之间的经济活动，其行为受《中华人民共和国招标投标法》的保护和监督。

设计方案竞选建设单位或招标代理机构竞选文件一经发出，不得擅自变更其内容或附加文件，参加方案竞选的各设计单位提交设计竞选方案后，建设单位组织有关人员和专家组成评定小组对设计方案按规定的评定方法进行评审，从中选择技术先进、功能全面、结构合理、安全适用，满足建筑节能及环保要求，经济美观的设计方案。综合评定各设计方案的优劣，从中选择最优的设计方案，或将各方案的可取之处重新组合，提出最佳方案。

方案竞选有利于设计方案的选择和竞争，建设单位选用设计方案的范围广泛，同时，参加方案竞选的单位想要在竞争中获胜就要有其独到之处，中选项目所作出的设计概算一般要控制在竞选文件规定的投资范围内。

2．实施限额设计，优化设计方案

1)　限额设计的概念

限额设计就是按照批准的可行性研究报告中的投资估算额进行初步设计，按照初步设计批准的概算造价限额进行施工图设计，按施工图预算造价对施工图设计的各个专业设计文件作出决策。限额设计需要在投资额度不变的情况下，实现使用功能和建设规模的最大化。它是工程造价控制系统中的一个重要环节。

2)　限额设计的意义

(1)　限额设计是控制工程造价的重要手段，是按上一阶段批准的投资来控制下一阶段的设计，在设计中以控制工程量与设计标准为主要内容，用以克服“三超”现象。

(2)　限额设计有利于处理好技术与经济的对立统一关系，提高设计质量。限额设计并不是一味地考虑节约投资，也绝不是简单地将投资砍一刀，而是包含了尊重科学、尊重实际、实事求是、精心设计和保证科学性的实际内容。

(3)　限额设计有利于强化设计人员的工程造价意识，使设计人员重视工程造价。

(4) 限额设计能扭转设计概预算本身的失控现象。限额设计在设计院内部可促使设计与概预算形成有机的整体。

3) 限额设计的工作内容

(1) 合理确定设计限额目标。投资决策阶段是限额设计的关键。对政府工程而言，投资决策阶段的可行性研究报告是政府部门核准投资总额的主要依据，而批准的投资总额则是进行限额设计的重要依据。因此，应在多方案技术经济分析和评价后确定最终方案，提高投资估算准确度，合理确定设计限额目标。

(2) 确定合理的初步设计方案。初步设计阶段需要依据最终确定的可行性研究方案和投资估算，对影响投资的因素按照专业进行分解，并将规定的投资限额下达到各专业设计人员。设计人员应用价值工程基本原理，通过多方案技术经济比选，创造出价值较高、技术经济性较为合理的初步设计方案，并将设计概算控制在批准的投资估算内。

(3) 在概算范围内进行施工图设计。施工图是设计单位的最终成果文件，应按照批准的初步设计方案进行限额设计，施工图预算需控制在批准的设计概算范围内。

4) 限额设计的过程

限额设计强调技术与经济的统一， 需要工程设计人员和工程造价管理专业人员密切合作。工程设计人员进行设计时，应基于建设工程全寿命期，充分考虑工程造价的影响因素，对方案进行比较，优化设计。工程造价管理专业人员要及时进行投资估算，在设计过程中协助工程设计人员进行技术经济分析和论证，从而达到有效控制工程造价的目的。

限额设计的实施是建设工程造价目标的动态反馈和管理过程，可分为目标制定、目标分解、目标推进和成果评价 4 个阶段。

(1) 目标制定。限额设计目标包括造价目标、质量目标、进度目标、安全目标及环保目标。各个目标之间既相互关联又相互制约，因此，在分析论证限额设计目标时，应统筹兼顾，全面考虑，追求技术经济合理的最佳整体目标。

(2) 目标分解。分解工程造价目标是实行限额设计的有效途径和主要方法。首先，将上一阶段确定的投资额分解到建筑、结构、电气、给排水和暖通等设计部门的各个专业。其次，将投资限额再分解到各个单项工程、单位工程、分部工程及分项工程。在目标分解过程中，要对设计方案进行综合分析与评价。最后，将各细化的目标明确到相应的设计人员，制定明确的限额设计方案。通过层层目标分解和限额设计，实现对投资限额的有效控制。

(3) 目标推进。目标推进通常包括限额初步设计和限额施工图设计两个阶段。

限额初步设计阶段，应严格按照分配的工程造价控制目标进行方案的规划和设计。在初步设计方案完成后，由工程造价管理人员及时编制初步设计概算，并进行初步设计方案的技术经济分析，直至满足限额要求。初步设计只有在满足各项功能要求并符合限额设计目标的情况下，才能作为下一阶段的限额目标给予批准。

限额施工图设计阶段，应遵循各目标协调并进的原则，做到各目标之间的有机结合和统一，防止忽略其中任何一个。在施工图设计完成后，进行施工图设计的技术经济论证，分析施工图预算是否满足设计限额要求，以供设计决策者参考。

(4) 成果评价。成果评价是目标管理的总结阶段。通过对设计成果的评价，总结经验和教训，作为指导和开展后续工作的重要依据。

值得指出的是，当考虑建设工程全寿命期成本时，按照限额要求设计的方案未必具有最佳经济性，此时亦可考虑突破原有限额，重新选择设计方案。

3．推广标准化设计，优化设计方案

标准化设计又称定型设计、通用设计，是工程建设标准化的组成部分。标准化设计来源于工程建设实际经验和科技成果，是将大量成熟的、行之有效的实际经验和科技成果，按照统一简化、协调优选的原则，提炼上升为设计规范和设计标准，所以标准化设计质量比一般工程设计质量高。标准化设计采用的都是标准构配件，建筑构配件和工具式模板的制作过程可以从工地转移到专门的工厂中批量生产，使施工现场变成“装配车间”和机械化浇筑场所，把现场的工程量压缩到最低程度。

各类工程建设的构件、配件、零部件、通用的建筑物、构筑物、公用设施等，只要有条件，都应该实施标准化设计。广泛采用标准化设计，可以提高劳动生产率，加快工程建设进度。设计过程中，采用标准构件，可以节省设计力量，并加快设计图纸的提供速度，大大缩短设计时间，一般可以加快设计速度 1～2 倍，从而使施工准备工作和定制预制构件等生产准备工作提前，缩短整个建设周期。由于生产工艺定型，生产均衡，统一配料，劳动效率提高，因而使标准配件的生产成本大幅度降低。广泛采用标准化设计，可以节约建筑材料，降低工程造价。由于标准构配件的生产是在场内大批量生产，便于预制厂统一安排，合理配置资源，发挥规模经济的作用，节约建筑材料。

标准化设计是经过多次反复实践，加以检验和补充完善的，能较好地贯彻国家技术经济政策，密切结合自然条件和技术发展水平，合理地利用资源，充分考虑施工生产使用维修的要求，既经济又优质。

4．价值工程优化设计方案

1)　价值工程的概念

价值工程(Value Engineering，VE)，是指以提高产品或作业价值为目的，通过有组织的创造性工作，寻求用最低的寿命周期成本，可靠地实现使用者所需功能的一种管理技术。价值工程中所述的“价值”，是对象的比较价值，其表达式为

$$V=\frac{F}{C} \tag{4-2}$$

式中：V——价值；

F——功能；

C——成本或费用。

由价值工程的表达式可知，提高产品价值的途径一般有以下 5 种。

(1)　提高产品功能的同时降低成本。

(2)　成本不变的条件下提高功能。

(3)　保持功能不变的前提下降低成本。

(4)　功能有较大幅度的提高，成本有较少提高。

(5)　功能略有下降，成本大幅度降低。

2)　价值工程的工作程序

价值工程分为 4 个阶段，包括准备阶段、分析阶段、创新阶段、实施与评价阶段，每

个阶段要解决的问题如表 4-3 所示。

表 4-3　价值工程的工作程序

工作阶段	工作步骤	对应问题
准备阶段	对象选择； 组成价值工程工作小组； 制订工作计划	(1)价值工程的研究对象是什么？ (2)围绕价值工程对象需要做哪些准备工作？
分析阶段	收集整理资料； 功能定义； 功能整理； 功能评价	(3)价值工程对象的功能是什么？ (4)价值工程对象的成本是多少？ (5)价值工程对象的价值是多少？
创新阶段	方案创新； 方案评价； 提案编写	(6)是否有替代方案？ (7)新方案的成本是多少？ (8)新方案能满足要求吗？
方案实施与评价阶段	方案审批； 方案实施； 成果评价	(9)如何保证新方案的实施？ (10)价值工程活动的效果如何？

工程设计阶段实施价值工程的主要目的有两个：一是可以使拟建项目的功能更合理；二是可以有效控制工程造价。

3)　价值工程在设计方案优选中的应用

同一个工程项目，不同的设计方案会产生功能和成本上的差别，此时可以将整个设计方案作为研究对象，运用价值工程法优选设计方案，其实施步骤如下。

(1)　功能分析。建筑功能是指建筑产品满足社会需要的各种性能的总和。不同的建筑产品有不同的功能，功能分析就是要明确建设项目的功能有哪些，分析哪些是工程项目满足社会和生产需要的主要功能，并对功能进行定义和整理。

(2)　功能评价。比较各项功能的重要程度，确定各项功能的重要性系数，即功能权重。目前，功能重要性系数一般通过打分法来确定，常用的打分法有很多，此处仅介绍 0～1 评分法和 0～4 评分法。

①　0～1 评分法，指两功能相比较时，不论两者的重要程度相差多大，较重要的得 1 分，较不重要的得 0 分。在计算合计得分时，为避免出现合计得分为零的功能，需要将各功能合计得分分别加 1 进行修正后再除以修正后的总得分计算其权重，如表 4-4 所示。

表 4-4　功能重要性系数计算表

零部件功能	A	B	C	D	E	得分	修正得分	权重
A	×	1	0	1	1	3	4	0.267
B	0	×	0	1	1	2	3	0.200
C	1	1	×	1	1	4	5	0.333
D	0	0	0	×	1	1	2	0.133
E	0	0	0	0	×	0	1	0.067
合计						10	15	1.000

② 0～4 评分法，指两个功能因素比较时，其相对重要程度有以下 3 种情况。

a．很重要的功能因素得 4 分，另一个很不重要的功能因素得 0 分。

b．较重要的功能因素得 3 分，另一个较不重要的功能因素得 1 分。

c．同样重要或基本同样重要时，则两个功能因素各得 2 分。

计算各评价指标的功能权重的公式为

$$某功能权重=\frac{该功能的重要性得分}{所有功能重要性得分之和} \tag{4-3}$$

计算各设计方案功能评价系数 F 的公式为

$$某方案功能评价系数F=\frac{该方案功能满足程度总分}{所有参加评选方案功能满足程度总分之和} \tag{4-4}$$

计算各设计方案成本系数 C 的公式为

$$某方案成本系数C=\frac{该方案每平方米造价}{所有评选方案每平方米造价之和} \tag{4-5}$$

计算各设计方案价值系数 V 的公式为

运用功能评价系数和成本系数计算各方案的价值系数，价值系数最大的方案为最优方案。

$$价值系数V=\frac{功能评价系数}{成本系数} \tag{4-6}$$

【例 4.2】某利用原有仓储库房改建养老院项目，有以下 3 个可选设计方案。

方案一：不改变原建筑结构和外立面装修，内部格局和装修做部分调整。

方案二：部分改变原建筑结构，外立面装修全部拆除重做，内部格局和装修做较大调整。

方案三：整体拆除新建。

3 个方案的基础数据如表 4-5 所示。假设初始投资发生在期初，维护费用和残值发生在期末。

表 4-5 各设计方案的基础数据

数据项目＼设计方案	方案一	方案二	方案二
初始投资/万元	1200	1800	2100
维护费用/(万元/年)	150	130	120
使用年限/年	30	40	50
残值/万元	20	40	70

经建设单位组织的专家组评审，决定从施工工期(Z_1)、初始投资(Z_2)、维护费用(Z_3)、空间利用(Z_4)、使用年限(Z_5)、建筑能耗(Z_6)6 个指标对设计方案进行评价。专家组采用 0～1 评分方法对各指标的重要程度进行评分，评分结果如表 4-6 所示，专家组对各设计方案的评价指标打分的算术平均值如表 4-7 所示。

表 4-6　各指标的重要程度评分表

指　标	Z_1	Z_2	Z_3	Z_4	Z_5	Z_6
Z_1	×	0	0	1	1	1
Z_2	1	×	1	1	1	1
Z_3	1	0	×	1	1	1
Z_4	0	0	0	×	0	1
Z_5	0	0	0	1	×	1
Z_6	0	0	0	0	0	×

表 4-7　各设计方案的评价指标打分的算术平均值

设计方案 / 指标	方案一	方案二	方案二
Z_1	10	8	7
Z_2	10	7	6
Z_3	8	9	10
Z_4	6	9	10
Z_5	6	8	10
Z_6	7	9	10

问题：

(1)　计算各评价指标的权重。

(2)　按 Z_1 到 Z_6 组成的评价指标体系，采用综合评分法对这 3 个方案进行评价，并推荐最优方案。

(3)　为了进一步对三个方案进行比较，专家组采用结构耐久度、空间利用、建筑能耗，建筑外观 4 个指标作为功能项目，经综合评价确定的三个方案的功能指数分别为：方案一为 0.241，方案二为 0.351，方案三为 0.408。在考虑初始投资、维护费用和残值的前提下，已知方案一和方案二的寿命期年费用分别为 256.415 万元和 280.789 万元，试计算方案三的寿命期年费用，并用价值工程方法选择最优方案。年复利率为 8%，现值系数如表 4-8 所示。

表 4-8　现值系数表

n	10	20	30	40	50
(P/A，8%，n)	6.710	9.818	11.258	11.925	12.233
(F/P，8%，n)	0.463	0.215	0.099	0.046	0.021

解：

(1)　各评价指标的权重计算如表 4-9 所示：

表 4-9　各指标权重计算表

指　标	Z_1	Z_2	Z_3	Z_4	Z_5	Z_6	得分	修正得分	权重
Z_1	×	0	0	1	1	1	3	4	0.190
Z_2	1	×	1	1	1	1	5	6	0.286
Z_3	1	0	×	1	1	1	4	5	0.238
Z_4	0	0	0	×	0	1	1	2	0.095
Z_5	0	0	0	1	×	1	2	3	0.143
Z_6	0	0	0	0	0	×	0	1	0.048
合计								21	1.000

(2) 采用综合评分法，各方案得分计算如下：

方案一得分=10×0.190+10×0.286+8×0.238+6×0.095+6×0.143+7×0.048=8.428(分)

方案二得分=8×0.190+7×0.286+9×0.238+9×0.095+8×0.143+9×0.048=8.095(分)

方案三得分=7×0.190+6×0.286+10×0.238+10×0.095+10×0.143+10×0.048=8.286(分)

因方案一得分最高，故推荐方案一为最优方案。

(3) 方案三寿命期年费用=2100×(A/P,8%,50)+120−70×(P/F,8%,50)×(A/P,8%,50)=2100/12.233+120−70×0.021/12.233=291.547(万元)

三个方案的寿命期年费用之和=256.415+280.789+291.547=828.751(万元)

按价值工程计算各方案的价值指数如表 4-10 所示。

表 4-10　各方案的价值指数计算

指数＼设计方案	方案一	方案二	方案三
功能指数	0.241	0.351	0.408
成本指数	256.415/828.751=0.309	280.789/828.751=0.339	291.547/828.751=0.352
价值指数	0.241/0.309=0.780	0.351/0.339=1.035	0.408/0.352=1.159

因方案三的价值指数最高，故方案三为最优方案。

4) 价值工程在设计方案工程造价控制中的应用

利用价值工程进行设计阶段方案的造价控制有以下步骤。

(1) 对象选择。在设计阶段，应用价值工程控制工程造价应以对造价影响较大的项目作为价值工程的研究对象。

(2) 功能分析。分析研究对象具有哪些功能，各项功能之间的关系如何。

(3) 功能评价。评价各项功能，确定功能评价系数，并计算实现各项功能的现实成本是多少，从而计算各项功能的价值系数。价值系数小于 1 的，应该在功能水平不变的条件下降低成本，或在成本不变的条件下提高功能水平。价值系数大于 1 的，如果是重要的功能，则应该提高成本，以保证重要功能的实现，如果该项功能不重要，可以不做改变。

(4) 分配目标成本。根据限额设计和优化的要求，确定研究对象的目标成本，并以功能评价系数为基础，将目标成本分摊到各项功能上，与各项功能的现实成本进行对比，确

定成本降低额，改进降低额大的，应首先重点改进，详如表4-11所示。

表4-11 目标成本的分配及成本降低额的计算

序号	功能项目	功能重要性系数 ①	目标成本 ②=目标总成本×①	现实成本 ③	价值系数 ④=②/③	成本降低额 ⑤=③-②
1	A					
2	B					
……	……					
合计						

(5) 方案创新及评价。根据价值分析结果及目标成本分配结果的要求提出各种方案，并用加权评分法选出最优方案，使得设计方案更合理。

【例4.3】某设计院承担了长约1.8km的高速公路隧道工程项目的设计任务。为控制工程成本，拟对选定的设计方案进行价值工程分析。专家组选取了4个主要功能项目，各功能得分及目前成本如表4-12所示，根据限额设计和优化设计要求，其目标总成本拟限定在18700万元。

表4-12 各功能项目评价得分及目前成本表

功能项目	功能得分	目前成本/万元
石质隧道挖掘工程	9.286	6500
钢筋混凝土内衬工程	5.714	3940
路基及路面工程	7.286	5280
通风照明监控工程	4.857	3360

问题：试分析各功能项目的目标成本及其可能降低的额度，并确定功能改进顺序。

解：计算该设计方案中各功能项目得分，如表4-13所示。

表4-13 功能指数、成本指数、价值指数和目标成本降低额计算表

功能项目	功能得分	功能指数	目前成本/万元	成本指数	价值指数	目标成本/万元	成本降低额/万元
石质隧道挖掘工程	9.286	0.3421	6500	0.3407	1.004	6397.270	102.730
钢筋混凝土内衬工程	5.714	0.2105	3940	0.2065	1.0194	3936.350	3.650
路基及路面工程	7.286	0.2684	5280	0.2767	0.9700	5019.080	260.92
通风照明监控工程	4.857	0.1789	3360	0.1761	1.0159	3345.430	14.57
合计	27.143	0.9999	19080	1.0000		18700	381.87

按成本降低额的大小排列为：路基及路面工程＞石质隧道挖掘工程＞通风照明监控工程＞钢筋混凝土内衬工程，则功能改进的顺序依次为：路基及路面工程、石质隧道挖掘工程、通风照明监控工程、钢筋混凝土内衬工程。

4.3　设计概算的编制

设计概算的概念及内容

4.3.1　设计概算的概念及内容

1. 设计概算的概念

设计概算是在投资估算的控制下，以初步设计或扩大初步设计的图纸及说明为依据，利用国家或地区颁发的概算指标、概算定额、综合指标预算定额、各项费用定额或取费标准(指标)、建设地区自然、技术经济条件和设备、材料预算价格等资料，按照设计要求，对建设项目从筹建至竣工交付使用所需的全部费用进行的预计。

设计概算的成果文件称作设计概算书，也简称设计概算。设计概算书的编制工作相对简略，无须达到施工图预算的准确程度。采用两阶段设计的建设项目，初步设计阶段必须编制设计概算。采用三阶段设计的建设项目，技术设计阶段必须编制修正概算。

2. 设计概算的作用

设计概算的主要作用是控制以后各阶段的投资，具体表现如下。

(1)　设计概算是编制固定资产投资计划、确定和控制建设项目投资的依据。按照国家有关规定，政府投资项目编制年度固定资产投资计划，确定计划投资总额及其构成数额，要以批准的初步设计概算为依据，没有批准的初步设计文件及其概算，建设工程不能列入年度固定资产投资计划。

政府投资项目设计概算一经批准， 将作为控制建设项目投资的最高限额。在工程建设过程中，年度固定资产投资计划安排、银行拨款或贷款、施工图设计及其预算、竣工决算等，都不能突破这一限额，确保对国家固定资产投资计划的严格执行和有效控制。

(2)　设计概算是控制施工图设计和施工图预算的依据。经批准的设计概算是政府投资建设工程项目的最高投资限额。设计单位必须按批准的初步设计和总概算进行施工图设计，施工图预算不得突破设计概算，设计概算批准后不得任意修改和调整。如需修改或调整时，须经原批准部门重新审批。竣工结算不能突破施工图预算，施工图预算不能突破设计概算。

(3)　设计概算是衡量设计方案技术经济合理性和选择最佳设计方案的依据。设计部门在初步设计阶段要选择最佳设计方案，设计概算是从经济角度衡量设计方案经济合理性的重要依据。因此，设计概算是衡量设计方案技术经济合理性和选择最佳设计方案的依据。

(4)　设计概算是编制最高投标限价(招标控制价)的依据。以设计概算进行招投标的工程，招标单位以设计概算作为编制最高投标限价(招标控制价)的依据。

(5)　设计概算是签订建设工程合同和贷款合同的依据。《民法典》中明确规定，建设工程合同价款是以设计概、预算价为依据，且总承包合同不得超过设计总概算的投资额。银行贷款或各单项工程的拨款累计总额不能超过设计概算。如果项目投资计划所列支投资额与贷款突破设计概算时，必须查明原因，之后由建设单位报请上级主管部门调整或追加设计概算总投资。凡未获批准之前，银行对其超支部分不予拨付。

(6) 设计概算是考核建设项目投资效果的依据。通过设计概算与竣工决算对比，可以分析和考核建设工程项目投资效果的好坏，同时还可以验证设计概算的准确性，有利于加强设计概算管理和建设项目的造价管理工作。

3. 设计概算的内容

设计概算可分为单位工程概算、单项工程综合概算、建设项目总概算三级概算编制形式。当建设项目为一个单项工程时，可采用单位工程概算、总概算两级概算编制形式。三级概算之间的相互关系和费用构成，如图 4-4 所示。

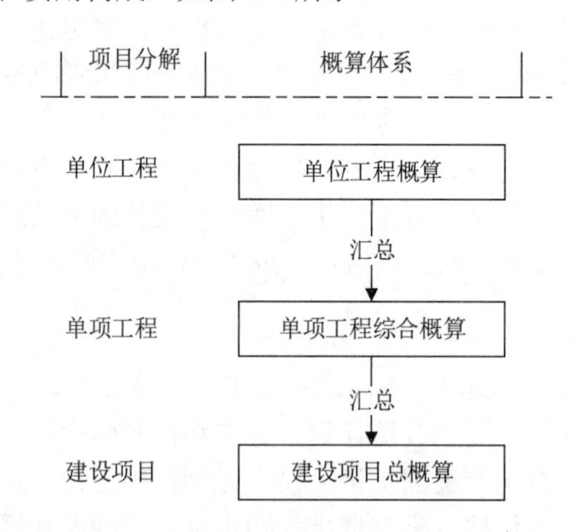

图 4-4 三级概算之间的相互关系和费用构成

1) 单位工程概算

单位工程是指具有独立的设计文件，能够独立组织施工，但不能独立发挥生产能力或使用功能的工程项目，是单项工程的组成部分。单位工程概算是以初步设计文件为依据，按照规定的程序、方法和依据，计算单位工程费用的成果文件，是编制单项工程综合概算(或项目总概算)的依据，是单项工程综合概算的组成部分。单位工程概算按其工程性质可分为建筑工程概算和设备及安装工程概算两大类。建筑工程概算包括土建工程概算，给排水、采暖工程概算，通风、空调工程概算，电气、照明工程概算，弱电工程概算，特殊构筑物工程概算等。设备及安装工程概算包括机械设备及安装工程概算，电气设备及安装工程概算，热力设备及安装工程概算，工具、器具及生产家具购置费概算等。

2) 单项工程概算

单项工程是指在一个建设项目中，具有独立的设计文件，建成后能够独立发挥生产能力或使用功能的工程项目。单项工程是建设项目的组成部分，如生产车间、办公楼、食堂、图书馆、学生宿舍、住宅楼、配水厂等。单项工程概算是以初步设计文件为依据，在单位工程概算的基础上汇总单项工程费用的成果文件，由单项工程中的各单位工程概算汇总编制而成，是建设项目总概算的组成部分。单项工程综合概算的组成，如图 4-5 所示。

3) 建设项目总概算

建设项目总概算是以初步设计文件为依据，在单项工程综合概算的基础上计算建设项目概算总投资的成果文件，是由各单项工程综合概算、工程建设其他费用概算、预备费、建设期利息和铺底流动资金概算汇总编制而成的，如图 4-6 所示。

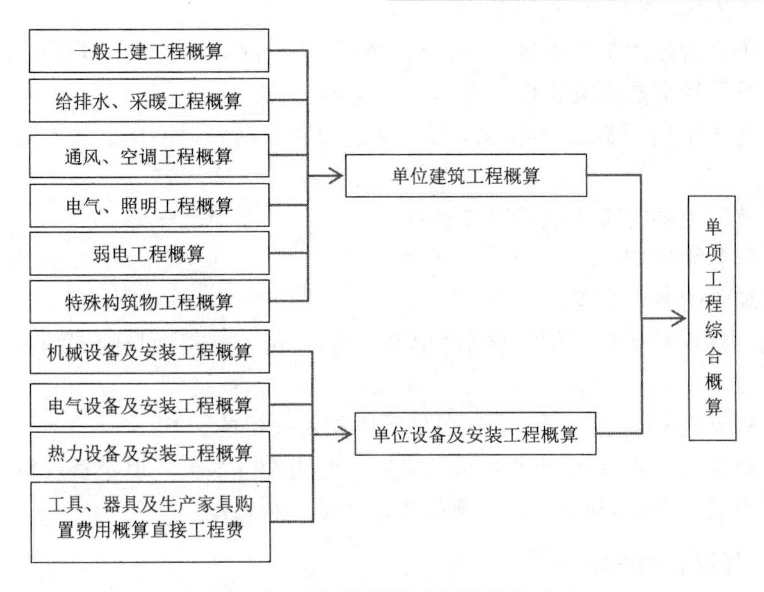

图 4-5　单项工程综合概算的组成

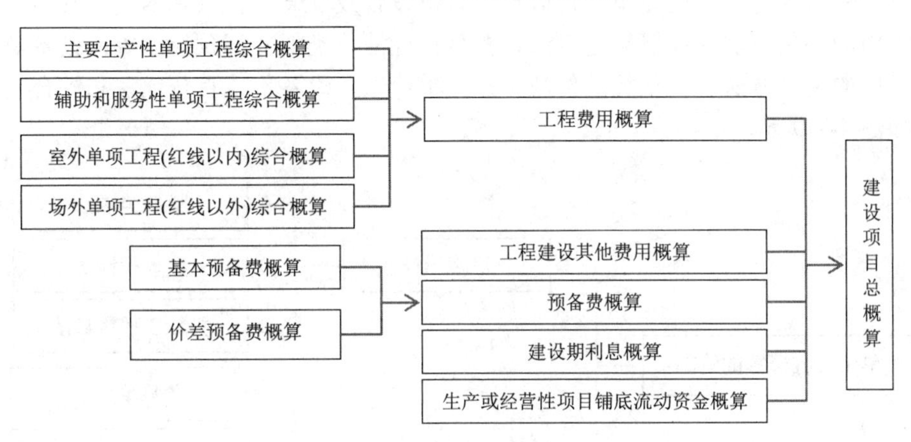

图 4-6　建设项目总概算的组成

4.3.2　设计概算的编制

1．编制依据及要求

1)　编制依据

设计概算的编制依据如下。

(1)　国家、行业和地方有关规定。

(2)　相应工程造价管理机构发布的概算定额(或指标)。

(3)　工程勘察与设计文件。

(4)　拟定或常规的施工组织设计和施工方案。

(5)　建设项目资金筹措方案。

(6)　工程所在地编制同期的人工、材料、机具台班市场价格，以及设备供应方式及供应价格。

(7) 建设项目的技术复杂程度，新技术、新材料、新工艺以及专利使用情况等。

(8) 建设项目批准的相关文件、合同、协议等。

(9) 政府有关部门、金融机构等发布的价格指数、利率、汇率、税率以及工程建设其他费用等。

(10) 委托单位提供的其他技术经济资料。

2) 设计概算编制的要求

设计概算编制的要求如下。

(1) 按编制时项目所在地的价格水平编制，总投资应完整地反映编制时建设项目的实际投资。

(2) 设计概算应考虑建设项目施工条件等因素对投资的影响。

(3) 设计概算应按项目合理建设期限预测建设期价格水平，以及资产租赁和贷款的时间价值等动态因素对投资的影响(价差预备费、建设期利息)。

2. 单位工程概算的编制

单位工程概算包括单位建筑工程概算和单位设备及安装工程概算两类。其中，建筑工程概算常用的编制方法有：概算定额法、概算指标法、类似工程预算法等；设备及安装工程概算常用的编制方法有：预算单价法、扩大单价法、设备价值百分比法和综合吨位指标法等，如图 4-7 所示。

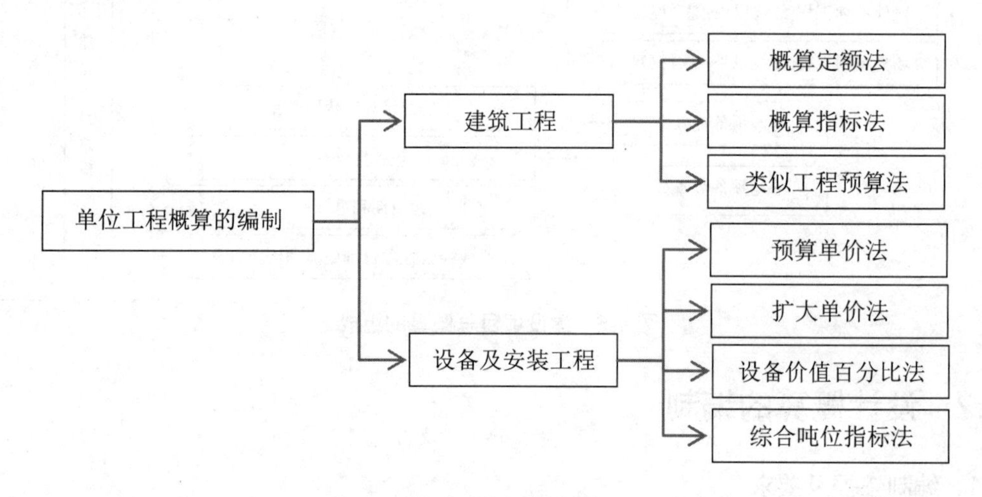

图 4-7　单位工程概算的编制方法

1) 概算定额法

概算定额法又称扩大单价法或扩大结构定额法，是套用概算定额编制建筑工程概算的方法。概算定额法，要求初步设计必须达到一定深度，建筑结构尺寸比较明确，能按照初步设计的平面图、立面图、剖面图计算出楼地面、墙身、门窗和屋面等扩大分项工程(或扩大结构构件)项目的工程量时，方可采用。

建筑工程概算表的编制，按构成单位工程的主要分部分项工程和措施项目编制，根据初步设计工程量按工程所在省、自治区、直辖市颁发的概算定额(指标)或行业概算定额(指标)，以及工程费用定额计算。概算定额法编制设计概算的步骤如下。

(1) 搜集基础资料、熟悉设计图纸和了解有关施工条件和施工方法。

(2) 按照概算定额子目，列出单位工程中分部分项工程项目名称并计算工程量。工程量计算应按概算定额中规定的工程量计算规则进行，计算时采用的原始数据必须以初步设计图纸所标识的尺寸或初步设计图纸能读出的尺寸为准，并将计算所得各分部分项工程量按概算定额编号顺序，填入工程概算表内。

(3) 确定各分部分项工程费。工程量计算完毕后，逐项套用各子目的综合单价，然后分别将其填入单位工程概算表和综合单价表中。如遇到设计图中的分项工程项目名称、内容与采用的概算定额手册中相应的项目有某些不相符时，则按规定对定额进行换算后方可套用。

(4) 计算措施项目费。措施项目费的计算分以下两部分进行。

① 可以计量的措施项目费与分部分项工程费的计算方法相同，其费用按照第(3)步的规定计算。

② 综合计取的措施项目费应以该单位工程的分部分项工程费和可以计量的措施项目费之和为基数乘以相应费率计算。

(5) 计算汇总单位工程概算造价。如采用全费用综合单价，则：

$$单位工程概算造价=分部分项工程费+措施项目费 \tag{4-7}$$

(6) 编写概算编制说明。单位建筑工程概算按照规定的表格形式进行编制，以全费用综合单价法为例，具体格式如表 4-14 所示，所使用的综合单价应编制综合单价分析表。

表 4-14　单位建筑工程概算的表格

序号	项目编码	工程项目或费用名称	项目特征	单位	数量	综合单价/元	合价/元
一		分部分项工程					
(一)		土石方工程					
1	××	×××××					
2	××	×××××					
(二)		砌筑工程					
1	××	×××××					
(三)		楼地面工程					
1	××	×××××					
(四)		××工程					
		分部分项工程费用小计					
二		可计量措施项目					
(一)		××工程					
1	××	×××××					
2	××	×××××					

续表

序号	项目编码	工程项目或费用名称	项目特征	单位	数量	综合单价/元	合价/元
(二)		××工程					
1	××	×××××					
		可计量措施项目费小计					
三		综合取定的措施项目费					
1		安全文明施工费					
2		夜间施工增加费					
3		二次搬运费					
4		冬雨期施工增加费					
	××	×××××					
		综合取定措施项目费小计					
		合计					

编制人：　　　　　　　　　　审核人：　　　　　　　　　　审定人：

2) 概算指标法

概算指标法是指用拟建的厂房、住宅的建筑面积或体积乘以技术条件相同或基本相同的概算指标而得出人、材、机费，然后按规定计算出企业管理费、利润、规费和税金等，得出单位工程概算的方法。

(1) 概算指标法适用的情况如下。

① 在方案设计中，由于设计无详图而只有概念性设计时，或初步设计深度不够，不能准确地计算出工程量，但工程设计采用的技术比较成熟时可以选定与该工程相似类型的概算指标编制概算。

② 设计方案急需造价概算而又有类似工程概算指标可以利用的情况。

③ 图样设计间隔很久后再来实施，概算造价不适用于当前情况而又急需确定造价的情形下，可按当前概算指标来修正原有的概算造价。

④ 通用设计图设计可组织编制通用图设计概算指标，来确定造价。

(2) 拟建工程结构特征与概算指标相同时的计算。在使用概算指标法时，如果拟建工程在建设地点、结构特征、地质及自然条件、建筑面积等方面与概算指标相同或相近，就可直接套用概算指标编制概算。在直接套用概算指标时，拟建工程应符合以下条件。

① 拟建工程的建设地点与概算指标中的工程建设地点相同。

② 拟建工程的工程特征和结构特征与概算指标中的工程特征、结构特征基本相同。

③ 拟建工程的建筑面积与概算指标中工程的建筑面积相差不大。

根据选用的概算指标内容，以指标中所规定的工程每平方米、每立方米的工料单价，根据管理费、利润、规费、税金的费(税)率确定该子目的全费用综合单价，乘以拟建单位工程建筑面积或体积，即可求出单位工程的概算造价，即

单位工程概算造价=概算指标每平方米(每立方米)综合单价×拟建工程建筑面积(体积)　(4-8)

(3) 拟建工程结构特征与概算指标有局部差异时的调整。在实际工作中，经常会遇到拟建对象的结构特征与概算指标中规定的结构特征有局部不同的情况，因此，必须对概算指标进行调整后方可套用。调整方法如下。

① 调整概算指标中的每平方米(每立方米)综合单价。这种调整方法是对原概算指标中的综合单价进行调整，扣除每平方米(每立方米)原概算指标中与拟建工程结构不同部分的造价，增加每平方米(每立方米)拟建工程与概算指标结构不同部分的造价，使其成为与拟建工程结构相同的综合单价，其计算公式如下

$$结构变化修正概算指标(元/m^2)=J+Q_1P_1-Q_2P_2 \tag{4-9}$$

式中：J——原概算指标综合单价；

Q_1——概算指标中换入结构的工程量；

Q_2——概算指标中换出结构的工程量；

P_1——换入结构的综合单价；

P_2——换出结构的综合单价。

若概算指标中的单价为工料单价，则应根据管理费、利润、规费、税金的费(税)率确定该子目的全费用综合单价，再计算拟建工程造价，其公式为

单位工程概算造价=修正后的概算指标综合单价×拟建工程建筑面积(体积)　(4-10)

② 调整概算指标中的人、材、机数量。这种方法是将原概算指标中每 100m^2(1000m^2)建筑面积(体积)中的人、材、机数量进行调整，扣除原概算指标中与拟建工程结构不同部分的人、材、机消耗量，增加拟建工程与概算指标结构不同部分的人、材、机消耗量，使其成为与拟建工程结构相同的每 100m^2(1000m^2)建筑面积(体积)人、材、机数量，其计算公式为

结构变化修正概算指标的人、材、机数量＝原概算指标的人、材机数量+换入结构件工程量×相应定额人、材、机消耗量－换出结构件工程量×相应定额人、材、机消耗量　(4-11)

将修正后的概算指标结合报告编制期的人、材、机要素价格的变化，以及管理费、利润、规费、税金的费(税)率确定该子目的全费用综合单价。

以上两种方法，前者是直接修正概算指标单价，后者是修正概算指标人、材、机数量，修正之后，方可按上述方法分别套用。

【例 4.4】假设新建某单身宿舍一座，其建筑面积为 3500m^2，按概算指标和地区材料预算价格等算出综合单价为 738 元/m^2，其中：一般土建工程 640 元/m^2，采暖工程 32 元/m^2，给排水工程 36 元/m^2，照明工程 30 元/m^2。但新建单身宿舍设计资料与概算指标相比较，其结构构件有部分变更。设计资料表明，外墙为 1.5 砖外墙，而概算指标中外墙为 1 砖墙。根据当地土建工程预算定额计算，外墙带形毛石基础的综合单价为 147.87 元/m^3，1 砖外墙的综合单价为 177.10 元/m^3，1.5 砖外墙的综合单价为 178.08 元/m^3；概算指标中每 100m^2 中含外墙带形毛石基础为 18m^3，1 砖外墙为 46.5m^3。新建工程设计资料表明，每 100m^2 中含外墙带形毛石基础为 19.6m^3，1.5 砖外墙为 61.2m^3。请计算调整后的概算综合单价和新建宿舍

的概算造价。

解： 土建工程中对结构构件的变更和单价调整如表4-15所示。

表4-15 结构变化引起的单价调整

序号	结构名称	单位	数量(每100 m^2含量)	单价/元	合价/元
	土建工程单位面积造价				640
	换出部分				
1	外墙带形毛石基础	m^3	18	147.87	2661.66
2	1砖外墙	m^3	46.5	177.1	8235.15
	合计	元			10896.81
	换入部门				
3	外墙带形毛石基础	m^3	19.6	147.87	2898.25
4	1.5砖外墙	m^3	61.2	178.08	10898.5
	合计	元			13796.75
单位造价修正系数：640−10896.81/100+13796.75/100=669(元)					

其余的单价指标都不变，因此调整后的概算综合单价为669+32+36+30=767(元/m^2)

新建宿舍的概算造价=767×3500=2684500(元)。

3) 类似工程预算法

类似工程预算法是指利用技术条件与设计对象相类似的已完工程或在建工程的工程造价资料来编制拟建工程设计概算的方法。

当拟建工程初步设计与已完工程或在建工程的设计相类似而又没有可用的概算指标时可以采用类似工程预算法。

(1) 类似工程预算法的编制步骤如下。

① 根据设计对象的各种特征参数，选择最合适的类似工程预算。

② 根据本地区现行的各种价格和费用标准计算类似工程预算的人工费、材料费、施工机具使用费、企业管理费修正系数。

③ 根据类似工程预算修正系数和以上四项费用占预算成本的比重，计算预算成本总修正系数，并计算出修正后的类似工程平方米预算成本。

④ 根据类似工程修正后的平方米预算成本和编制概算地区的利税率计算修正后的类似工程平方米造价。

⑤ 根据拟建工程的建筑面积和修正后的类似工程平方米造价，计算拟建工程概算造价。

⑥ 编制概算编写说明。

(2) 差异调整。类似工程预算法对条件有所要求，也就是可比性，即拟建工程项目在建筑面积、结构构造特征要与已建工程基本一致，如层数相同、面积相似、结构相似、工程地点相似等，采用此方法时必须对建筑结构差异和价差进行调整。

① 建筑结构差异的调整。结构差异调整方法与概算指标法的调整方法相同。即先确定有差别的部分，然后分别按每一项目算出结构构件的工程量和单位价格(按编制概算工程所在地区的单价)，然后以类似工程中相应(有差别)的结构构件的工程数量和单价为基础，

算出总差价。将类似预算的人、材、机费总额减去(或加上)这部分差价，就得到结构差异换算后的人、材、机费，再行取费得到结构差异换算后的造价。

② 价差调整。类似工程造价的价差调整可以采用两种方法。

a. 当类似工程造价资料有具体的人工、材料、机具台班的用量时，可按类似工程预算造价资料中的主要材料、工日、机具台班数量乘以拟建工程所在地的主要材料预算价格、人工单价、机具台班单价，计算出人、材、机费，再计算企业管理费、利润、规费和税金，即可。

b. 类似工程造价资料只有人工、材料、施工机具使用费和企业管理费等费用或费率时，可按下面的公式进行调整：

$$D=A\cdot K \tag{4-12}$$

$$K=a\%K_1+b\%K_2+c\%K_3+d\%K_4 \tag{4-13}$$

$$\text{拟建工程概算造价}=D\cdot S \tag{4-14}$$

式中：D——拟建工程成本单价；

A——类似工程成本单价；

K——成本单价综合调整系数；

$a\%$、$b\%$、$c\%$、$d\%$——类似工程预算的人工费、材料费、施工机具使用费、企业管理费占预算成本的比重，如：

$$a\%=\frac{\text{类似工程人工费}}{\text{类似工程预算成本}}\times 100\% \tag{4-15}$$

$b\%$、$c\%$、$d\%$类同；

K_1、K_2、K_3、K_4——拟建工程地区与类似工程预算成本在人工费、材料费、施工机具使用费、企业管理费之间的差异系数，如：

K_1=拟建工程概算的人工费(或工资标准) /类似工程预算人工费(或地区工资标准)

$$K_1=\frac{\text{拟建工程概算的人工费(或工资标准)}}{\text{类似工程预算人工费(或地区工资标准)}}\times 100\% \tag{4-16}$$

K_2、K_3、K_4类同。

以上综合调价系数是以类似工程中各成本构成项目占总成本的百分比为权重，按照加权的方式计算的成本单价的调价系数，根据类似工程预算提供的资料，也可按照同样的计算思路计算出人、材、机费综合调整系数，通过系数调整类似工程的工料单价，再按照相应取费基数和费率计算间接费、利润和税金，也可得出所需的综合单价。总之，以上方法可灵活应用。

【例 4.5】某地拟建一工程，与其类似的已完工程单方工程造价为 4500 元/m^2，其中人工、材料、施工机具使用费分别占工程造价的 15%、55%和 10%，拟建工程地区与类似工程地区人工、材料、施工机具使用费差异系数分别为 1.05、1.03 和 0.98。假定以人、材、机费用之和为基数取费，综合费率为 25%。用类似工程预算法计算的拟建工程适用的综合单价。

解：先使用调差系数计算出拟建工程的工料单价。

类似工程的工料单价= 4500×80%=3600 (元/m^2)

在类似工程的工料单价中，人工、材料、施工机具使用费的比重分别为 18.75%、68.75%和 12.5%。

拟建工程的工料单价= 3600×(18.75%×1.05+68.75%×1.03+12.5%×0.98)

= 3699 (元/m^2)

则拟建工程适用的综合单价= 3699×(1+25%)=4623.75 (元/m^2)

4) 单位设备及安装工程概算编制方法

单位设备及安装工程概算包括单位设备及工器具购置费概算和单位设备安装工程费概算两大部分。

(1) 设备及工器具购置费概算。

设备及工器具购置费是根据初步设计的设备清单计算出设备原价，并汇总求出设备总原价，然后按有关规定的设备运杂费率乘以设备总原价，两项相加来概算的。

(2) 设备安装工程费概算的编制方法。

设备安装工程费概算的编制方法应根据初步设计深度和要求所明确的程度而采用相应的方法，其主要的编制方法如下。

① 预算单价法，即当初步设计较深，有详细的设备清单时，可直接按安装工程预算定额单价编制安装工程概算，概算编制程序与安装工程施工图预算程序基本相同。该法的优点是计算比较具体，精确性较高。

② 扩大单价法，即当初步设计深度不够，设备清单不完备，只有主体设备或仅有成套设备重量时，可采用主体设备、成套设备的综合扩大安装单价来编制概算。

上述两种方法的具体编制步骤与建筑工程概算相类似。

③ 设备价值百分比法，又称为安装设备百分比法，即当初步设计深度不够，只有设备出厂价而无详细规格、重量时，安装费可按占设备费的百分比计算。其百分比值(即安装费率)由相关管理部门制定或由设计单位根据已完类似工程确定。该法常用于价格波动不大的定型产品和通用设备产品，其计算公式为

设备安装费=设备原价×安装费率(%) (4-17)

④ 综合吨位指标法，即当初步设计提供的设备清单有规格和设备重量时，可采用综合吨位指标编制概算，其综合吨位指标由相关主管部门或由设计单位根据已完类似工程的资料确定。该法常用于设备价格波动较大的非标准设备和引进设备的安装工程概算，其计算公式为

设备安装费=设备吨重×每吨设备安装费指标(元/吨) (4-18)

3. 单项工程概算的编制

单项工程综合概算是确定单项工程建设费用的综合性文件，是由该单项工程所属的各专业单位工程概算汇总而成的，是建设项目总概算的组成部分。

单项工程综合概算采用综合概算表(含其所附的单位工程概算表和建筑材料表)进行编制。对单一的、具有独立性的单项工程建设项目，按照两级概算编制形式，直接编制总概算。

综合概算表是根据单项工程所辖范围内的各单位工程概算等基础资料，按照国家或部委所规定统一表格进行编制。对工业建筑而言，其概算包括建筑工程和设备及安装工程。对民用建筑而言，其概算包括土建工程、给排水、采暖、通风及电气照明工程等。

综合概算一般包括建筑工程费用、安装工程费用、设备及工器具购置费。

综合概算表是根据单项工程所辖范围内的各单位工程概算等基础资料，按照国家或部委所规定的统一表格进行编制。

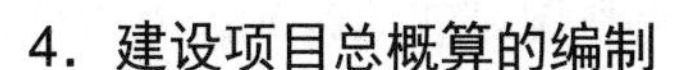

4．建设项目总概算的编制

建设项目总概算是设计文件的重要组成部分，是预计整个建设项目从筹建到竣工交付使用所花费的全部费用的文件。它是由各单项工程综合概算、工程建设其他费用、建设期利息、预备费和经营性项目的铺底流动资金概算所组成，按照主管部门规定的统一表格进行编制而成的。

设计总概算文件应包括：封面、签署页及目录、编制说明、总概算表、工程建设其他费用概算表、单项工程综合概算表和建筑安装单位工程概算表、主要建筑安装材料汇总表。独立装订成册的总概算文件应加封面、签署页(扉页)和目录。

(1) 封面、签署页及目录。

(2) 编制说明。

① 工程概况，简述建设项目性质、特点、生产规模、建设周期、建设地点、主要工程量、工艺设备等情况。引进项目要说明引进内容以及与国内配套工程等主要情况。

② 编制依据，包括国家和有关部门的规定、设计文件、现行概算定额或概算指标、设备材料的预算价格和费用指标等。

③ 编制方法，说明设计概算是采用概算定额法，还是采用概算指标法，或其他方法。

④ 主要设备、材料的数量。

⑤ 主要技术经济指标，主要包括项目概算总投资(有引进的给出所需外汇额度)及主要分项投资、主要技术经济指标(主要单位投资指标)等。

⑥ 工程费用计算表，主要包括建筑工程费用计算表、工艺安装工程费用计算表、配套工程费用计算表、其他涉及的工程的工程费用计算表。

⑦ 引进设备材料有关费率取定及依据，主要是关于国际运输费、国际运输保险费、关税、增值税、国内运杂费、其他有关税费等。

⑧ 引进设备材料从属费用计算表。

⑨ 其他必要的说明。

(3) 总概算表。三级编制形式的总概算表格式如表 4-16 所示。

表 4-16　建设项目总概算表

序号	概算编号	工程项目或费用名称	概算价值/元					其中：引进部分		技术经济指标			占总投资比例/%
			建筑工程费	设备购置费	安装工程费	其他费用	合计	美元	折合人民币	单位	数量	单价/(元/m^2)	
一		工程费用											
1		主要工程											
2		辅助工程											
3		配套工程											
二		工程建设其他费											
三		预备费											
四		建设期利息											
五		铺底流动资金											
		总概算(合计)											

编制人：　　　　审核人：　　　　审定人：

(4) 工程建设其他费用概算表。工程建设其他费用概算按国家或地区或部委所规定的项目和标准确定，并按统一格式编制，如表 4-17 所示。应按具体发生的工程建设其他费用项目填写工程建设其他费用概算表，需要说明和具体计算的费用项目依次相应在说明及计算式栏内填写或具体计算。填写时需注意以下事项。

① 土地征用及拆迁补偿费应填写土地补偿单价、数量，安置补助费标准、数量等，列式计算所需费用，填入金额栏。

② 建设管理费包括建设单位(业主)管理费、工程监理费等，按“工程费用×费率”或有关定额列式计算。

③ 研究试验费应根据设计需要进行研究试验的项目分别填写项目名称及金额或列式计算或进行说明。

(5) 单项工程综合概算表和建筑安装单位工程概算表。

(6) 主要建筑安装材料汇总表。针对每一个单项工程列出钢筋、型钢、水泥、木材等主要建筑安装材料的消耗量。

表 4-17　工程建设其他费用概算表

工程名称：　　　　　　　　　　　　单位：万元　　　　　　　　　　　共　页第　页

序号	费用项目编号	费用项目名称	费用计算基数	费率	金额	计算公式	备注
1							
2							
	合计						

编制人：　　　　　　　　　　　　审核人：　　　　　　　　　　　　审定人：

4.3.3　设计概算的审查

设计概算的编制—单位设备及安装工程概算编制方法

设计概算的编制—建筑单位工程概算编制方法

1. 设计概算的审查的意义

设计概算的审查的意义如下。

(1) 有利于合理分配投资资金、加强投资计划管理，有助于合理确定和有效控制工程造价。设计概算编制偏高或偏低，不仅影响工程造价的控制，也会影响投资计划的真实性，影响投资资金的合理分配。

(2) 有利于促进概算编制单位严格执行国家有关概算的编制规定和费用标准，从而提高概算的编制质量。

(3) 有利于促进设计的技术先进性与经济合理性。概算中的技术经济指标，是概算的综合反映，与同类工程对比，便可看出它的先进与合理程度。

(4) 有利于核定建设项目的投资规模，可以使建设项目总投资力求做到准确、完整，防止任意扩大投资规模或出现漏项，从而减少投资缺口，缩小概算与预算之间的差距，避免刻意压低概算投资，搞“钓鱼”项目，最后导致实际造价大幅度地超过概算。

(5) 经审查的概算，有利于为建设项目投资的落实提供可靠的依据。备足投资，不留缺口，有助于提高建设项目的投资效益。

2. 设计概算的审查的内容

设计概算的审查的内容如下。

1) 审查设计概算的编制依据

审查设计概算的编制依据必须具有以下特点。

(1) 依据的合法性。采用的各种编制依据必须经过国家和授权机关的批准，符合国家的编制规定，未经批准的不能采用；不能强调情况特殊，擅自提高概算定额、指标或费用标准。

(2) 依据的时效性。各种依据，如定额、指标、价格、取费标准等，都应根据国家有关部门的现行规定执行，注意有无调整和新的规定，如有则应按新的调整办法和新规定执行。

(3) 依据的适用范围。各种编制依据都有规定的适用范围，如各主管部门规定的各种专业定额及其取费标准，只适用于该部门的专业工程；各地区规定的各种定额及其取费标准，只适用于该地区范围内，特别是地区的材料预算价格区域性更强。

2) 审查设计概算的编制深度及范围

(1) 审查编制说明。检查概算的编制方法、深度和编制依据等重大原则问题，若编制说明有差错，具体概算必有差错。

(2) 审查设计概算的编制的完整性。一般大中型项目的设计概算，应有完整的编制说明和 “三级概算”(总概算表、单项工程综合概算表、单位工程概算表)，并按有关规定的深度进行编制。审查其编制深度是否到位，有无随意简化的情况。

(3) 审查概算的编制范围。审查概算编制范围及具体内容是否与主管部门批准的建设项目范围及具体工程内容一致；审查分期建设项目的建筑范围及具体工程内容有无重复交叉，是否重复计算或漏算；审查其他费用应列的项目是否符合规定，静态投资、动态投资和经营性项目铺底流动资金是否分别列出等。

3) 审查设计概算的内容

审查设计概算的内容如下。

(1) 审查概算的编制是否符合党的方针、政策，是否根据工程所在地的自然条件编制。

(2) 审查建设规模(投资规模、生产能力等)、建设标准(用地指标、建筑标准等)，配套工程、设计定员等是否符合原批准的可行性研究报告或立项批文的标准。对总概算投资超过批准投资估算 10%的，应查明原因，重新上报审批。

(3) 审查编制方法，计价依据和程序是否符合现行规定，包括定额或指标的适用范围和调整方法是否正确。进行定额或指标的补充时，要求补充定额的项目划分、内容组成、编制原利等要与现行的定额精神相一致等。

(4) 审查工程量是否正确，工程量的计算是否根据初步设计图纸、概算定额、工程量计算规化和施工组织设计的要求进行，有无多算、重算和漏算。对工程量大、 造价高的项目要重点审查。

(5) 审查材料用量和价格。审查主要材料(钢材、木材、水泥、砖)的用量数据是否正确，材料预算价格是否符合工程所在地的价格水平，材料价差调整是否符合现行规定及其计算是否正确等。

(6) 审查设备规格、数量和配置是否符合设计要求，是否与设备清单相一致，设备预算价格是否真实，设备原价和运杂费的计算是否正确，非标准原价设备原价的计算方法是否符合规定，进口设备的各项费用的组成及计算程序、方法是否符合国家相关部门的规定。

(7) 审查建筑安装工程的各项费用的计取是否符合国家或地方有关部门的现行规定，计算程序和取费标准是否正确。

(8) 审查综合概算、总概算的编制内容、方法是否符合现行规定和设计文件的要求，有无设计文件外项目，有无将非生产性项目以生产性项目列入。

(9) 审查总概算文件的组成内容，是否完整地包括了建设项目从筹建到竣工投产位置的全部费用。

(10) 审查工程建设其他各项费用。这部分费用内容多、弹性大，占项目总投资 25%以上，要按国家和地区规定逐项审查，不同于总概算范围的费用项目不能列入概算。审查具体费率或计取标准是否按国家、行业有关部门规定计算，有无随意列项，有无多列、交叉计列和漏项等。

(11) 审查项目的“三废”治理。拟建项目必须同时安排“三废”(废水、废气、废渣) 的治理方案和投资，对于未作安排、漏算或多算、重算的项目，要按国家有关规定核实投资，以满足“三废”排放达到国家标准。

(12) 审查技术经济指标。审查技术经济指标计算方法和程序是否正确，综合指标和单项指标与同类型工程指标相比，是偏高还是偏低，产生偏差的原因是什么，并予以纠正。

(13) 审查投资经济效果。设计概算是初步设计经济效果的反映，要按照生产规模、工艺流程、产品品种和质量，从企业的投资效益和投产后的运营效益全面分析，是否达到了先进可靠、经济合理的要求。

3. 设计概算的审查的方法

采用适当的方法审查设计概算，是确保审查质量、提高审查效率的关键，常用的方法有以下几种。

1) 对比分析法

对比分析法主要是通过建设规模、标准与立项批文对比，工程数量与设计图纸对比，综合范围、内容与编制方法、规定对比，各项取费与规定标准对比，材料、人工单价与统一信息对比，引进设备、技术投资与报价要求对比，技术经济指标与同类工程对比等发现设计概算存在的主要问题和偏差。

2) 查询核实法

查询核实法是对一些关键设备和设施、重要装置、引进工程图纸不全、难以核算的较大投资进行多方查询核对、逐项落实的方法。主要设备的市场价向设备供应部门或招标公司查询核实；重要生产装置、设施向同类企业(工程)查询了解；引进设备价格及有关税费向进出口公司调查落实；复杂的建筑安装工程向同类工程的建设、承包、施工单位征求意见；深度不够或不清楚的问题直接向原概算编制人员、设计者询问清楚。

3) 联合会审法

联合会审法是指联合会审前，可先采取多种形式分头审查，包括设计单位自审，主管、建设、承包单位初审，工程造价咨询公司评审，邀请同行专家预审，审批部门复审等，经层层审查把关后，由有关单位和专家进行联合会审。在会审大会上，由设计单位介绍概算编制情况及有关问题，各有关单位、专家汇报初审、预审意见，然后进行认真分析、讨论，结合对各专业技术方案的审查意见所产生的投资增减，逐一核实原概算出现的问题，经过充分协商，认真听取设计单位意见后，实事求是地处理和调整。

通过以上会审后，对审查中发现的问题和偏差，按照单项、单位工程的顺序，先按设备费、安装费、建筑费和工程建设其他费用分类整理，然后按照静态投资、动态投资和铺底流动资金 3 大类，汇总核增或核减的项目及其投资额，最后将具体审核数据，按照“原编概算”“审核结果”“增减投资”“增减幅度”4 栏列表，并按照原总概算表汇总顺序将增减项目逐一列出，相应地调整所属项目投资合计，再依次汇总审核后的总投资及增减投资额。对于差错较多、问题较大或不能满足要求的，责成编制人员按会审意见修改返工后，重新报批；对于无重大原则问题、深度基本满足要求、投资增减不多的，当场核定概算投资额，并提交审批部门复核后，正式下达审批概算。

4.4　施工图预算的编制

4.4.1　施工图预算的概念及内容

1. 施工图预算的含义

施工图预算是以施工图设计文件为依据，按照规定的程序、方法和依据，在工程施工前对工程项目的工程费用进行的预测与计算。施工图预算的成果文件称为施工图预算书，也称施工图预算，是在施工图设计阶段对工程建设所需资金作出较精确计算的设计文件。

2. 施工图预算的作用

施工图预算作为建设工程建设程序中一个重要的技术经济文件，在工程建设实施过程中具有重要作用，可以归纳为以下几个方面。

1)　施工图预算对投资方的作用

(1)　施工图预算是设计阶段控制工程造价的重要环节，是控制施工图设计不突破设计概算的重要措施。

(2)　施工图预算是控制造价及资金合理使用的依据。施工图预算确定的预算造价是工程的计划成本，投资方按施工图预算造价筹集建设资金，合理地安排建设资金计划，确保建设资金的有效使用，保证项目建设顺利进行。

(3)　施工图预算是确定工程最高投标限价(招标控制价) 的依据。在设置招标控制价的情况下，招标控制价通常是在施工图预算的基础上考虑工程的特殊施工措施、工程质量要求、目标工期、招标工程范围以及自然条件等因素进行编制的。

(4)　施工图预算可以作为确定合同价款、拨付工程进度款及办理工程结算的基础。

2)　施工图预算对施工企业的作用

(1)　施工图预算是建筑施工企业投标报价的基础。在激烈的建筑市场竞争中，建筑施工企业在施工图预算的基础上，结合企业定额和采取的投标策略，确定投标报价。

(2)　施工图预算是建筑工程预算包干的依据和签订施工合同的主要内容。在采用总价

合同的情况下，施工单位通过与建设单位协商，可在施工图预算的基础上，考虑设计或施工变更后可能发生的费用与其他风险因素，增加一定系数作为工程造价一次性包干价。同样，施工单位与建设单位签订施工合同时，其中工程价款的相关条款也以施工图预算为依据。

(3) 施工图预算是施工企业安排调配施工力量、组织材料供应的依据。施工企业在施工前，可以根据施工图预算的工、料、机分析，编制资源计划，组织材料、机具、设备和劳动力供应，并编制进度计划，统计完成的工作量，进行经济核算并考核经营成果。

(4) 施工图预算是施工企业控制工程成本的依据。根据施工图预算确定的中标价格是施工企业收取工程款的依据，企业只有合理地利用各项资源，采取先进的技术和管理方法，将成本控制在施工图预算价格以内，才能获得良好的经济效益。

3) 施工图预算对其他方面的作用

(1) 对于工程咨询单位而言，客观、准确地为委托方作出施工图预算，不仅体现出其水平、素质和信誉，而且强化了投资方对工程造价的控制，有利于节省投资，提高建设项目的投资效益。

(2) 对于工程造价管理部门而言，施工图预算是其监督、检查执行定额标准，合理确定工程造价，测算造价指数以及审定工程招标控制价的重要依据。

(3) 如在履行合同的过程中发生经济纠纷，施工图预算还是有关仲裁、管理、司法机关按照法律程序处理、解决问题的依据。

3. 施工图预算的内容

施工图预算根据建设项目实际情况可采用三级预算编制或二级预算编制形式。当建设项目有多个单项工程时，应采用三级预算编制形式，三级预算编制形式由建设项目总预算、单项工程综合预算、单位工程预算组成。当建设项目只有一个单项工程时，应采用二级预算编制形式，二级预算编制形式由建设项目总预算和单位工程预算组成。

采用三级预算编制形式的工程预算文件包括封面、签署页及目录、编制说明、总预算表、综合预算表、单位工程预算表、附件等内容。采用二级预算编制形式的工程预算文件包括：封面、签署页及目录、编制说明、总预算表、单位工程预算表、附件等内容。

采用三级预算编制形式时，建设项目总预算由组成该建设项目的各个单项工程综合预算和工程建设其他费、预备费和建设期利息和铺底流动资金汇总而成，工程建设其他费、预备费、建设期利息及铺底流动资金具体编制方法可参照第一章相关内容。

单项工程综合概算由构成该单项工程的各个单位工程施工图预算组成。

单位工程施工图预算由单位建筑工程预算书和单位设备及安装工程预算书组成。单位建筑工程预算书则主要由建筑工程预算表和建筑工程取费表构成，单位设备及安装工程预算书则主要由设备及安装工程预算表和设备及安装工程取费表构成。

4.4.2 施工图预算的编制

1. 编制依据

施工图预算的编制必须遵循以下依据。

(1) 国家、行业和地方有关规定。

(2) 相应工程造价管理机构发布的预算定额。

(3) 施工图设计文件及相关标准图集和规范。

(4) 项目相关文件、合同、协议等。

(5) 工程所在地的人工、材料、设备、施工机具预算价格。

(6) 施工组织设计和施工方案。

(7) 项目的管理模式、发包模式及施工条件。

(8) 其他应提供的资料。

2. 编制原则

(1) 施工图预算的编制应保证编制依据的合法性、全面性和有效性，以及预算编制成果文件的准确性、完整性。

(2) 施工图预算的编制应完整、准确地反映设计内容。编制施工图预算时，要认真了解设计意图，根据设计文件、图纸准确计算工程量，避免重复和漏算。

(3) 施工图预算的编制应结合拟建工程的实际，反映工程所在地当时价格水平。编制施工图预算时，要求实事求是地对工程所在地的建设条件、可能影响造价的各种因素进行认真的调查研究。在此基础上，正确使用定额、费率和价格等各项编制依据，按照现行工程造价的构成，根据有关部门发布的价格信息及价格调整指数，考虑建设期的价格变化因素，使施工图预算尽可能地反映设计内容、实际施工条件和实际价格。

3. 单位工程施工图预算的编制方法

单位工程施工图预算包括建筑安装工程费、设备及工器具购置费。将计算好的建筑安装工程费和设备及工具、器具购置费相加，即得到单位工程施工图预算，即

$$\text{单位工程施工图预算}=\text{建筑安装工程预算}+\text{设备及工器具购置费} \tag{4-19}$$

其中：设备购置费由设备原价和设备运杂费构成；工器具购置费一般以设备购置费为计算基数，按照规定的费率计算，设备及工器具购置费的编制可参照设计概算相关内容。

建筑安装工程费应根据施工图设计文件、预算定额(或综合单价)以及人工、材料及施工机械台班等价格资料进行计算。主要编制方法有单价法和实物量法。单价法分为工料单价法和全费用综合单价法，其中使用较多的是工料单价法。

1) 工料单价法

工料单价法，是指以分项工程的单价为工料单价，将分项工程量乘以对应分项工程单价后的合计值进行汇总，再按规定计取企业管理费、利润、规费和税金，将上述费用汇总得到单位工程的施工图预算造价。工料单价法中的单价一般采用单位估价表中的各分项工程工料单价(定额单价)，其计算公式如下

$$\begin{aligned}\text{建筑安装工程预算造价} = &\sum(\text{分项工程量}\times\text{分项工程工料单价})+\text{企业管理}\\ &+\text{利润}+\text{规费}+\text{税金}\end{aligned} \tag{4-20}$$

工料单价法的实施步骤如下。

① 准备工作阶段。收集编制施工图预算的编制依据；熟悉施工图等基础资料；了解施工组织设计和施工现场情况。

② 列项并计算工程量。首先将单位工程划分为若干分项工程，划分的项目必须和定

额规定的项目一致，严格按照图纸尺寸和现行定额规定的工程量计算规则进行计算。工程量的计算应遵循一定的顺序逐项进行，避免重复列项计算和漏项少算。

③ 套用预算定额单价。核对工程量计算结果后，将定额子项中的基价填于预算表单价栏内，并将单价乘以工程量得出合价，将结果填入合价栏，汇总求出单位工程直接费。

④ 编制工料分析表。工料分析是按照各分项工程，依据定额或单位估价表，首先定额项目表中的各分项工程消耗的每项材料和人工的定额消耗量乘以该分项工程项目的工程量，得到分项工程工料消耗量，最后将各分项工程工料消耗量加以汇总，得出单位工程人工、材料的消耗数量。

⑤ 计算主材费并调整直接费。许多定额项目基价为不完全价格，即未包括主材费用在内，因此还应单独计算出主材费，计算完成后将主材费的价差加入人材机费进行合计。主材费按当时当地的市场价格计算。

⑥ 按计价程序计取其他费用，汇总造价。根据规定的税率、费率和相应的计取基础，分别计算企业管理费、利润、规费和税金。将上述费用累计后与直接费用进行汇总，求出单位工程预算造价。与此同时，计算工程的技术经济指标，如单方造价。

⑦ 复核，填写封面、编制说明。检查人才机的消耗量是否准确，有无漏算、重算或多算；封面应写明工程编号、工程名称、预算总造价和单方造价等；撰写编制说明，将封面、编制说明、预算费用汇总表、材料汇总表、工程预算分析表，按顺序编排并装订成册，完成单位施工图预算的编制工作。

2) 实物量法

实物量法，根据施工图和预算定额先计算出各分项工程量，分别乘以预算定额中人工、材料、施工机具台班的定额消耗量，分类汇总得出该单位工程所需的全部人工、材料、施工机具台班消耗数量，然后再乘以当时当地人工工日单价、各种材料单价、施工机械台班单价、施工仪器仪表台班单价，求出相应的人工费、材料费、机具使用费。企业管理费、利润、规费和税金等费用计取方法与工料单价法相同。其计算公式如下

$$\begin{aligned}\text{单位工程人、材、机费}=&\text{综合工日消耗量}\times\text{综合日单价}+\sum(\text{各种材料消耗量}\times\\&\text{相应材料单价})+\sum(\text{各种施工机械消耗量}\times\text{相应施工}\\&\text{机械台班单价}+\sum(\text{各施工仪器仪表消耗量?相应施工}\\&\text{仪器仪表台班单价})\end{aligned}\tag{4-21}$$

$$\text{建筑安装工程预算造价}=\text{单位工程直接费}+\text{企业管理费}+\text{利润}+\text{规费}+\text{税金}\tag{4-22}$$

实物量法编制施工图预算的基本步骤如下。

① 准备资料、熟悉施工图纸。本步骤与工料单价法基本相同，不同的是不用收集单位估价表，重点应全面收集工程造价管理机构发布的工程造价信息及各种市场价格信息。

② 列项并计算工程量。本步骤与工料单价法相同。

③ 套用预算定额，计算人工、材料、机具台班消耗量。根据预算人工定额所列各类人工工日的数量，乘以各分项工程的工程量，计算出各分项工程所需各类人工工日的数量，统计汇总后确定单位工程所需的各类人工工日消耗量。同理，根据预算材料定额、预算机具台班定额分别确定出单位工程各类材料消耗数量和各类施工机具台班数量。

④ 计算并汇总直接费。根据当时当地工程造价管理部门定期发布的或企业根据市场价格确定的人工工资单价、材料单价、施工机械台班单价、施工仪器仪表台班单价分别乘

以人工、材料、机具台班的消耗量，汇总即得到单位工程直接费。

⑤　计算其他各项费用，汇总造价。本步骤与工料单价法相同。

⑥　复核、填写封面、编制说明。本步骤与工料单价法相同。

实物量法与工料单价法首尾部分的步骤基本相同，主要是中间两个步骤不同，即：实物量法计算工程量后，套用预算定额的相应人工、材料、施工机具台班消耗量，而工料单价法套用的是单位估价表工料单价或定额单价；采用实物量法，采用的是当时当地的各类人工工日、材料、施工机械台班、施工仪器仪表台班的单价，工料单价法采用的单位估价表或定额编制时期的各类人工工日、材料、施工机具台班单价，需要用调价系数或指数进行调整。

4.4.3　施工图预算的审查

1. 审查施工图预算的意义

施工图预算编完之后，加强施工图预算的审查，具有以下意义。

(1)　有利于控制工程造价，克服和防止预算超概算。

(2)　有利于加强固定资产投资管理，节约建设资金。

(3)　有利于施工承包合同价的合理确定和控制。因为施工图预算对于招标工程来说，是编制招标控制价的依据；对于不宜招标的工程来说，它是合同价款结算的基础。

(4)　有利于积累和分析各项技术经济指标，不断地提高设计水平。通过审查工程预算，核实预算价值，为积累和分析技术经济指标提供了准确的数据，进而通过有关指标的比较，找出设计中的薄弱环节，以便及时改进，不断提高设计水平。

2. 审查施工图预算的内容

审查施工图预算的重点，应放在以下几个方面。

(1)　审查工程量。

(2)　审查设备、材料的预算价格。

(3)　审查预算单价的套用。

(4)　审查有关费用项目及其计取。

3. 审查施工图预算的方法

审查施工图预算的方法较多，主要有全面审查法、标准预算审查法、分组计算审查法、对比审查法、筛选审查法、重点抽查法和利用手册审查法。

1)　全面审查法

全面审查法又叫逐项审查法，就是按照定额顺序或施工的先后顺序，逐一全部地进行审查的方法。其具体计算方法和审查过程与编制施工图预算基本相同。该方法的优点是全面、细致，经审查的工程预算差错比较少，质量比较高；缺点是工作量大。一些工程量比较小、工艺比较简单的工程，编制工程预算的技术力量又比较薄弱时，可采用全面审查法。

2)　标准预算审查法

标准预算审查法是对于利用标准图纸或通用图纸施工的工程，先集中力量编制标准预算，以此为标准审查预算的方法。按标准图纸设计或通用图纸施工的工程一般上部结构和

做法相同，可集中力量细审一份预算或编制一份预算，作为这种标准图纸的标准预算，或以这种标准图纸的工程量为标准，对照审查，而对局部不同的部分做单独审查即可。这种方法的优点是时间短、效果好、容易定案；缺点是只适用于按标准图纸设计的工程，适用范围小。

3) 分组计算审查法

分组计算审查法是一种加快审查工程量速度的方法，把预算中的项目划分为若干组，并把相邻且有一定内在联系的项目编为一组，审查或计算同一组中某个分项工程量，利用工程量间具有相同或相似计算基础的关系，判断同组中其他几个分项工程量计算的准确程度的方法。

4) 对比审查法

对比审查法是用已建成工程的预算或虽未建成但已审查修正的工程预算对比审查拟建类似工程预算的一种方法。

5) 筛选审查法

筛选审查法是统筹法的一种，也是一种对比方法。建筑工程虽然有建筑面积和高度的不同，但是它们的各个分部分项工程的工程量、造价、用工量在每个单位面积上的数值变化不大，把这些数据加以汇集、优选，归纳为工程量、造价(价值)、用工三个单方基本指标，并注明其适用的建筑标准，以这些基本值为准用来筛选各分部分项工程，筛出去的不再审查，没有筛出去的就意味着此分部分项的单位建筑面积数值不在基本值范围内，应对其进行详细审查。

6) 重点抽查法

重点抽查法是抓住工程预算中的重点进行审查的方法。

7) 利用手册审查法

利用手册审查法是把工程中常用的构件、配件事先整理成预算手册，按手册对照审查的方法。

4．审查施工图预算的步骤

审查施工图预算的步骤如下。

(1) 做好审查前的准备工作。

① 熟悉施工图纸。施工图是编审预算分项数量的重要依据，必须全面了解，核对所有图纸，清点无误后依次识读。

② 了解预算包括的范围。根据预算编制说明，了解预算包括的工程内容，如配套设施、室外管线、道路以及会审图纸后的设计变更等。

③ 弄清预算采用的单位估价表。任何单位估价表或预算定额都有一定的适用范围，应根据工程性质，搜集并熟悉相应的单价、定额资料。

(2) 选择合适的审查方法，按相应内容进行审查。

由于工程规模、繁简程度不同，施工方法和施工企业情况不一样，所编工程预算的质量也不同。因此，须选择适当的审查方法进行审查。

(3) 调整预算。

综合整理审查资料，并与编制单位交换意见，定案后编制调整预算。审查后，需要进行增加或核减的，经与编制单位协商，统一意见后，进行相应的修正。

4.5 案例分析

某企业拟建一座节能综合办公楼，建筑面积为 25000m²，其工程设计方案部分资料如下。

A 方案：采用装配式钢结构框架体系，预制钢筋混凝土叠合板楼板，装饰、保温、防水三合一复合外墙，双玻断桥铝合金外墙窗，叠合板上现浇珍珠岩保温屋面。单方造价为 2020 元/m²。

B 方案：采用装配式钢筋混凝土框架体系，预制钢筋混凝土叠合板楼板，轻质大板外墙体，双玻铝合金外墙窗，现浇钢筋混凝土屋面板上水泥蛭石保温屋面。单方造价为 1960 元/m²。

C 方案：采用现浇钢筋混凝土框架体系，现浇钢筋混凝土楼板，加气混凝土砌块铝板装饰外墙体，外墙窗和屋面做法同 B 方案。单方造价为 1880 元/m²。

各方案功能权重及得分，如表 4-18 所示。

表 4-18 各方案功能权重及得分表

功能项目		结构体系	外窗类型	墙体材料	屋面类型
功能权重		0.30	0.25	0.30	0.15
各方案功能得分	A 方案	8	9	9	8
	B 方案	8	7	9	7
	C 方案	9	7	8	7

【问题】

1. 运用价值工程原理计算并选择最佳设计方案。

2. 三个方案设计使用寿命均按 50 年计，基准折现率为 10%，A 方案年运行和维修费用为 78 万元，每 10 年大修一次，费用为 900 万元，已知 B、C 方案年度寿命周期经济成本分别为 664.222 万元和 695.400 万元，其他有关数据资料如表 4-19 所示。列式计算 A 方案的年度寿命周期经济成本，并运用最小年费用法选择最佳设计方案。

表 4-19 年金和现值系数表

n	10	15	20	30	40	45	50
(A/P，10%，n)	0.1627	0.1315	0.1175	0.1061	0.1023	0.1014	0.1009
(F/P，10%，n)	0.3855	0.2394	0.1486	0.0573	0.0221	0.0137	0.0085

【解】

1. 运用价值工程原理进行计算。

(1) 计算各方案的功能指数，如表 4-20 所示。

表 4-20 各方案的功能指数

功能项目		结构体系	外窗类型	墙体材料	屋面类型	得分	功能指数
功能权重		0.30	0.25	0.30	0.15		
各方案功能得分	A 方案	2.4	2.25	2.7	1.2	8.55	8.55/24.35=0.351
	B 方案	2.4	1.75	2.7	1.05	7.9	7.9/24.35=0.324
	C 方案	2.7	1.75	2.4	1.05	7.9	7.9/24.35=0.324
	合计					24.35	0.999

(2) 计算各方案的成本指数，如表 4-21 所示。

表 4-21 各方案的成本指数

方案	单方造价	成本指数
A 方案	2020	2020/5860=0.345
B 方案	1960	1960/5860=0.334
C 方案	1880	1880/5860=0.321
合计	5860	1.00

(3) 计算各方案的价值指数。

V_A=0.351/0.345=1.017

V_B=0.324/0.334=0.970

V_C=0.324/0.321=1.01

因 $V_A>V_C>V_B$，所以选择 A 方案。

2. 计算 A 方案年度寿命周期经济成本，即为

78+{0.202×25000+900×[(*P*/*F*, 10%, 10)+(*P*/*F*, 10%，20)+(*P*/*F*，10%，30)+(*P*/*F*, 10%, 40)]}×(*A*/*P*, 10%, 50)

=78+{5050+900×[0.3855+0.1486+0.0573+0.0221]}×0.1009

=643.257(万元)

由于 643.257＜664.222＜695.400，即 A 方案的年度寿命周期经济成本最低，所以选 A 方案。

本 章 小 结

本章首先介绍了工程设计的含义、阶段的划分及程序、设计阶段影响工程造价的因素，然后讲解了设计阶段工程造价控制的主要工作内容，分析了工程设计优化的途径和方法，在其中价值工程和寿命周期成本分析法的讲解中融入案例，方便学生理解；然后说明了设计概算的含义、作用、设计概算的内容及编制方法及审查；最后介绍了设计施工图预算的基本概念及施工图预算的编制方法和审查。

习题

习题参考答案

第5章　建设项目招投标阶段工程造价控制

【学习目标】

1. 素质目标

- 培养学生团队协作精神、集体荣誉感，以及实事求是的工作作风。
- 培养学生严谨、客观、团结一致的从业态度。
- 培养学生管理统筹、沟通协调、自信表达的职业素养。

2. 知识目标

- 了解建设工程招标投标的概念，招标范围和方式。
- 掌握建设工程招标的种类、招标投标阶段工程造价控制的内容。
- 掌握招标控制价的编制方法和内容。
- 掌握建设工程投标报价的编制。
- 掌握投标方法、报价的策略和技巧。

3. 能力目标

- 能编制工程量清单和招标控制价。
- 能选择合适的投标策略，编制投标报价。

5.1　建设工程招标投标概述

建设工程招投标概述

5.1.1　建设工程招投标的概念

1．建设工程招标的概念

建设工程招标是指招标人在发包建设项目之前，依据法定程序，以公告招标或邀请招标的方式提出有关招标项目的要求和条件，投标人依据招标文件要求参与投标报价，然后通过评定，择优选取优秀的投标人为中标人的一种交易活动。

2．建设工程投标的概念

建设工程投标是工程招标的对称概念，是指具有合法资格和能力的投标人，根据招标条件，在规定期限内填写标书，提出报价向招标人提交投标文件的经济活动。

5.1.2　建设工程招标范围

1．建设工程招标的范围

《中华人民共和国招标投标法》规定，在中华人民共和国境内进行下列工程建设项目(包括项目的勘察、设计、施工、监理以及与工程建设有关的重要设备、材料等的采购)，必须进行招标。

(1)　大型基础设施、公用事业等关系社会公共利益、公众安全的项目。

(2)　全部或者部分使用国有资金投资或者国家融资的项目。

(3)　使用国际组织或者外国政府贷款、援助资金的项目。

任何单位和个人不得将依法必须进行招标的项目化整为零或者以其他任何方式规避招标。依法必须进行招标的项目，其招标投标活动不受地区或者部门的限制。任何单位和个人不得违法限制或者排斥本地区、本系统以外的法人或者其他组织参加投标，不得以任何方式非法干涉招标投标活动。有关行政监督部门依法对招标投标活动实施监督，依法查处招标投标活动中的违法行为。

2．可以不招标的项目

有下列情形之一的，可以不进行招标。

(1)　需要采用不可替代的专利或者专有技术。

(2)　采购人依法能够自行建设、生产或者提供。

(3)　已通过招标方式选定的特许经营项目投资人依法能够自行建设、生产或者提供。

(4)　需要向原中标人采购工程、货物或者服务，否则将影响施工或者功能配套要求。

(5)　国家规定的其他特殊情形。

5.1.3　建设工程招标方式

招标分为公开招标和邀请招标两种方式。

(1)　公开招标又称为无限竞争招标，是由招标单位按程序，通过报刊、广播、电视、网络等方式发布招标公告，有意向的承包商均可参加资格审查，审查合格的承包商可购买招标文件并参加投标的招标方式。招标人采用公开招标方式的，应当发布招标公告。依法必须进行招标的项目，应当通过国家指定的报刊、信息网络或者媒介发布招标公告。

公开招标的优点：范围广、投标的承包商多、竞争激烈，招标人有更多的选择余地，有利于降低工程造价，提高工程质量和缩短工期。

公开招标的缺点：招标工作量大，投入的人力、物力多，费用高，招标时间长，且当参与投标的单位少于3家时需重新进行招标。

(2)　邀请招标又称为有限竞争招标，是由招标人向3个以上具备承担招标项目的能力、资信良好的特定法人或者其他组织发出投标邀请书，只有收到邀请书的单位才有资格参加投标，然后招标人从中确定中标者并与之签订施工合同的招标方式。

邀请招标的优点：目标集中，招标的组织工作较容易，工作量比较小，缩短了招标时间，节约了招标费用。

邀请招标的缺点：由于参加的投标单位较少，竞争性较差，使招标单位对投标单位的选择余地较小，有可能会提高中标合同价，如果招标单位在选择邀请单位前所掌握的信息不足，则很有可能失去最适合承担该项目承包商的机会。

招标公告或投标邀请书应当载明招标人的名称和地址、招标项目的性质、数量、实施地点和时间以及获取招标文件的办法等事项。招标人不得以不合理的条件限制或者排斥潜在投标人，不得对潜在投标人实行歧视待遇。

国有资金控股或者占主导地位的依法必须进行招标的项目，应当公开招标，但有下列情形之一的，可以邀请招标。

① 技术复杂、有特殊要求或者受自然环境限制，只有少量潜在投标人可供选择；

② 采用公开招标方式的费用占项目合同金额的比例过大。

5.1.4　建设工程招标程序

建设工程公开招标程序如图 5-1 所示。公开招标与邀请招标在程序上的主要差异有：一是使施工承包商获得招标信息的方式不同；二是对投标人资格审查的方式不同。

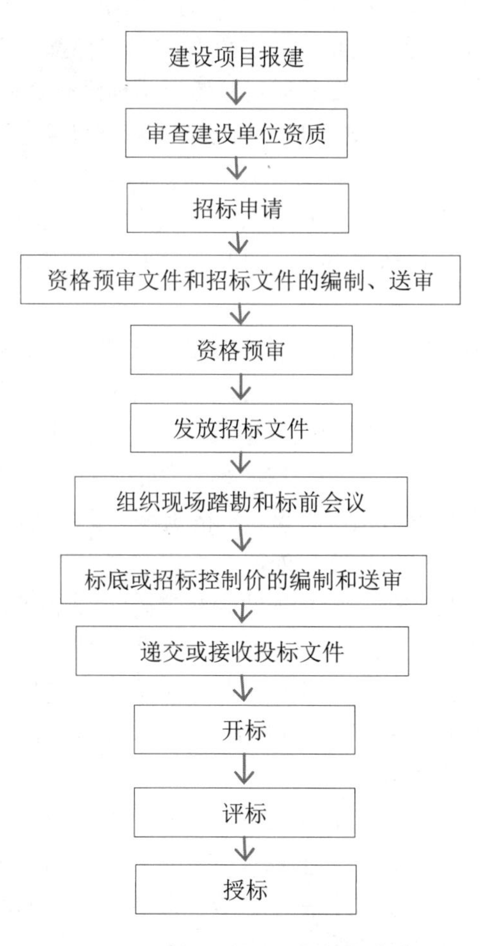

图 5-1　建设工程公开招标程序图

建设工程公开招标程序如下。

(1) 建设项目报建。当建设项目的立项批准文件或投资计划下达后，建设单位按规定报建，并由建设行政主管部门审批。报建范围：各类房屋建筑(包括新建、改建、扩建、翻修等)、土木工程(包括道路、桥梁、基础打桩等)、设备安装、管道线路铺设和装修等建设工程。报建内容：工程名称、建设地点、投资规模、工程规模、发包方式、计划开竣工日期和工程筹建情况。

(2) 主管部门审查建设单位资质。这是指政府招标管理机构审查建设单位是否具备施工招标条件。不具备条件的建设单位，须委托具有相应资质的中介机构代理招标，建设单位应与中介机构签订委托代理招标的协议，并报招标管理机构备案。

(3) 招标申请。这是指由招标单位填写“建设工程招标申请表”，经上级主管部门批准后，连同“工程建设项目报建审查登记表”一起报招标管理机构审批。申请表主要内容：工程名称、建设地点、招标建设规模、结构类型、招标范围、招标方式、要求施工企业等级、施工前期准备情况(土地征用、拆迁情况、勘察设计情况、施工现场条件等)、招标机构组织情况。

(4) 资格预审文件与招标文件编制、送审。公开招标时，招标人设定了一些条件(如投标企业的资质、工程经历的要求等)，对参加投标的施工单位进行资格预审，只有通过资格预审的施工单位才可以参加投标。资格预审文件和招标文件都有必须经过招标管理机构审查，同意后方可刊登资格预审通告、招标通告。邀请招标没有资格预审的环节。

(5) 发布招标公告(或发出投标邀请书)。招标人可以通过信息网络或其他媒介发布招标文件，信息网络或其他媒介发布的招标文件与书面招标文件具有同等法律效力，出现不一致时以书面招标文件为准。招标人应按招标公告或邀请书规定的时间、地点出售招标文件或资格预审文件。自招标文件或资格预审文件出售之日起至停止出售之日止，时间最短不得少于 5 个工作日。

(6) 对投标单位资格审查。资格审查分为资格预审和资格后审。资格预审是指在投标前对潜在投标人进行的资格审查。资格后审是指在开标后对投标人进行的资格审查。进行资格预审的，一般不再进行资格后审，经资格预审后，招标人应当向资格预审合格的潜在投标人发出资格预审合格通知书，告知获取招标文件的时间、地点和方法，并同时向资格预审不合格的潜在投标人告知资格预审结果。资格预审不合格的潜在投标人不得参加投标。经资格后审不合格的投标人的投标作废标处理。

(7) 向投标单位出售招标文件。招标人将招标文件、图纸和有关技术资料出售给通过资格预审获得投标资格的投标单位。投标单位收到招标文件、图纸和有关资料后，应认真核对，核对无误后，应以书面形式予以确认。招标人应当确定投标人编制投标文件所需要的合理时间。依法必须进行招标的项目，自招标文件开始发出之日至投标人提交投标文件截止之日，时间最短不得少于 20 日。

招标人应当根据招标项目的特点和需要编制招标文件。招标文件应当包括招标项目的技术要求、对投标人资格审查的标准、投标报价要求和评标标准等所有实质性要求和条件以及拟签订合同的主要条款。招标项目需要划分标段、确定工期的，招标人应当合理划分标段、确定工期，并在招标文件中载明。

招标文件不得要求或者标明特定的生产供应者以及含有倾向或者排斥潜在投标人的其他内容。招标人不得向他人透露已获取招标文件的潜在投标人的名称、数量及可能影响公平竞争的有关招标投标的其他情况。

(8) 组织投标单位踏勘现场。勘查现场目的在于了解工程场地和周围环境情况，以方便投标单位获取认为有必要的信息，招标人不得单独或者分别组织任何一个投标人进行现场踏勘。

(9) 招标预备会。招标预备会由招标单位组织，建设单位、设计单位、施工单位参加，目的在于澄清招标文件中的疑问，解答投标单位对招标文件和勘查现场中所提出的问题，该解答的内容为招标文件的组成部分。

招标人对已发出的招标文件进行必要的澄清或者修改的，应当在招标文件要求提交投标文件截止时间至少 15 日前，以书面形式通知所有招标文件收受人。该澄清或者修改的内容为招标文件的组成部分。

(10) 招标控制价的编制与送审。施工招标可编制标底，也可不编。如果编制标底，当招标文件的商务条款一经确定，即可进行编制，标底编制完后应将必要的资料报送招标管理机构审定，招标人设有标底的，标底必须保密。若不编制标底，一般应编制招标控制价，即招标人可接受的投标人报价的最高限价。

(11) 投标文件接收。投标单位根据招标文件的要求，编制投标文件，并进行密封和标志，在投标截止时间前按规定的地点递交至招标单位。招标单位接收投标文件并将其秘密封存。

根据《工程建设项目施工招标投标办法》规定，投标文件有下列情形之一的，招标人不予受理：逾期送达的；未按招标文件要求密封的。

(12) 开标。在投标截止日期后，按规定时间、地点，在投标单位法定代表人或授权代理人在场的情况下举行开标会议，按规定议程进行开标。

(13) 评标。成立评标委员会，在招标管理机构监督下，依据评标原则、评标方法，对投标单位报价、工期、质量、施工方案或施工组织设计、以往业绩、社会信誉、优惠条件等方面进行综合评价，公正、合理、择优选择中标单位。

(14) 定标。中标单位选定后，经招标管理机构核准后由招标单位向中标单位发出“中标通知书”。

(15) 签订施工合同。自中标通知书发出之日起三十日内，按照招标文件和中标人的投标文件订立书面施工合同。

5.1.5　建设工程招投标阶段造价控制的内容

1. 发包人选择合理的招标方式

招标方式有公开招标和邀请招标，选择合理的招标方式是合理确定工程合同价款的基础。招标人应在满足必须招标项目规模标准的基础上，充分考虑提高工作效率、降低招投标活动成本、激发投资主体活力等因素，选择合理的招标方式。

2．发包人选择合理的承包方式

常见的承包模式包括总分包模式、平行承包模式、联合承包模式和合作承包模式，不同的承包模式适用于不同类型的工程项目，对工程造价控制也发挥着不同的作用。

(1) 总分包模式的总包合同价可以较早确定，业主可以承担较小的风险。对总承包商而言，责任重，风险大，获得高额利润的可能性也随之提高。

(2) 平行承包模式的总合同价不宜短期确定，从而影响工程造价控制的实施。工程招标任务量大，需控制多项合同价格，从而增加了工程造价控制的难度。但对于大型复杂工程，如果分别招标，参与竞争的投标人相应增多，业主就能够获得具有竞争性的商业报价。

(3) 联合承包模式对于业主而言，合同结构简单，有利于工程造价的控制，对联合体而言，可以集中各成员单位在资金、技术和管理等方面的优势，增强了抗风险能力。

(4) 合作承包模式与联合承包模式相比，业主的风险较大，合作各方之间信任度不够，造价控制的难度也较大。

3．发包人编制招标文件，确定合理的工程计量方法和投标报价方法，编制标底和招标控制价

建设项目的发包数量、合同类型和招标方式一经批准确定以后，即应编制为招标服务的有关文件。工程计量方法和投标报价方法的不同，会产生不同的合同价格，因而在招标前，应选择有利于降低工程造价和便于合同管理的工程计量方法和投标报价方法。编制标底或招标控制价是建设项目招标前的一项重要工作，而且是较复杂和细致的工作。没有合理的标底和招标控制价可能会导致工程招标的失误，达不到降低建设投资、缩短建设工期、保证工程质量、择优选用工程承包队伍的目的。

4．承包人编制投标文件，合理确定投标报价

拟投标招标工程的承包商在通过资格审查后，根据获取的招标文件，编制投标文件并对其做出实质性响应。在核实工程量的基础上依据企业定额进行工程报价，然后在广泛了解潜在竞争者及工程和企业情况的基础上，运用投标技巧和正确的策略来确定最后报价。

5．发包人选择合理的评标方式进行评标，在正式确定中标单位之前，对潜在中标单位进行询标

评标过程中使用的方法很多，不同的计价方式对应不同的评标方法，选择正确的评标方法有助于科学选择承包人。在正式确定中标单位之前，一般都对得分最高的一两家潜在中标单位的投标函进行质询，意在对投标函中有意或无意的不明和笔误之处进一步明确或纠正。尤其是当投标人对施工图计量的遗漏、对定额套用的错项、对工料机市场价格不熟悉而引起的失误，以及对其他规避招标文件有关要求的投机取巧行为进行剖析，以确保发包人和潜在中标人等各方的利益都不受损害。

6．发包人通过评标定标，选择中标单位，签订承包合同

评标委员会依据评标规则，对投标人评分并排名，向业主推荐中标人，并以中标人的报价作为承包价。合同的形式应在招标文件中确定，并在投标函中做出响应。目前建筑工程合同格式一般采用以下三种形式：参考《FIDIC 合同条件》格式订立的合同；按照国家工

商部门和住房城乡建设部推荐的《建设工程合同(示范文本)》(GF-2017—0201)格式订立的合同；由建设单位和施工单位协商订立的合同。不同的合同格式适用于不同类型的工程，正确选用合适的合同类型是保证合同顺利执行的基础。

5.2 招标工程量清单与招标控制价的编制

5.2.1 招标工程量清单的编制

招标工程量清单是招标人依据国家标准、招标文件、设计文件以及施工现场实际情况编制的，随招标文件发布、供投标报价的工程量清单，包括说明和表格。编制招标工程量清单，应充分体现“实体净量”“量价分离”和“风险分担”的原则。招标阶段，由招标人或其委托的工程造价咨询人根据工程项目设计文件，编制出招标工程项目的工程量清单，并将其作为招标文件的组成部分。招标人对工程量清单的准确性和完整性负责。投标人应结合企业自身实际、参考市场有关价格信息完成清单项目工程的组合报价，并对其承担风险。

1. 招标工程量清单的编制依据

招标工程量清单的编制依据如下。

(1) 《建设工程工程量清单计价规范》(GB 50500—2013)以及各专业工程量计算规范等。

(2) 国家或省级、行业建设主管部门颁发的计价依据、标准和办法。

(3) 建设工程设计文件及相关资料。

(4) 与建设工程有关的标准、规范、技术资料。

(5) 拟定的招标文件。

(6) 施工现场情况、地勘水文资料、工程特点及常规施工方案。

(7) 其他相关资料。

2. 招标工程量清单的编制内容

1) 分部分项工程量清单的编制

分部分项工程项目清单所反映的是拟建工程分部分项工程项目名称和相应数量的明细清单，招标人负责包括项目编码、项目名称、项目特征、计量单位和工程量在内的五项内容。

(1) 项目编码。分部分项工程项目清单的项目编码，应根据拟建工程的工程项目清单项目名称设置，同一招标工程的项目编码不得有重码。

(2) 项目名称。分部分项工程项目清单的项目名称应按专业工程量计算规范附录的项目名称结合拟建工程的实际确定。

在分部分项工程项目清单中所列出的项目，应是在单位工程的施工过程中以其本身构成该单位工程实体的分项工程，但应注意以下几点。

①当在拟建工程的施工图纸中有体现，并且在专业工程量计算规范附录中也有相对应的项目时，则根据附录中的规定直接列项，计算工程量，确定其项目编码。

②当在拟建工程的施工图纸中有体现，但在专业工程量计算规范附录中没有相对应的项目，并且在附录项目的“项目特征”或“工程内容”中也没有提示时，则必须编制针对这些分项工程的补充项目，在清单中单独列项并在清单的编制说明中注明。

(3) 项目特征。工程量清单的项目特征是确定一个清单项目综合单价不可缺少的重要依据，在编制工程量清单时，必须对项目特征进行准确和全面的描述。当有些项目特征用文字往往又难以准确和全面的描述时，为达到规范、简洁、准确、全面描述项目特征的要求，应按以下原则进行。

① 项目特征描述的内容应按附录中的规定，结合拟建工程的实际，满足确定综合单价的需要。

② 若采用标准图集或施工图纸能够全部或部分满足项目特征描述的要求，项目特征描述可直接采用“详见××图集”或“××图号”的方式。对不能满足项目特征描述要求的部分，仍应用文字描述。

(4) 计量单位。分部分项工程项目清单的计量单位与有效位数应遵守清单计价规范规定。当附录中有两个或两个以上计量单位的，应结合拟建工程项目的实际选择其中一个确定。

(5) 工程量的计算。分部分项工程项目清单中所列工程量应按专业工程量计算规范规定的工程量计算规则计算。另外，对补充项的工程量计算规则必须符合下述原则：一是其计算规则要具有可计算性；二是计算结果要具有唯一性。

工程量的计算是一项繁杂而细致的工作，为了计算的快速准确并尽量避免漏算或重算，必须依据一定的计算原则及方法。

① 计算口径一致。根据施工图列出的工程量清单项目，必须与专业工程工程量计算规范中相应清单项目的口径相一致。

② 按工程量计算规则计算。工程量计算规则是综合确定各项消耗指标的基本依据，也是具体工程测算和分析资料的基准。

③ 按图纸计算。工程量按每一分项工程，根据设计图纸进行计算，计算时采用的原始数据必须以施工图纸所表示的尺寸或施工图纸能读出的尺寸为准进行计算，不得任意增减。

④ 按一定顺序计算。计算分部分项工程量时，可以按照清单分部分项编目顺序或按照施工图专业顺序依次进行计算。对于计算同一张图纸的分项工程量时，一般可采用以下几种顺序：按顺时针或逆时针顺序计算；按先横后纵顺序计算；按轴线编号顺序计算；按施工先后顺序计算。

2) 措施项目清单的编制

措施项目清单指为完成工程项目施工，发生于该工程施工准备和施工过程中的技术、生活、安全、环境保护等方面的项目清单，措施项目分单价措施项目和总价措施项目。

措施项目清单的编制需考虑多种因素，除工程本身的因素外，还涉及水文、气象、环境、安全等因素。措施项目清单应根据拟建工程的实际情况列项，若出现《建设工程工程量清单计价规范》(GB 50500—2013)中未列的项目，可根据工程实际情况补充。项目清单的设置要考虑拟建工程的施工组织设计，施工技术方案，相关的施工规范与施工验收规范，招标文件中提出的某些必须通过一定的技术措施才能实现的要求，设计文件中一些不足以

写进技术方案的但是要通过一定的技术措施才能实现的内容。

一些可以精确计算工程量的措施项目可采用与分部分项工程项目清单编制相同的方式，编制“分部分项工程和单价措施项目清单与计价表”，而有一些措施项目费用的发生与使用时间、施工方法或者两个以上的工序相关并大多与实际完成的实体工程量的大小关系不大，如安全文明施工、冬雨季施工、已完工程设备保护等，应编制“总价措施项目清单与计价表”。

3)　其他项目清单的编制

其他项目清单是应招标人的特殊要求而发生的与拟建工程有关的其他费用项目和相应数量的清单。工程建设标准的高低、工程的复杂程度、工程的工期长短、工程的组成内容、发包人对工程管理要求等都直接影响到其具体内容。当出现未包含在表格中的内容的项目时，可根据实际情况补充，其中一些项目如下所示。

(1)　暂列金额，是指招标人暂定并包括在合同中的一笔款项。 用于工程合同签订时尚未确定或者不可预见的所需材料、工程设备、服务的采购，施工中可能发生的工程变更、合同约定调整因素出现时的合同价款调整以及发生的索赔、现场签证确认等的费用。此项费用由招标人填写其项目名称、计量单位、暂定金额等，若不能详列，也可只列暂定金额总额。由于暂列金额由招标人支配，实际发生后才得以支付，因此，在确定暂列金额时应根据施工图纸的深度、暂估价设定的水平、合同价款约定调整的因素以及工程实际情况合理确定。一般可按分部分项工程项目清单的 10%～15%确定，不同专业预留的暂列金额应分别列项。

(2)　暂估价，是招标人在招标文件中提供的用于支付必然要发生但暂时不能确定价格的材料、工程设备的单价以及专业工程的金额。一般而言，为方便合同管理和计价，需要纳入分部分项工程量项目综合单价中的暂估价，应只是材料、工程设备暂估单价，以方便投标与组价。以“项”为计量单位给出的专业工程暂估价一般应是综合暂估价，即应当包括除规费、税金以外的管理费、利润等。

(3)　计日工，是为了解决现场发生的工程合同范围以外的零星工作或项目的计价而设立的。计日工为额外工作的计价提供一个方便快捷的途径。计日工对完成零星工作所消耗的人工工时、材料数量、机具台班进行计量，并按照计日工表中填报的适用项目的单价进行计价支付。编制计日工表格时，一定要给出暂定数量，并且需要根据经验，尽可能估算一个比较贴近实际的数量，且尽可能把项目列全，以消除因此而产生的争议。

(4)　总承包服务费，是为了解决招标人在法律法规允许的条件下，进行专业工程发包以及自行采购供应材料、设备时，要求总承包人对发包的专业工程提供协调和配合服务，对供应的材料、设备提供收、发和保管服务，以及对施工现场进行统一管理，对竣工资料进行统一汇总整理等发生并向承包人支付的费用。招标人应当按照投标人的投标报价支付该项费用。

4)　规费税金项目清单的编制

规费税金项目清单应按照规定的内容列项，当出现规范中没有的项目时，应根据省级政府或有关部门的规定列项。税金项目清单除规定的内容外，如国家税法发生变化或增加税种，应对税金项目清单进行补充。规费、税金的计算基础和费率均应按国家或地方相关部门的规定执行。

5) 工程量清单总说明的编制

工程量清单总说明包括以下内容。

(1) 工程概况。工程概况中要对建设规模、工程特征、计划工期、施工现场实际情况、自然地理条件、环境保护要求等做出描述。其中建设规模是指建筑面积；工程特征应说明基础及结构类型、建筑层数、高度、门窗类型及各部位装饰、装修做法；计划工期是根据工程实际需要而安排的施工天数；施工现场实际情况是指施工场地的地表状况；自然地理条件，是指建筑场地所处地理位置的气候及交通运输条件；环境保护要求，是针对施工噪声及材料运输可能对周围环境造成的影响和污染所提出的防护要求。

(2) 工程招标及分包范围。招标范围是指单位工程的招标范围，如建筑工程招标范围为“全部建筑工程”，装饰装修工程招标范围为“全部装饰装修工程”，或招标范围不含桩基础、幕墙、门窗等。工程分包是指特殊工程项目的分包，如招标人自行采购安装“铝合金门窗”等。

(3) 工程量清单编制依据，包括建设工程工程量清单计价规范、设计文件、招标文件、施工现场情况、工程特点及常规施工方案等。

(4) 工程质量、材料、施工等的特殊要求。工程质量的要求是指招标人要求拟建工程的质量应达到合格或优良标准。对材料的要求是指招标人根据工程的重要性、使用功能及装饰装修标准提出，诸如对水泥的品牌、钢材的生产厂家、花岗石的出产地、品牌等的要求。施工要求，一般是指建设项目中对单项工程的施工顺序等的要求。

(5) 其他需要说明的事项。

6) 招标工程量清单汇总

在分部分项工程项目清单、措施项目清单、其他项目清单、规费和税金项目清单编制完成以后，经审查复核，与工程量清单封面及总说明汇总并装订，由相关责任人签字和盖章，形成完整的招标工程量清单文件。

5.2.2 招标控制价的编制

招标控制价的编制

根据住房城乡建设部颁布的《建筑工程施工发包与承包计价管理办法》(住建部令第16号)的规定，国有资金投资的建筑工程招标的，应当设有最高投标限价；非国有资金投资的建筑工程招标的，可以设有最高投标限价或者招标标底。

最高投标限价是指根据国家或省级建设行政主管部门颁发的有关计价依据和计价办法、招标文件和招标工程量清单，结合工程具体情况，对招标工程项目限定的最高工程造价。此最高投标限价即招标控制价。

1. 招标控制价的编制依据

招标控制价的编制依据如下。

(1) 现行国家标准《建设工程工程量清单计价规范》(GB 50500—2013)与专业工程计量规范。

(2) 国家或省级、行业建设行政主管部门颁发的计价依据、标准和办法。

(3) 建设工程设计文件及相关资料。

(4) 拟定的招标文件及招标工程量清单。

(5) 与建设项目相关的标准、规范、技术资料。

(6) 施工现场情况、工程特点及常规施工方案。

(7) 工程造价管理机构发布的工程造价信息；若工程造价信息没有发布的，参照市场价。

(8) 其他的相关资料。

2. 招标控制价的计价程序

建设工程的招标控制价反映的是单位工程费用，各单位工程费用是由分部分项工程费、措施项目费、其他项目费、规费和税金组成，其计价程序如表 5-1 所示。

表 5-1　招标人最高投标限价计价(投标人投标报价计价)程序表

工程名称：　　　　　　　　　　标段：　　　　　　　　　　第　页　共　页

序号	汇总内容	计算方法	金额(元)
1	分部分项工程	按计价规定计算/(自主报价)	
1.1			
1.2			
2	措施项目	按计价规定计算/(自主报价)	
2.1	其中：安全文明施工费	按规定标准估算/(按规定标准计算)	
3	其他项目		
3.1	其中：暂列金额	按计价规定估算/(按招标文件提供金额计列)	
3.2	其中：专业工程暂估价	按计价规定估算/(按招标文件提供金额计列)	
3.3	其中：计日工	按计价规定估算/(自主报价)	
3.4	其中：总承包服务费	按计价规定估算/(自主报价)	
4	规费	按规定标准计算	
5	税金	(1+2+3+4)×增值税税率	
最高投标限价		合计=1+2+3+4+5	

注：1. 本表适用于单位工程招标控制价计算或投标报价计算，如无单位工程划分，单项工程也使用本表。

2. 表格栏目中斜线后带括号的内容用于投标报价，其余为招标投标通用栏目。

3. 招标控制价的内容

1)　分部分项工程费的编制

分部分项工程费的计算采用招标文件中的工程量清单中给定的工程量乘以其相应的综合单价汇总而成。综合单价应按以下内容确定。

(1) 按照招标人发布的分部分项工程项目清单的项目名称、工程量、项目特征描述，依据工程所在地区的工程计价依据和标准或工程造价指标进行组价确定。

首先，依据提供的工程量清单和施工图纸，确定清单计量单位所组价的子项目名称，并计算出相应的工程量；其次，依据工程造价政策规定或信息价确定其对应组价子项的人工、材料、施工机具台班单价；再次，在考虑风险因素确定管理费率和利润率的基础上，按规定程序计算出所组价子项的合价；最后，将若干项所组价的子项合价相加并考虑未计价材料费后除以工程量清单项目工程量，便得到工程量清单项目综合单价，即

$$清单组价子项合价=清单组价子项工程\times\begin{bmatrix}\sum(人工消耗量\times人工单价)+\\\sum(材料消耗量\times材料单价)+\\\sum(机具台班消耗量\times机具台班\\单价)+管理费+利润\end{bmatrix}\tag{5-1}$$

$$工程量清单综合单价=\frac{\sum定额项目合价+未计价材料费}{工程量清单项目工程量}\tag{5-2}$$

(2) 招标文件提供了暂估单价的材料，应按暂估单价计入综合单价。

(3) 综合单价中应包括招标文件中要求投标人所承担的风险内容及其范围(幅度)产生的风险费用。

① 对于技术难度较大和管理复杂的项目，可考虑一定的风险费用，并纳入综合单价中。

② 对于工程设备、材料价格的市场风险，应依据招标文件的规定，工程所在地或行业工程造价管理机构的有关规定，以及市场价格趋势考虑一定率值的风险费用，纳入综合单价中。

③ 税金、规费等法律、法规、规章和政策变化的风险和人工单价等风险费用不应纳入综合单价。

2) 措施项目费的编制

(1) 措施项目费中的安全文明施工费应当按照国家或省级、行业建设主管部门的规定标准计价，该部分不得作为竞争性费用。

(2) 措施项目应按招标文件中提供的措施项目清单确定，措施项目分为以“量”计算和以“项”计算两种。对于可计量的措施项目，以“量”计算即按其工程量用与分部分项工程项目清单单价相同的方式确定综合单价；对于不可计量的措施项目，则以“项”为单位，采用费率法按有关规定综合取定，采用费率法时需确定某项费用的计费基数及其费率，结果应是包括除规费、税金以外的全部费用，计算公式为

$$以“项”计算的措施项目清单费=措施项目计费基数\times费率\tag{5-3}$$

3) 其他项目费的编制

(1) 暂列金额。暂列金额由招标人根据工程特点、工期长短，按有关计价规定进行估算，一般以分部分项工程费的10%～15%为参考。

(2) 暂估价。暂估价包括材料暂估价和专业暂估价。材料暂估价应按照工程造价管理机构发布的工程造价信息中的材料单价计算，工程造价信息未发布的材料单价，其单价参考市场价格估算；暂估价中的专业工程暂估价应分不同专业，按有关计价规定估算。

(3) 计日工。计日工包括人工、材料和施工机械。在编制招标控制价时，对计日工中的人工单价和施工机械台班单价应按省级、行业建设主管部门或其授权的工程造价管理机构公布的单价计算；材料应按工程造价管理机构发布的工程造价信息中的材料单价计算，工程造价信息未发布单价的材料，其价格应按市场调查确定的单价计算。

(4) 总承包服务费。总承包服务费应按照省级或行业建设主管部门的规定计算，在计

算时可参考以下标准：

① 招标人仅要求总包人对分包的专业工程进行施工现场协调和统一管理、对竣工材料进行统一汇总整理等服务时，按分包的专业工程估算造价的 1.5%计算；

② 招标人要求对分包的专业工程进行总承包管理和协调，并同时要求提供配合服务时，根据招标文件中列出的配合服务内容和提出的要求，按分包的专业工程估算造价的 3%～5%计算；

③ 招标人自行供应材料、设备的，按招标人供应材料、设备价值的 1%计算。

4) 规费和增值税的编制

规费和税金必须按国家或省级、行业建设主管部门的规定计算，不得作为竞争性费用。增值税计算公式为

增值税=(分部分项工程费+措施项目费+其他项目费+规费)×增值税税率　　(5-4)

5.3 建设工程投标报价的编制

5.3.1 投标报价的程序

投标人应当具备承担招标项目的能力。国家有关规定对投标人资格条件或者招标文件对投标人资格条件有规定的，投标人应当具备规定的资格条件。

1. 投标报价的程序

1) 研究招标文件

投标人取得招标文件后，为保证工程量清单报价的合理性，应对投标人须知、合同条件、技术规范、图纸和工程量清单等重点内容进行分析，深刻而正确地理解招标文件的要求和招标人的意图。

2) 调查工程现场

招标人在招标文件中一般会明确是否组织工程现场踏勘以及组织进行工程现场踏勘的时间和地点。投标人对一般区域调查重点注意以下几个方面。

(1) 自然条件调查，主要包括对气象资料，水文资料，地震、洪水及其他自然灾害情况，地质情况等的调查。

(2) 施工条件调查，主要包括工程现场的用地范围、地形、地貌、地物、高程，地上或地下障碍物，现场的三通一平情况；工程现场周围的道路、进出场条件、有无特殊交通限制；工程现场施工临时设施、大型施工机具、材料堆放场地安排的可能性，是否需要二次搬运；工程现场邻近建筑物与招标工程的间距、结构形式、基础埋深、新旧程度、高度；市政给水及污水、雨水排放管线位置、高程、管径、压力及废水、污水处理方式，市政、消防供水管道管径、压力、位置等；当地供电方式、方位、距离、电压等;当地煤气供应能力，管线位置、高程等；工程现场通信线路的连接和铺设；当地政府有关部门对施工现场管理的一般要求、特殊要求及规定，是否允许节假日和夜间施工等。

(3) 其他条件调查，主要包括各种构件、半成品及商品混凝土的供应能力和价格，以及现场附近的生活设施、治安环境等情况的调查。

3) 询价

询价是投标报价中的一个重要环节。工程投标活动中，投标人不仅要考虑投标报价能否中标，还应考虑中标后所承担的风险。因此，在报价前必须通过各种渠道，采用各种方式对所需人工、材料、施工机具等要素进行系统的调查，掌握各要素的价格、质量、供应时间、供应数量等数据，这个过程称为询价。询价除需要了解生产要素价格外，还应了解影响价格的各种因素，这样才能够为报价提供可靠的依据。询价时要特别注意两个问题：一是产品质量必须可靠，并满足招标文件的有关规定；二是供货方式、时间、地点，有无附加条件和费用。

4) 复核工程量

工程量清单作为招标文件的组成部分，是由招标人提供的。工程量的大小是投标报价最直接的依据。复核工程量的准确程度，将影响承包人的经营行为：一是根据复核后的工程量与招标文件提供的工程量之间的差距，从而考虑相应的投标策略，决定报价裕度；二是根据工程量的大小采取合适的施工方法，选择适用、经济的施工机具设备、投入使用相应的劳动力数量等。

5) 投标报价的编制，详见5.3.2。

6) 编制投标文件并投标

(1) 投标文件的要求。投标人应当按照招标文件的要求编制投标文件。投标文件应当对招标文件提出的实质性要求和条件作出响应。对属于建设施工的招标项目，投标文件的内容应当包括拟派出的项目负责人与主要技术人员的简历、业绩和拟用于完成招标项目的机械设备等。

根据招标文件载明的项目实际情况，投标人如果准备在中标后将中标项目的部分非主体、非关键工程进行分包的，应当在投标文件中载明。在招标文件要求提交投标文件的截止时间前，投标人可以补充、修改或者撤回已提交的投标文件，并书面通知招标人。补充、修改的内容为投标文件的组成部分。

(2) 投标文件的送达。投标人应当在招标文件要求提交投标文件的截止时间前，将投标文件送达投标地点。招标人收到投标文件后，应当向投标人出具表明签收人和签收时间的凭证，在招标文件要求提交投标文件的截止时间后送达的投标文件，招标人应当拒收。

2．联合体投标

两个以上法人或者其他组织可以组成一个联合体，以一个投标人的身份共同投标。联合体各方均应具备承担招标项目的相应能力。国家有关规定或者招标文件对投标人资格条件有规定的，联合体各方均应当具备规定的相应资格条件。由同一专业的单位组成的联合体，按照资质等级较低的单位确定资质等级。

联合体各方应当签订共同投标协议，明确约定各方拟承担的工作和责任，并将共同投标协议连同投标文件一并提交给招标人。联合体签订共同投标协议后，不得再以自己名义单独投标。联合体中标的，联合体各方应当共同与招标人签订合同，就中标项目向招标人承担连带责任。

5.3.2 投标报价的编制原则和依据

投标报价是指在工程招标发包过程中，由投标人或受其委托具有相应资质的工程造价咨询人按照招标文件的要求以及有关计价规定，依据发包人提供的工程量清单、施工设计图纸，结合工程项目特点、施工现场情况及企业自身的施工技术、装备和管理水平等，自主确定的工程造价。

投标报价是投标人希望达成工程承包交易的期望价格，在不高于最高投标限价的前提下，既保证有合理的利润空间又使之具有一定的竞争性。作为投标报价计算的必要条件，应预先确定施工方案和施工进度，此外，投标报价计算还必须与采用的合同形式相协调。

1．投标报价的编制原则

(1) 投标报价由投标人自主确定，但必须执行《建设工程工程量清单计价规范》(GB 50500—2013)的强制性规定。投标报价应由投标人或受其委托的工程造价咨询人编制。

(2) 投标人的投标报价不得低于工程成本。

(3) 投标人必须按招标工程量清单填报价格。实行工程量清单招标，招标人在招标文件中提供工程量清单，其目的是使各投标人在投标报价中具有共同的竞争平台。因此，为避免出现差错，要求投标人必须按招标人提供的招标工程量清单填报投标价格，填写的项目编码、项目名称、项目特征、计量单位、工程量必须与招标工程量清单一致。

(4) 投标报价要以招标文件中设定的发承包双方责任划分，作为考虑投标报价费用项目和费用计算的基础，发承包双方的责任划分不同，会导致合同风险不同的分摊，从而导致投标人选择不同的报价；根据工程发承包模式考虑投标报价的费用内容和计算深度。

(5) 应以施工方案、技术措施等作为投标报价计算的基本条件；以反映企业技术和管理水平的企业定额作为计算人工、材料和机具台班消耗量的基本依据；充分利用现场考察、调研成果、市场价格信息和行情资料，编制基础标价。

(6) 报价计算方法要科学严谨，简明适用。

2．投标报价的编制依据

投标报价的编制依据有：

(1) 《建设工程工程量清单计价规范》(GB 50500—2013)与专业工程量计算规范。

(2) 国家或省级、行业建设主管部门颁发的计价依据、标准和办法。

(3) 招标文件、工程量清单及其补充通知、答疑纪要、异议澄清或修正。

(4) 投标人企业定额。

(5) 建设工程设计文件及相关资料。

(6) 施工现场情况、工程特点及投标时拟定的施工组织设计或施工方案。

(7) 与建设项目相关的标准、规范等技术资料。

(8) 市场价格信息或工程造价管理机构发布的工程造价信息。

(9) 其他的相关资料。

5.3.3　投标报价的编制方法和内容

投标报价的编制，应首先根据招标人提供的工程量清单编制分部分项工程和措施项目清单与计价表，其他项目清单与计价表，规费、税金项目计价表，编制完成后，汇总得到单位工程投标报价汇总表，再逐级汇总，分别得出单项工程投标报价汇总表和建设项目投标报价汇总表。建设项目工程量清单投标报价流程如图 5-2 所示。

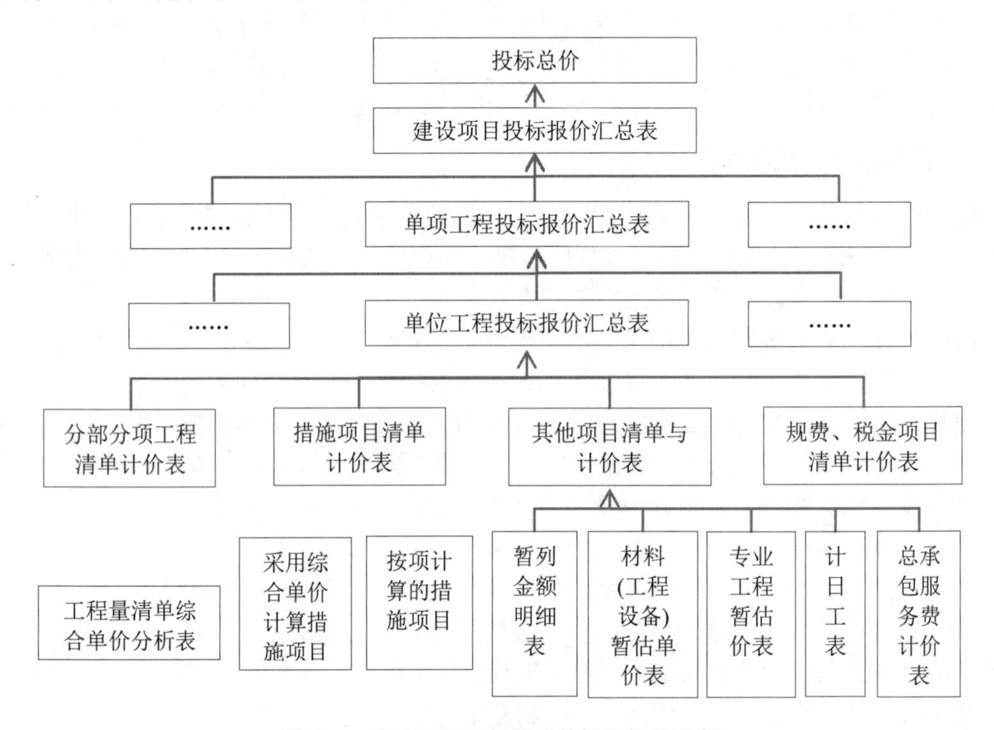

图 5-2　建设项目工程量清单投标报价流程

1．分部分项工程和单价措施项目清单与计价表的编制

承包人投标报价中的分部分项工程费和以单价计算的措施项目费应按招标文件中分部分项工程和单价措施项目清单与计价表的特征描述确定综合单价计算。因此确定综合单价是分部分项工程和单价措施项目清单与计价表编制过程中最主要的内容，其计算公式为

综合单价=人工费+材料费+施工机具使用费+企业管理费+利润+考虑风险费用　(5-5)

1)　确定综合单价时的注意事项

(1)　以项目特征描述为依据。项目特征是确定综合单价的重要依据之一，投标人投标报价时应依据招标文件中清单项目的特征描述确定综合单价。在招标投标过程中，当出现招标工程量清单特征描述与设计图纸不符时，投标人应以招标工程量清单的项目特征描述为准，确定投标报价的综合单价。当施工中施工图纸或设计变更与招标工程量清单项目特征描述不一致时，发承包双方应按实际施工的项目特征，依据合同约定重新确定综合单价。

(2)　材料、工程设备暂估价的处理。招标文件的其他项目清单中提供了暂估单价的材料和工程设备，其中的材料应按其暂估的单价计入清单项目的综合单价中。

(3) 考虑合理的风险。招标文件中要求投标人承担的风险费用，投标人应考虑进入综合单价。在施工过程中，当出现的风险内容及其范围(幅度)在招标文件规定的范围(幅度)内时，综合单价不得变动，合同价款不做调整。根据国际惯例并结合我国工程建设的特点，发承包双方对工程施工阶段的风险分摊原则如表 5-2 所示。

表 5-2　风险分摊原则

风险承担方	定价特点	方　法
双方合理分摊	市场定价	市场价格波动导致的价格风险，承包人承担 5%以内的材料、工程设备价格风险，10%以内的施工机具使用费风险
承包人不承担	政策、政府定价	法律、法规、规章或有关政策导致税金、规费、人工费发生变化，造价管理部门由此发布的政策性调整，以及由政府定价或政府指导价管理的原材料等价格进行了调整
承包人全部承担	自主报价	对于承包人根据自身技术水平、管理、经营状况能够自主控制的风险，如承包人的管理费、利润的风险

① 对于主要由市场价格波动导致的价格风险，如工程造价中的建筑材料、燃料等价格风险，发承包双方应当在招标文件中或在合同中对此类风险的范围和幅度予以明确约定，进行合理分摊。根据工程特点和工期要求一般采取的方式是承包人承担 5%以内的材料、工程设备价格风险，10%以内的施工机具使用费风险。

② 对于法律、法规、规章或有关政策出台导致工程税金、规费、人工费发生变化，并由省级、行业建设行政主管部门或其授权的工程造价管理机构根据上述变化发布的政策性调整，以及由政府定价或政府指导价管理的原材料等价格进行了调整，承包人不应承担此类风险，应按照有关调整规定执行。

③ 对于承包人根据自身技术水平、管理、经营状况能够自主控制的风险，如承包人的管理费、利润的风险，承包人应结合市场情况，根据企业自身的实际合理确定、利用企业定额自主报价，该部分风险由承包人全部承担。

2) 综合单价确定的步骤和方法

当分部分项工程内容比较简单，由单一计价子项计价，且《建设工程工程量清单计价规范》(GB 50500—2013)与所用企业定额中的工程量计算规则相同时，综合单价的确定只需用相应企业定额子目中的人材机费做基数计算管理费、利润，再考虑相应的风险费用即可；当工程量清单给出的分部分项工程与所用企业定额的单位不同或工程量计算规则不同，则需要按企业定额的计算规则重新计算工程量，并按照下列步骤来确定综合单价。

(1) 确定计算基础。计算基础主要包括消耗量指标和生产要素单价。应根据本企业的实际消耗量水平，并结合拟定的施工方案确定完成清单项目需要消耗的各种人工、材料、施工机具台班的数量。计算时应采用企业定额或参照与本企业实际水平相近的国家、地区、行业计价依据和计价标准，并通过调整来确定清单项目的人材机单位用量。各种人工、材料、施工机具台班的单价，则应根据询价的结果和市场行情综合确定。

(2) 分析每一清单项目的工程内容。在招标工程量清单中，招标人已对项目特征进行了准确、详细的描述，投标人根据这一描述， 再结合施工现场情况和拟定的施工方案确定

完成各清单项目实际应发生的工程内容。必要时可参照《建设工程工程量清单计价规范》(GB 50500—2013)中提供的工程内容，有些特殊的工程也可能出现规范列表之外的工程内容。

(3) 计算工程内容的工程数量与清单单位的含量。每一项工程内容都应根据企业定额的工程量计算规则计算其工程数量，当企业定额的工程量计算规则与清单的工程量计算规则相一致时，可直接以工程量清单中的工程量作为工程内容的工程数量。

当采用清单单位含量计算人工费、材料费、施工机具使用费时，还需要计算每一计量单位的清单项目所分摊的工程内容的工程数量，即清单单位含量，公式为

$$\text{清单单位含量} = \frac{\text{某工程内容的企业定额工程量}}{\text{清单工程量}} \tag{5-6}$$

(4) 分部分项工程人工、材料、施工机具使用费用的计算。以完成每一计量单位的清单项目所需的人工、材料、施工机具用量为基础计算，即

$$\begin{aligned}&\text{每一计量单位清单项目某种资源的使用量}\\&=\text{该种资源企业定额单位用量}\times\text{相应企业定额条目的清单单位含量}\end{aligned} \tag{5-7}$$

再根据预先确定的各种生产要素的单位价格可计算出每一计量单位清单项目的分部分项工程的人工费、材料费与施工机具使用费。

$$\text{人工费} = \text{完成单位清单项目所需的人工的工日量}\times\text{人工工日单价} \tag{5-8}$$

$$\begin{aligned}\text{材料费} = &\sum(\text{完成单位清单所需各种材料、半成品的}\\&+\text{数量}\times\text{各种材料、半成品单价})\text{工程设备费}\end{aligned} \tag{5-9}$$

$$\begin{aligned}\text{施工机具使用费} = &\sum(\text{完成单位清单项目所需各种机械的台班数量}\times\text{各种}\\&\text{机械的台班单价}) + \sum(\text{完成单位清单项目所需各种仪器}\\&\text{仪表的台班数量}\times\text{各种仪器仪表的台班单价})\end{aligned} \tag{5-10}$$

当招标人提供的其他项目清单中列示了材料暂估价时，应根据招标人提供的价格计算材料费，并在分部分项工程项目清单与计价表中表现出来。

(5) 计算综合单价。企业管理费和利润可按照规定的取费技术以及一定的费率取费计算，若以人工费与施工机具使用费之和为取费基数，则：

$$\text{企业管理费}=(\text{人工费}+\text{施工机具使用费})\times\text{企业管理费费率} \tag{5-11}$$

$$\text{利润}=(\text{人工费}+\text{施工机具使用费})\times\text{利润率} \tag{5-12}$$

将上述五项费用汇总，并考虑合理的风险费用后，即可得到清单综合单价。

3) 分部分项工程和单价措施项目清单与计价表的编制

根据得出的综合单价，可编制分部分项工程和单价措施项目清单计价表。

4) 工程量清单综合单价分析表的编制

为表明综合单价的合理性，投标人应对其进行单价分析，以作为评标时的判断依据。综合单价分析表的编制应反映上述综合单价的编制过程，并按照规定的格式进行。

2. 总价措施项目清单与计价表的编制

对于不能精确计量的措施项目，应编制总价措施项目清单与计价表。投标人对措施项目中的总价项目投标报价应遵循以下原则。

(1) 措施项目的内容应依据招标人提供的措施项目清单和投标人投标时拟定的施工组织设计或施工方案确定。

(2) 措施项目费由投标人自主确定，但其中安全文明施工费必须按照国家或省级、行业建设主管部门的规定计价，不得作为竞争性费用。招标人不得要求投标人对该项费用进行优惠，投标人也不得用该项费用参与市场竞争。

3．其他项目清单与计价表的编制

其他项目费主要由暂列金额、暂估价、计日工以及总承包服务费组成。

投标人对其他项目费投标报价时应遵循以下原则。

(1) 暂列金额应按照招标人提供的其他项目清单中列出的金额填写，不得变动。

(2) 暂估价不得变动和更改。暂估价中的材料、工程设备暂估价必须按照招标人提供的暂估单价计入清单项目的综合单价；专业工程暂估价必须按照招标人提供的其他项目清单中列出的金额填写。材料、工程设备暂估单价和专业工程暂估价均由招标人提供，为暂估价格，在工程实施过程中，对于不同类型的材料与专业工程采用不同的计价方法。

(3) 计日工应按照招标人提供的其他项目清单列出的项目和估算的数量，自主确定各项综合单价并计算费用。

(4) 总承包服务费应根据招标人在招标文件中列出的分包专业工程内容和供应材料、设备情况，按照招标人提出的协调、配合与服务要求和施工现场管理需要自主确定。

4．规费和税金项目计价表的编制

规费和税金应按国家或省级、行业建设主管部门的规定计算，不得作为竞争性费用。

5．投标报价的汇总

投标人的投标总价应当与组成工程量清单的分部分项工程费、措施项目费、其他项目费和规费、税金的合计金额相一致，即投标人在进行工程量清单招标的投标报价时，不能进行投标总价优惠(或降价、让利)，投标人对投标报价的任何优惠(或降价、让利)均应反映在相应清单项目的综合单价中。

5.3.4　投标报价的策略

投标报价的策略

投标报价策略是指投标单位在投标竞争中的系统工作部署及参与投标竞争的方式和手段。对投标单位而言，投标报价策略是投标取胜的重要方式、手段和艺术。投标报价策略可分为基本策略和报价技巧两个层面。

1．基本策略

投标报价的基本策略主要是指投标单位应根据招标项目的不同特点，考虑自身的优势和劣势，选择不同的报价。

1)　可选择报高价的情形

投标单位遇下列情形时，其报价可高一些：施工条件差的工程(如条件艰苦、场地狭小或地处交通要道等)；专业要求高的技术密集型工程且投标单位在这方面有专长，声望也较高；总价低的小工程，以及投标单位不愿做而被邀请投标，又不便不投标的工程；特殊工程，如港口码头、地下开挖工程等；投标对手少的工程；工期要求紧的工程；支付条件不

理想的工程。

2) 可选择报低价的情形

投标单位遇下列情形时，其报价可低一些：施工条件好的工程，工作简单、工程量大而其他投标人都可以做的工程(如大量土方工程、一般房屋建筑工程等)；投标单位急于打入某一市场、某一地区，或虽已在某一地区经营多年，但即将面临没有工程的情况，机械设备无工地转移时；附近有工程而本项目可利用该工程的机械设备、劳务或有条件短期内突击完成的工程；投标对手多，竞争激烈的工程；非急需工程；支付条件好的工程。

2. 报价技巧

报价技巧是指投标中具体采用的对策和方法，常用的报价技巧有以下几种。

1) 不平衡报价法

不平衡报价法是指在不影响工程总报价的前提下，通过调整内部各个项目的报价，以达到既不提高总报价、不影响中标，又能在结算时得到更理想收益的报价方法。不平衡报价法适用于以下几种情况。

(1) 能够早日结算的项目(如前期措施费、基础工程、土石方工程等)可以适当提高报价。后期工程项目(如设备安装、装饰工程等)的报价可适当降低。

(2) 预计今后工程量会增加的项目，适当提高单价；而对于将来工程量有可能减少的项目，适当降低单价。

(3) 设计图纸不明确、估计修改后工程量要增加的，可以提高单价；而工程内容说明不清楚的，则可降低单价，待澄清后可要求提价。

(4) 对暂定项目要做具体分析。

2) 多方案报价法

多方案报价法是指在投标文件中报两个价：一个是按招标文件的条件报一个价；另一个是加注解的报价，即如果某条款做某些改动，报价可降低多少。这样，可降低总报价，以此吸引招标人。

3) 无利润报价法

对于缺乏竞争优势的承包单位，在不得已时可采用根本不考虑利润的报价方法，以获得中标机会。无利润报价法通常在下列情形时采用。

(1) 有可能在中标后，将大部分工程分包给索价较低的一些分包商。

(2) 对于分期建设的工程项目，先以低价获得首期工程，而后赢得机会创造第二期工程中的竞争优势，并在以后的工程实施中获得盈利。

(3) 较长时期内，投标单位没有在建工程项目，如果再不中标，就难以维持生存。因此，虽然本工程无利可图，但只要能有一定的管理费维持公司的日常运转，就可设法渡过暂时困难，以图将来东山再起。

4) 突然降价法

突然降价法是指先按一般情况报价或表现出自己对该工程兴趣不大，等到快投标截止时再突然降价。采用突然降价法，可以迷惑对手，提高中标概率。但对投标单位的分析，判断和决策能力要求很高，要求投标单位能全面掌握和分析信息做出正确判断。

5) 增加建议方案

招标文件中有时规定，可提一个建议方案，即可以修改原设计方案，提出投标单位的

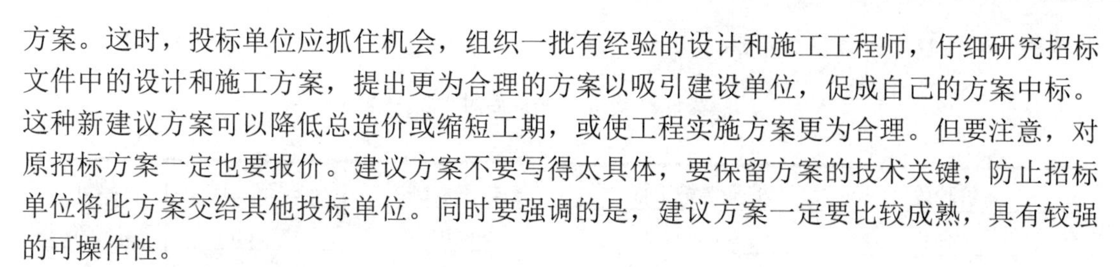

方案。这时，投标单位应抓住机会，组织一批有经验的设计和施工工程师，仔细研究招标文件中的设计和施工方案，提出更为合理的方案以吸引建设单位，促成自己的方案中标。这种新建议方案可以降低总造价或缩短工期，或使工程实施方案更为合理。但要注意，对原招标方案一定也要报价。建议方案不要写得太具体，要保留方案的技术关键，防止招标单位将此方案交给其他投标单位。同时要强调的是，建议方案一定要比较成熟，具有较强的可操作性。

6)　其他报价技巧

(1)　计日工单价的报价。如果是单纯报计日工单价，且不计入总报价中，则可报高些，以便在建设单位额外用工或使用施工机械时多盈利。但如果计日工单价要计入总报价时，则需具体分析是否报高价，以免抬高总报价。总之，要分析建设单位在开工后可能使用的计日工数量，再来确定报价策略。

(2)　暂定金额的报价。暂定金额的报价有以下三种情形。

①招标单位规定了暂定金额的分项内容和暂定总价款，并规定所有投标单位都必须在总报价中加入这笔固定金额，但由于分项工程量不很准确，允许将来按投标单位所报单价和实际完成的工程量付款。这种情况下，由于暂定总价款是固定的，对各投标单位的总报价水平竞争力没有任何影响，因此，投标时应适当提高暂定金额的单价。

②招标单位列出了暂定金额的项目和数量，但并没有限制这些工程量的估算总价，要求投标单位既列出单价，也应按暂定项目的数量计算总价，当将来结算付款时可按实际完成的工程量和所报单价支付。这种情况下，投标单位必须慎重考虑。如果单价定得高，与其他工程量计价一样，将会增大总报价，影响投标报价的竞争力；如果单价定得低，将来这类工程量增大，会影响收益。一般来说，这类工程量可以采用正常价格。如果投标单位估计今后实际工程量肯定会增大，则可适当提高单价，以在将来增加额外收益。

③只有暂定金额的一笔固定总金额，将来这笔金额做什么用，由招标单位确定。这种情况对投标竞争没有实际意义，按招标文件要求将规定的暂定金额列入总报价即可。

(3)　采用分包商的报价。总承包商通常应在投标前先取得分包商的报价，并增加总承包商摊入的管理费，将其作为自己投标总价的一个组成部分一并列入报价单中。应当注意，分包商在投标前可能同意接受总承包商压低其报价的要求，但等总承包商中标后，他们常以种种理由要求提高分包价格，这将使总承包商处于十分被动的地位。为此，总承包商应在投标前找几家分包商分别报价，然后选择其中一家信誉较好、实力较强和报价合理的分包商签订协议，同意该分包商作为分包工程的唯一合作者，并将此分包商的姓名列到投标文件中，但要求该分包商相应地提交投标保函。如果该分包商认为总承包商确实有可能中标，也许愿意接受这一条件。这种将分包商的利益与投标单位捆在一起的做法，不但可以防止分包商事后反悔和涨价，还可能迫使分包商报出较合理的价格，以便共同争取中标。

(4)　许诺优惠条件。投标报价中附带优惠条件是一种行之有效的手段。招标单位在评标时，除了主要考虑报价和技术方案外，还要分析其他条件，如工期、支付条件等。因此，在投标时主动提出提前竣工、低息贷款、赠给施工设备、免费转让新技术或某种技术专利、免费技术协作、代为培训人员等，均是吸引招标单位、利于中标的辅助手段。

【例 5.1】 某承包商参与某高层商用办公楼土建工程的投标(安装工程由业主另行招标)。为了既不影响中标，又能在中标后取得较好的收益，决定采用不平衡报价法对原估价做适

当调整，具体数字如表 5-2 所示。

表 5-2　报价调整前后对比表

单位：万元

报价阶段	桩基维护工程	主体结构工程	装饰工程	总价
调整前(投标估价)	1480	6600	7200	15280
调整后(正式估价)	1600	7200	6480	15280

现假设桩基围护工程、主体结构工程、装饰工程的工期分别为 4 个月、12 个月、8 个月，贷款月利率为 1%，并假设各分部工程每月完成的工作量相同且能按月度及时收到工程款(不考虑工程款结算所需要的时间)。已知现值系数如表 5-3 所示。

表 5-3　现值系数表

n	4	8	12	16
$(P/A，1\%，n)$	3.9020	7.6517	11.2551	14.7179
$(P/F，1\%，n)$	0.9610	0.9235	0.8874	0.8528

问题：

(1)　该承包商所运用的不平衡报价法是否恰当？为什么？

(2)　采用不平衡报价法后，该承包商所得工程款的现值比原估价增加多少(以开工日期为折现点)?

解：(1)　该承包商运用不平衡报价法恰当。因为承包商是将属于前期工程的桩基维护工程和主体结构工程的单价调高，而将属于后期工程的装饰工程的单价调低，可以在施工的早期阶段收到较多的工程款，从而可以提高所得工程款的现值，而且这三类工程单价的调整幅度均在±10%以内，在合理范围内。

(2)　**解**：①　计算单价调整前的现值。

桩基维护工程每月工程款 A_1=1480/4=370(万元)

主体结构工程每月工程款 A_2=6600/12=550(万元)

装饰工程每月工程款 A_3=7200/8=900(万元)

调整前的工程款现值为：$PV_0=A_1(P/A, 1\%, 4)+A_2(P/A, 1\%, 12)(P/F, 1\%, 4)+A_3(P/A, 1\%, 8)(P/F, 1\%, 16)=13265.45$(万元)

②　计算单价调整后的现值。

桩基维护工程每月工程款 A_1'=1600/4=400(万元)

主体结构工程每月工程款 A_2'=7200/12=600(万元)

装饰工程每月工程款 A_3'=6480/8=810(万元)

调整前的工程款现值为：$PV=A_1'(P/A, 1\%, 4)+A_2'(P/A, 1\%, 12)(P/F, 1\%, 4)+A_3'(P/A, 1\%, 8)(P/F, 1\%, 16)=13336.04$(万元)

③　计算两者的差额。

$PV-PV_0=13336.04-13265.45=70.59$ (万元)

因此，采用不平衡报价法后，该承包商所得工程款的现值比原估价增加 70.59 万元。

5.4　建设工程合同价款的确定

5.4.1　开标

开标应当在招标人的主持下，在招标文件确定的提交投标文件截止时间的同一时间、招标文件中预先确定的地点公开进行。应邀请所有投标人参加开标。

开标时，由投标人或者其推选的代表检查投标文件的密封情况，也可以由招标人委托的公证机构检查并公证。

经确认无误后，由工作人员当众拆封，宣读投标人名称、投标价格和投标文件的其他主要内容。开标过程应当记录，并存档备查。

5.4.2　评标

评标活动应遵循公平、公正、科学、择优的原则，招标人应当采取必要的措施，保证评标在严格保密的情况下进行。评标委员会成员名单一般应于开标前确定，而且该名单在中标结果确定前应当保密。评标委员会在评标过程中是独立的，任何单位和个人都不得非法干预、影响评标过程和结果。

1. 评标委员会的组成

依法必须进行招标的项目，其评标委员会由招标人的代表和有关技术、经济等方面的专家组成，成员人数为 5 人以上单数。其中，技术、经济等方面的专家不得少于成员总数的 2/3。评标委员会的专家成员应当从国务院有关部门或者省、自治区、直辖市人民政府有关部门提供的专家名册或者招标代理机构的专家库内的相关专业的专家名单中确定。一般招标项目可以采取随机抽取方式，特殊招标项目可以由招标人直接确定。

与投标人有利害关系的人不得进入相关项目的评标委员会，已经进入的，应当进行更换。评标委员会成员的名单在中标结果确定前应当保密。

2. 初步评审及标准

我国目前评标中主要采用的方法包括经评审的最低投标价法和综合评估法，两种评标方法在初步评审阶段，其内容和标准上是一致的。

1)　初步评审标准

(1)　形式评审标准。包括投标人名称与营业执照、资质证书、安全生产许可证一致；投标函上有法定代表人或其委托代理人签字并加盖单位章；投标文件格式符合要求；联合体投标人(如有)已提交联合体协议书，并明确联合体牵头人；报价唯一，即只能有一个有效报价等。

(2)　资格评审标准。如果是未进行资格预审的，应具备有效的营业执照，具备有效的安全生产许可证，并且资质等级、财务状况、类似项目业绩、信誉、项目经理、其他要求、联合体投标人等，均符合规定。如果是已进行资格预审的，仍按资格审查办法中详细审查

标准来进行。

(3) 响应性评审标准。主要的评审内容包括投标报价校核，审查全部报价数据计算的正确性，分析报价构成的合理性，并与最高投标限价进行对比分析，还有工期、工程质量、投标有效期、投标保证金、权利义务、已标价工程量清单、技术标准和要求、分包计划等，均应符合招标文件的有关要求。即投标文件应实质上响应招标文件的所有条款、条件，无显著的差异或保留。所谓显著的差异或保留包括以下情况：对工程的范围、质量及使用性能产生实质性影响；偏离了招标文件的要求，而对合同中规定的招标人的权利或者投标人的义务造成实质性的限制；纠正这种差异或者保留将会对提交了实质性响应要求的投标书的其他投标人的竞争地位产生不公平影响。

(4) 施工组织设计和项目管理机构评审标准，主要包括施工方案与技术措施、质量管理体系与措施、安全管理体系与措施、环境保护管理体系与措施、工程进度计划与措施、资源配备计划、技术负责人、其他主要人员、施工设备、试验、检测仪器设备等，符合有关标准。

2) 投标文件的澄清和说明

评标委员会可以书面方式要求投标人对投标文件中含意不明确的内容做必要的澄清、说明或补正，但是澄清、说明或补正不得超出投标文件的范围或者改变投标文件的实质性内容。对投标文件的相关内容做出澄清、说明或补正，其目的是有利于评标委员会对投标文件的审查、评审和比较。澄清、说明或补正包括投标文件中含义不明确、对同类问题表述不一致或者有明显文字和计算错误的内容。但评标委员会不得向投标人提出带有暗示性或诱导性的问题，或向其明确投标文件中的遗漏和错误。同时，评标委员会不接受投标人主动提出的澄清、说明或补正。

投标文件不响应招标文件的实质性要求和条件的，招标人应当否决，并不允许投标人通过修正或撤销其不符合要求的差异或保留，使之成为具有响应性的投标。评标委员会对投标人提交的澄清、说明或补正有疑问的，可以要求投标人进一步澄清、说明或补正，直至满足评标委员会的要求。

3) 报价有算术错误的修正

投标报价有算术错误的，评标委员会按以下原则对投标报价进行修正，修正的价格经投标人书面确认后具有约束力。投标人不接受修正价格的，其投标被否决。

(1) 投标文件中的大写金额与小写金额不一致的，以大写金额为准。

(2) 总价金额与依据单价计算出的结果不一致的，以单价金额为准修正总价，但单价金额小数点有明显错误的除外。

此外，如对不同文字文本投标文件的解释发生异议的，以中文文本为准。

4) 经初步评审后否决投标的情况。

评标委员会应当审查每一投标文件是否对招标文件提出的所有实质性要求和条件做出响应。未能在实质上响应的投标，评标委员会应当否决其投标。具体情形包括：

(1) 投标文件未经投标单位盖章和单位负责人签字。

(2) 投标联合体没有提交共同投标协议。

(3) 投标人不符合国家或者招标文件规定的资格条件。

(4) 同一投标人提交两个以上不同的投标文件或者投标报价，但招标文件允许提交备选投标的除外。

(5) 投标报价低于成本或者高于招标文件设定的最高投标限价，对报价是否低于工程成本的异议，评标委员会可以参照国务院有关主管部门和省、自治区、直辖市有关主管部门发布的有关规定进行评审。

(6) 投标文件没有对招标文件的实质性要求和条件做出响应。

(7) 投标人有串通投标、弄虚作假、行贿等违法行为。

3. 详细评审标准

经初步评审合格的投标文件，评标委员会应当根据招标文件确定的评标标准和方法，对其技术部分和商务部分做进一步评审、比较。详细评审的方法包括经评审的最低投标价法和综合评估法两种。

1) 经评审的最低投标价法

经评审的最低投标价法是指评标委员会对满足招标文件实质要求的投标文件，根据详细评审标准规定的量化因素及标准进行价格折算，按照经评审的投标价由低到高的顺序推荐中标候选人，或根据招标人授权直接确定中标人，但投标报价低于其成本的除外。经评审的投标价相等时，投标报价低的优先；投标报价也相等的，优先条件由招标人事先在招标文件中确定。

(1) 经评审的最低投标价法的适用范围。按照《评标委员会和评标方法暂行规定》的规定，经评审的最低投标价法一般适用于具有通用技术、性能标准或者招标人对其技术、性能没有特殊要求的招标项目。

(2) 详细评审标准及规定。采用经评审的最低投标价法的，评标委员会应当根据招标文件中规定的量化因素和标准进行价格折算，对所有投标人的投标报价以及投标文件的商务部分做必要的价格调整。根据《标准施工招标文件》的规定，主要的量化因素包括单价遗漏和付款条件等，招标人可以根据项目具体特点和实际需要，进一步删减、补充或细化量化因素和标准。另外如世界银行贷款项目采用此种评标方法时，通常考虑的量化因素和标准包括：一定条件下的优惠；工期提前的效益对报价的修正；同时投多个标段的评标修正等。所有的这些修正因素都应当在招标文件中有明确的规定。对同时投多个标段的评标修正，一般的做法是，如果投标人的某一个标段已被确定为中标，则在其他标段的评标中按照招标文件规定的百分比(通常为 4%)乘以报价额后，在评标价中扣减此值。

根据经评审的最低投标价法完成详细评审后，评标委员会应当拟定一份“价格比较一览表”，连同书面评标报告提交招标人。“价格比较一览表” 应当载明投标人的投标报价、对商务偏差的价格调整和说明以及已评审的最终投标价。

【例 5.2】某公路项目招标采用经评审的最低投标价法评标，招标文件规定合同工期 12 个月，比合同工期提前 1 个月，评标价优惠 13 万元。现有投标人甲报价 1000 万元，工期 9 个月；投标人乙报价 970 万元，工期 12 个月。请确定谁能中标呢?

解：投标人甲报价 1000 万元，工期 9 个月，则投标人甲的评标价为 $1000-3\times13=961$(万元)，小于乙评标价 970 万元，故应确定甲中标。

【例 5.3】某高速公路项目招标采用经评审的最低投标价法评标，招标文件规定对同时投多个标段的评标修正率为 4%。现有投标人甲同时投标 1#、2#标段，其报价依次为 7000 万元、6000 万元，若甲在 1#标段已被确定为中标，则其在 2#标段的评标价应为多少万元?

解： 投标人甲在1#标段中标后，其在2#标段的评标可享受4%的评标优惠，具体做法应是将其2#标段的投标报价乘以4%，在评标价中扣减该值。

因此，投标人甲2#标段的评标价=6000×(1−4%)=5760(万元)。

2) 综合评估法

不宜采用经评审的最低投标价法的招标项目，一般应当采取综合评估法进行评审。综合评估法是指评标委员会对满足招标文件实质性要求的投标文件，按照规定的评分标准进行打分，并按得分由高到低顺序推荐中标候选人，或根据招标人授权直接确定中标人，但投标报价低于其成本的除外。综合评分相等时，以投标报价低的优先；投标报价也相等的，优先条件由招标人事先在招标文件中确定。

(1) 详细评审中的分值构成与评分标准。综合评估法下评标分值构成分为四个方面，即施工组织设计、项目管理机构、投标报价、其他评分因素，总计分值为100分。各方面所占比例和具体分值由招标人自行确定，并在招标文件中明确载明。

(2) 投标报价偏差率的计算。在评标过程中，可以对各个投标文件按下式计算投标报价偏差率：

$$偏差率=(投标人报价-评标基准价)/评标基准价\times100\% \quad (5\text{-}13)$$

评标基准价的计算方法应在投标人须知前附表中予以明确。招标人可依据招标项目的特点、行业管理规定给出评标基准价的计算方法，确定时也可适当考虑投标人的投标报价。

(3) 详细评审过程。评标委员会按分值构成与评分标准规定的量化因素和分值进行打分，并计算出各标书综合评估得分。

① 按规定的评审因素和标准对施工组织设计计算出得分A。

② 按规定的评审因素和标准对项目管理机构计算出得分B。

③ 按规定的评审因素和标准对投标报价计算出得分C。

④ 按规定的评审因素和标准对其他部分计算出得分D。

评分分值计算保留小数点后两位，小数点后第三位“四舍五入”。投标人得分计算公式是：投标人得分=A+B+C+D。由评委对各投标人的标书进行评分后加以比较，最后以总得分最高的投标人为中标候选人。

根据综合评估法完成评标后，评标委员会应当拟定一份“综合评估比较表”，连同书面评标报告提交招标人。“综合评估比较表”应当载明投标人的投标报价、所做的任何修正、对商务偏差的调整、对技术偏差的调整、对各评审因素的评估以及对每一投标的最终评审结果。

【例 5.4】 某招标工程采用综合评估法评标，报价越低的报价得分越高。评分因素、权重及各投标人得分情况如表5-4所示，请推荐的第一中标候选人。

表5-4 评分因素、权重及各投标人得分情况表

评分因素	权重(%)	投标人得分		
		甲	乙	丙
施工组织设计	30	90	100	80
项目管理机构	20	80	90	100
投标报价	50	100	90	80

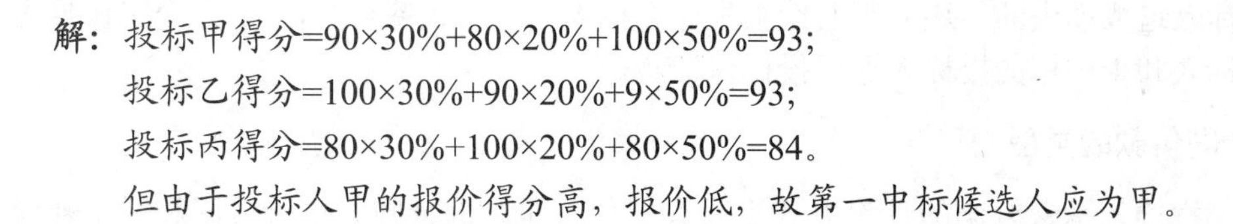

解：投标甲得分=90×30%+80×20%+100×50%=93；

投标乙得分=100×30%+90×20%+9×50%=93；

投标丙得分=80×30%+100×20%+80×50%=84。

但由于投标人甲的报价得分高，报价低，故第一中标候选人应为甲。

5.4.3　中标

1. 确定中标人

除招标文件中特别规定了授权评标委员会直接确定中标人外，招标人应依据评标委员会推荐的中标候选人确定中标人，评标委员会提交中标候选人的人数应符合招标文件的要求，应当不超过 3 人，并标明排列顺序。中标人的投标应当符合下列条件之一。

(1)　能够最大限度满足招标文件中规定的各项综合评价标准。

(2)　能够满足招标文件的实质性要求，并且经评审的投标价格最低，但是投标价格低于成本的除外。

对国有资金占控股或者主导地位的项目，招标人应当确定排名第一的中标候选人为中标人。排名第一的中标候选人放弃中标，因不可抗力提出不能履行合同，或者招标文件规定应当提交履约保证金而在规定的期限内未能提交，或者被查实存在影响中标结果的违法行为等情形，不符合中标条件的，招标人可以按照评标委员会提出的中标候选人名单排序依次确定其他中标候选人为中标人。依次确定其他中标候选人与招标人预期差距较大，或者对招标人明显不利的，招标人可以重新招标。

招标人可以授权评标委员会直接确定中标人。

招标人不得向中标人提出压低报价、增加工作量、缩短工期或其他违背中标人意愿的要求，即不得以此作为发出中标通知书和签订合同的条件。

2. 中标通知

中标人确定后，招标人应当向中标人发出中标通知书，并同时将中标结果通知所有未中标的投标人。中标通知书对招标人和中标人具有法律效力，中标通知书发出后，招标人改变中标结果或者中标人放弃中标项目的，应当依法承担法律责任。

招标文件要求中标人提交履约保证金的，中标人应当提交。依法必须进行招标的项目，招标人应当自确定中标人之日起 15 日内，向有关行政监督部门提交招标投标情况的书面报告。

5.4.4　合同价款的约定

合同价款的约定

1. 合同签订的时间及规定

招标人和中标人应当自中标通知书发出之日起 30 日内，按照招标文件和中标人的投标文件订立书面合同。中标人无正当理由拒签合同的，招标人取消其中标资格，其投标保证金不予退还；给招标人造成的损失超过投标保证金数额的，中标人还应当对超过部分予以补偿。发出中标通知书后，招标人无正当理由拒签合同的，招标人向中标人退还投标保证

金；给中标人造成损失的，还应当赔偿损失。招标人与中标人签订合同后 5 个工作日内，应当向中标人和未中标的投标人退还投标保证金。

2. 合同价款的类型

建设工程施工承包合同的计价方式主要有三种，即总价合同、单价合同和成本补偿合同，如图 5-3 所示。

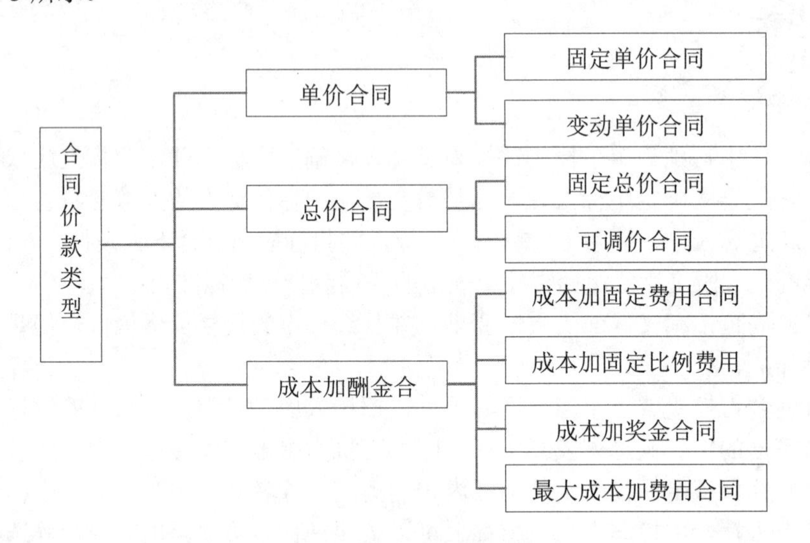

图 5-3 合同价款的类型

1) 单价合同

单价合同是根据计划工程内容和估算工程量，在合同中明确每项工程内容的单位价格，实际支付时则根据每一个子项的实际完成工程量乘以该子项的合同单价计算该项工作的应付工程款，其特点是单价优先，当施工发包的工程内容和工程量一时尚不能十分明确、具体地予以规定时，则可以采用单价合同形式。例如 FIDIC 土木工程施工合同中，业主给出的工程量清单表中的数字是参考数字，而实际工程款则按实际完成的工程量和合同中确定的单价计算。

由于单价合同允许随工程量变化而调整工程总价，业主和承包商都不存在工程量方面的风险，因此对合同双方都比较公平。另外，在招标前，发包单位无须对工程范围作出完整的、详尽的规定，从而可以缩短招标准备时间，投标人也只需对所列工程内容报出自己的单价，从而缩短投标时间。

采用单价合同对业主的不足之处是，业主需要安排专门力量来核实已经完成的工程量，需要在施工过程中花费不少精力，协调工作量大。另外，用于计算应付工程款的实际工程量可能超过预测的工程量，即实际投资容易超过计划投资，对投资控制不利。

单价合同又分为固定单价合同和变动单价合同。

固定单价合同条件下，无论发生哪些影响价格的因素都不对单价进行调整，因而对承包商而言就存在一定的风险。固定单价合同适用于工期较短、工程量变化幅度不会太大的项目。

当采用变动单价合同时，合同双方可以约定一个估计的工程量，当实际工程量发生较大变化时可以对单价进行调整，同时还应该约定如何对单价进行调整；当然也可以约定，当通货膨胀达到一定水平或者国家政策发生变化时，可以对哪些工程内容的单价进行调整以及如何调整等。因此，承包商的风险就相对较小。

在工程实践中，采用单价合同有时也会根据估算的工程量计算一个初步的合同总价，作为投标报价和签订合同之用。但是，当上述初步的合同总价与各项单价乘以实际完成的工程量之和发生矛盾时，则肯定以后者为准，即单价优先。实际工程款的支付也将以实际完成工程量乘以合同单价进行计算。

2)　总价合同

总价合同也称作总价包干合同，是指根据合同规定的工程施工内容和有关条件，业主应付给承包商的款额是一个规定的金额，即明确的总价。根据施工招标时的要求和条件，当施工内容和有关条件不发生变化时，业主付给承包商的价款总额就不发生变化。

显然，采用总价合同时，对承发包工程的内容及其各种条件都应基本清楚、明确，否则，承发包双方都有蒙受损失的风险。因此，一般是在施工图设计完成，施工任务和范围比较明确，业主的目标、要求和条件都清楚的情况下才采用总价合同。

总价合同的特点如下。

(1)　发包单位可以在报价竞争状态下确定项目的总造价，可以较早确定或者预测工程成本。

(2)　业主的风险较小，承包人将承担较多的风险。

(3)　评标时易于迅速确定最低报价的投标人。

(4)　在施工进度上能极大地调动承包人的积极性。

(5)　发包单位能更容易、更有把握地对项目进行控制。

(6)　必须完整而明确地规定承包人的工作。

(7)　必须将设计和施工方面的变化控制在最小限度内。

总价合同又分固定总价合同和可调总价合同两种。

(1)　固定总价合同。固定总价合同的价格计算是以图纸及规定、规范为基础，工程任务和内容明确，业主的要求和条件清楚，合同总价一次包死，不再因为环境的变化和工程量的增减而变化。

采用固定总价合同，双方结算比较简单，但是由于承包商承担了较大的风险，因此承包商在报价时应对一切费用的价格变动因素以及不可预见因素都做充分的估计，不可避免地要增加一笔较高的不可预见风险费。承包商的风险主要有两个方面：一是价格风险；二是工作量风险。价格风险有报价计算错误、漏报项目、物价和人工费上涨等；工作量风险有工程量计算错误、工程范围不确定、工程变更或者由于设计深度不够所造成的误差等。

固定总价合同适用于以下情况。

①　工程量小、工期短，估计在施工过程中环境因素变化小，工程条件稳定并合理。

②　工程设计详细，图纸完整、清楚，工程任务和范围明确。

③　工程结构和技术简单，风险小。

④　投标期相对宽裕，承包商可以有充足的时间详细考察现场、复核工程量、分析招标文件、拟订施工计划。

(2)　可调总价合同。可调总价合同又称为变动总价合同，合同价格是以图纸及规定、

规范为基础，按照时价进行计算，得到包括全部工程任务和内容的暂定合同价格。它是一种相对固定的价格，在合同执行过程中，由于通货膨胀等原因使工、料成本增加时，可以按照合同约定对合同总价进行相应的调整。当然，一般由于设计变更、工程量变化和其他工程条件变化所引起的费用变化也可以进行调整。因此，通货膨胀等不可预见因素的风险由业主承担，对承包商而言，其风险相对较小，但对业主而言，不利于其进行投资控制，突破投资的风险较大。

在工程施工承包招标时，施工期限一年左右的项目一般实行固定总价合同，通常不考虑价格调整问题，以签订合同时的单价和总价为准，物价上涨的风险全部由承包商承担。但是对建设周期一年半以上的工程项目，则应考虑下列因素引起的价格变化问题：

① 劳务工资以及材料费用的上涨。

② 其他影响工程造价的因素，如运输费、燃料费、电力等价格的变化。

③ 外汇汇率的不稳定。

④ 国家或者省、市立法的改变引起的工程费用的上涨。

3) 成本加酬金合同

成本加酬金合同也称为成本补偿合同，这是与固定总价合同正好相反的合同，工程施工的最终合同价格将按照工程的实际成本再加上一定的酬金进行计算。在合同签订时，工程实际成本往往不能确定，只能确定酬金的取值比例或者计算原则。

采用这种合同，承包商不承担任何价格变化或工程量变化的风险，这些风险主要由业主承担，对业主的投资控制很不利。而承包商则往往缺乏控制成本的积极性，常常不仅不愿意控制成本，甚至还会期望提高成本以提高自己的经济效益，因此这种合同容易被那些不道德或不称职的承包商滥用，从而损害工程的整体效益。所以，应该尽量避免采用这种合同。

成本加酬金合同通常用于如下情况。

(1) 工程特别复杂，工程技术、结构方案不能预先确定，或者尽管可以确定工程技术和结构方案，但是不可能进行竞争性的招标活动并以总价合同或单价合同的形式确定承包商，如研究开发性质的工程项目。

(2) 时间特别紧迫，如抢险、救灾工程，来不及进行详细的计划和商谈。

成本加酬金合同有许多种形式，主要如下。

(1) 成本加固定费用合同。根据双方讨论同意的工程规模、估计工期、技术要求、工作性质及复杂性、所涉及的风险等来考虑确定一笔固定数目的报酬金额作为管理费及利润，对人工、材料、机械台班等直接成本则实报实销。如果设计变更或增加新项目，当直接费超过原估算成本的一定比例(如 10%)时，固定的报酬也要增加。在工程总成本一开始估计不准，可能变化不大的情况下，可采用此合同形式，有时可分几个阶段谈判付给固定报酬。这种方式虽然不能鼓励承包商降低成本，但为了尽快得到酬金，承包商会尽力缩短工期。有时也可在固定费用之外根据工程质量、工期和节约成本等因素，给承包商另加奖金，以鼓励承包商积极工作。

(2) 成本加固定比例费用合同。工程成本中直接费加一定比例的报酬费，报酬部分的比例在签订合同时由双方确定。这种方式的报酬费用总额随成本加大而增加，不利于缩短工期和降低成本。一般在工程初期很难描述工作范围和性质，或工期紧迫，无法按常规编制招标文件招标时采用。

(3) 成本加奖金合同。奖金是根据报价书中的成本估算指标制定的，在合同中对这个估算指标规定一个底点和顶点，分别为工程成本估算的 60%～75%和 110%～135%。承包商在估算指标的顶点以下完成工程则可得到奖金，超过顶点则要对超出部分支付罚款。如果成本在底点之下，则可加大酬金值或酬金百分比。采用这种方式时，当实际成本超过顶点对承包商罚款时，最大罚款限额不超过原先商定的最高酬金值。

在招标时，当图纸、规范等准备不充分，不能据以确定合同价格，而仅能制定一个估算指标时可采用这种形式。

(4) 最大成本加费用合同。在工程成本总价合同基础上加固定酬金费用的方式，即当设计深度达到可以报总价的深度，投标人报一个工程成本总价和一个固定的酬金(包括各项管理费、风险费和利润)。如果实际成本超过合同中规定的工程成本总价，由承包商承担所有的额外费用，若实施过程中节约了成本，节约的部分归业主，或者由业主与承包商分享，在合同中要确定节约分成比例。

5.5 案 例 分 析

某依法必须公开招标的国有资产建设投资项目，采用工程量清单计价方式进行施工招标，业主委托具有相应资质的某咨询企业编制了招标文件和最高投标限价。

招标文件部分规定内容如下。

(1) 投标有效期自投标人递交投标文件时开始计算。

(2) 评标方法采用经评审的最低投标价法，招标人将在开标后公布可接受的项目最低投报价或最低投标报价测算方法。

(3) 投标人应当对招标人提供的工程量清单进行复核。

(4) 招标工程量清单中给出的“计日工表(局部)”，如表 5-5 所示。

表 5-5 计日工表

编号	项目名称	单位	暂定数量	实际数量	综合单价/元	合价/元	
						暂定	实际
一	人工						
1	建筑与装饰工程普工	工日	1		120		
2	混凝土工、抹灰工、建筑工	工日	1		160		
3	木工、模板工	工日	1		180		
4	钢筋工、架子工	工日	1		170		
人工小计							
二	材料						
……	……	……	……				

在编制最高投标限价时，由于某分项工程使用了一种新型材料，定额及造价信息均无该材料消耗和价格的信息。编制人员按照理论计算法计算了材料净用量，并以此净用量乘以向材料生产厂家询价确认的材料出厂价格，得到该分项工程综合单价中新型材料的材料费。

在投标和评标过程中，发生了下列事件。

事件 1：投标人 A 发现分部分项工程量清单中某分项工程特征描述和图纸不符。

事件 2：投标人 B 的投标文件中，有一工程量较大的分部分项工程清单项目未填写单价与合价。

【问题】

1. 分别指出招标文件中(1)～(4)的规定或内容是否妥当？并说明理由。

2. 编制最高投标限价时，编制人员确定综合单价中新型材料费的方法是否正确？并说明理由。

3. 针对事件 1，投标人应如何处理？

4. 针对事件 2，评标委员会是否可否决投标人 B 的投标，并说明理由。

【解】

问题 1.

(1) “投标有效期自投标递交投标文件时开始计算”不妥。理由：投标有效期从提交投标文件的截止之日起算。

(2) “招标人将在开标后公布可接受的项目最低投标报价或最低投标报价测算方法"不妥。理由：招标人设有最高投标限价的，应当在招标文件中明确最高投标限价或者最高投标限价的计算方法，招标人不得规定最低投标限价。

(3) “投标人应当对招标人提供的工程量清单进行复核”妥当。工程量清单作为招标文件的组成部分，是由招标人提供的。工程量的大小是投标报价最直接的依据，投标人在编制投标报价之前，需要先对清单工程量进行复核。

(4) “计日工表格中综合单价由招标人填写”不妥。理由：本题是招标工程量清单，计日工表的项目名称、暂定数量由招标人填写，单价在投标时由投标人自主报价。

问题 2. 编制人员采用理论计算法确定材料的净用量是正确的，但用净用量乘以询价不正确，应该用材料消耗量乘以材料单价确定材料费，材料消耗量=材料净用量+材料损耗量，所以还应该确定材料损耗量；材料单价除了材料出厂价格还应考虑确定其运杂费、运输损耗及采购保管费。

问题 3. 针对事件 1，在招标投标过程中，当出现招标工程量清单特征描述与设计图纸不符时，①投标人 A 可以以招标工程量清单的项目特征描述为准，确定投标报价的综合单价；②投标人 A 也可以向招标人书面质疑，要求招标人澄清解答。

问题 4. 针对事件 2，评标委员会不可直接确定投标人 B 为无效标。理由：未填写单价和合价的项目，可视为此项费用已包含在已标价工程量清单中其他项目的单价和合价之中。评标委员会可以书面方式要求投标人对投标文件中含意不明确的内容作必要的澄清、说明或补正，但是澄清、说明或补正不得超出投标文件的范围或者改变投标文件的实质性内容。

本 章 小 结

本章首先介绍了建设工程招标、建设工程投标的概念，建设工程招标的范围、主要类型和形式；然后讲解了工程量清单编制和招标控制价的编制依据、原则和方法；最后阐述了投标的程序、投标报价的编制方法以及投标报价的策略和技巧。

习题

习题参考答案

第 6 章　建设项目施工阶段工程造价控制

【学习目标】

1. 素质目标

- 弘扬传统文化，增强文化自信和爱国情怀，热爱建筑行业。
- 培养学生团队协作精神，严谨和实事求是的工作作风。
- 通过合理合法渠道解决争议，教育学生遵纪守法，培养学生树立正确的荣辱观。
- 诚实守信、客观公正、坚持准则，具有规范意识和良好的职业道德。

2. 知识目标

- 掌握工程变更的处理程序与变更价款的确定。
- 掌握工程索赔处理的原则和程序、工程索赔的依据、索赔报告的编制及工程索赔的计算。
- 掌握预付款支付和抵扣方式、价款的动态调整方法、工程价款的支付和结算方法。
- 掌握资金使用计划的编制方法。
- 掌握投资偏差和进度偏差的计算和分析方法。

3. 能力目标

- 能根据变更情况处理变更价款的结算。
- 能根据索赔事件和索赔依据，及时的编制索赔报告。
- 能进行预付款、进度款、质保金的计算和支付及返还。
- 能分析偏差产生的原因并采取有效纠偏措施。

6.1　施工阶段工程造价控制概述

施工阶段是实现建设工程价值的主要阶段，也是资金投入量最集中、最多的阶段。在施工阶段，由于施工组织设计、工程变更、索赔、工程计量方式的差别以及工程实施中各种不可预见因素的存在，使得施工阶段的造价控制难度加大，因此施工阶段工程造价控制显得尤为重要。

6.1.1　施工阶段工作的特点

(1) 施工阶段工作量最大。在建设项目周期内，施工期的工作量最大，监理内容最多，工作量最繁重。在工程建设期间，70%～80%的工作量均是在施工阶段完成。

(2) 施工阶段投入资金最多。从资金投放量来说，施工阶段是资金投放量最多的阶段，该阶段中所需的各种材料、机具、设备、人员全部要进入现场，投入到工程建设的实质性工作中。

(3) 施工阶段涉及的单位数量多。在施工阶段，不但有项目业主、施工单位、材料供应单位、设备厂家、设计单位等直接参加建设的单位，而且涉及政府质量监督管理部门、工程毗邻单位等工程建设项目组织外的有关单位。因此在施工过程中，要做好与各方的组织协调关系。

(4) 施工阶段持续时间长、动态性强。施工阶段合同数量多，存在频繁和大量的支付关系。由于对合同条款理解上的差异，以及合同中不可避免的存在着含糊不清和矛盾的内容，再加上外部环境变化引起的分歧等，合同纠纷会经常出现，各种索赔事件不断发生，使得该阶段表现为时间长、动态性较强。

(5) 施工阶段存在着众多影响目标实现的因素。在施工阶段往往会遇到众多干扰因素，影响目标的实现，其中以人员、材料、设备、机械与机具、设计方案、工作方法和工作环境等方面的因素较为突出。面对众多因素干扰，要做好风险管理，减少风险的发生。

(6) 施工阶段需要严格地进行系统过程控制。施工阶段是将建设项目实现从无到有，由小到大，逐步形成工程实体的。在此过程中前道工序质量对后续工程质量有直接影响，所以需要严格进行系统的过程控制。

(7) 施工阶段工程信息内容广泛、时间性强、数量大。在施工阶段，工程状态时刻在变化，各种工程信息和外部环境信息的数量大、类型多、周期短、内容杂。因此，在施工过程中伴随着控制而进行的计划调整和完善，尽量以执行计划为主，不要更改计划，造成索赔。

6.1.2　施工阶段工程造价控制的措施

在施工阶段，建设单位应通过编制资金使用计划、及时进行工程计量与结算、预防并处理好工程变更与索赔等，有效控制工程造价。施工阶段控制工程造价的工作包括组织、技术、经济、合同等几个方面。

1. 组织措施

(1) 编制本阶段工程造价的工作计划和详细的工作流程图。

(2) 在项目管理班子中落实从工程造价控制角度进行施工跟踪的人员分工、任务分工和职能分工等。

2. 经济措施

(1) 编制资金使用计划，确定、分解工程造价控制目标。

(2) 对工程项目造价控制目标进行风险分析，并确定防范性对策。

(3) 严格进行工程计量。

(4) 复核工程付款账单，签发付款证书。

(5) 在施工过程中进行工程造价跟踪控制，定期进行造价实际支出值与计划目标值的比较，发现偏差并分析产生偏差的原因，采取纠偏措施。

(6) 协商确定工程变更价款，审核竣工结算。

(7) 对工程施工过程中的造价支出做好分析与预测，经常或定期向业主提交项目造价控制及其存在的问题。

3．技术措施

(1) 对设计变更进行技术经济分析，严格控制设计变更。

(2) 继续寻找通过设计挖掘节约造价的可能性。

(3) 审核承包人编制的施工组织设计，对主要施工方案进行技术经济分析。

4．合同措施

(1) 做好工程施工记录，保存各种文件和图纸，特别是注意有实际变更情况的图纸等，为正确处理可能发生的索赔提供依据。

(2) 参与并按一定程序及时处理索赔事宜。

(3) 参与合同修改、补充工作，着重考虑其对造价控制的影响。

6.2 工程变更及合同价款调整

由于工程建设的周期长、涉及的经济关系和法律关系复杂、受自然条件和客观因素的影响大，导致项目的实际情况与项目招标投标时的情况相比会发生一些变化。因此，工程的实际施工情况与招标投标时的工程情况相比往往会有一些变化，工程变更包括工程量变更、工程项目的变更(如发包人提出增加或者删减原项目内容)、进度计划的变更、施工条件的变更等，变更的产生都可能会引起合同价款的变化。

6.2.1 工程变更

工程变更是指合同工程实施过程中，发包人或承包人提出并经发包人批准的合同工程的任何改变，包括工作内容、工程数量、质量要求、施工顺序与时间、施工条件、施工工艺或其他特征及合同条件等的改变。合同当事人一方因对方未履行或不能正确履行合同所规定的义务而遭受损失时，可向对方提出索赔。工程变更与索赔是影响工程价款结算的重要因素，因此，也是施工阶段造价管理的重要内容。变更指令发出后，应迅速落实指令，全面修改相关的各种文件。承包人也应当抓紧落实，如果承包人不能全面落实，扩大的损失应当由承包人承担。

1．工程变更的范围

不同的合同文本规定的工程变更的范围稍有不同，如表 6-1 所示。

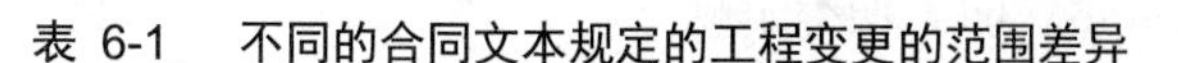

表 6-1　不同的合同文本规定的工程变更的范围差异

施工合同示范文本	标准施工招标文件
(1) 增加或减少合同中任何工作，或追加额外的工作；	(1) 取消合同中任何一项工作，但被取消的工作不能转由发包人或其他人实施；
(2) 取消合同中任何工作，但转由他人实施的工作除外；	(2) 改变合同中任何一项工作的质量或其他特性；
(3) 改变合同中任何工作的质量标准或其他特性；	(3) 改变合同工程的基线、标高、位置或尺寸；
(4) 改变工程的基线、标高、位置和尺寸；	(4) 改变合同中任何一项工作的施工时间或改变已批准的施工工艺或顺序；
(5) 改变工程的时间安排或实施顺序	(5) 为完成工程需要追加的额外工作

2．工程变更的分类

如果按照变更的起因划分，变更的种类有很多，例如：发包人的变更指令(包括发包人对工程有了新的要求等)；由于设计错误，必须对设计图纸做修改；工程环境变化；由于产生了新的技术和知识而必须改变原设计、实施方案或实施计划；法律法规或者政府对建设项目有了新的要求等。当然，这样的分类并不是十分严格的，变更原因也不是相互排斥的。因为我国建筑制度要求严格按图施工，如果变更影响了原来的设计，则首先应当变更原设计，因此这些变更最终往往表现为设计变更。考虑到设计变更在工程变更中的重要性，往往将工程变更分为设计变更和其他变更两大类。

(1)　设计变更。在施工过程中如果发生设计变更，将对施工进度产生很大的影响。因此，应尽量减少设计变更，如果必须对设计进行变更，必须严格按照国家的规定和合同约定的程序进行。由于发包人对原设计进行变更，并经工程师同意的，发包人进行的设计变更导致合同价款的增加，而造成承包人的损失由发包人承担，延误的工期相应顺延。

(2)　其他变更。合同履行中发包人要求变更工程质量标准及发生其他实质性的变更，由双方协商解决。

3．工程变更的处理程序

1)　设计变更的处理程序

从合同的角度看，不论因为什么原因导致的设计变更，必须首先由一方提出，因此可以分为发包人原因对原设计进行的变更和承包人原因对原设计进行的变更两种情况。

(1)　发包人原因对原设计进行变更。施工中发包人原因如果需要对原工程设计进行变更，应不迟于变更前 14 天以书面形式向承包人发出变更通知。承包人对于发包人的变更通知没有拒绝的权利，这是合同赋予发包人的一项权利。变更超过原设计标准建设规模时，须经原规划管理部门和其他有关部门审查批准，并由原设计单位提供变更的相应图纸和说明。

(2)　承包人原因对原设计进行变更。承包人应严格按照图纸施工，不得随意变更设计。施工中承包人提出的合理化建议涉及对设计图纸或者施工组织设计的更改及对原材料、设备的更换须经工程师同意。工程师同意变更后，并由原设计单位提供变更的相应图纸和说明，变更超过原设计标准或者批准的建设规模时，还须经原规划管理部门和其他有关部门审查批准。承包人未经工程师同意擅自更改或换用时，由承包人承担由此发生的费用并赔

偿发包人的有关损失，延误的工期不予顺延。

2) 其他变更的处理程序

从合同角度看，除设计变更外，其他能够导致合同内容变更的都属于其他变更，如双方对工程质量要求的变化(涉及强制性标准变化的)，双方对工期要求的变化、施工条件和环境的变化导致施工机械和材料的变化等。这些变更的程序是首先应当由一方提出，与对方协商一致签署补充协议后方可进行变更，其处理程序与设计变更的处理程序相同。应注意发生变更的对象和处理时间的要求。

6.2.2 工程变更后合同价款的确定

工程变更后合同价款的确定

1. 工程变更价款的确定程序

设计变更发生后，承包人在工程设计变更确定后 14 天内提出变更工程价款的报告，经工程师确认后调整合同价款；工程设计变更确认后 14 天内，如承包人未提出适当的变更价格，则发包人可根据所掌握的资料决定是否调整合同价款和调整的具体金额。重大工程变更涉及工程价款变更报告和确认的时限由发承包双方协商，自变更工程价款报告送达之日起 14 天内，对方未确定也未提出协商意见时，视该变更工程价款报告已被确认。

2. 工程变更价款的调整方法

1) 分部分项工程费的调整

根据已标价的工程量清单项目与变更项目之间的关系确定，如表 6-2 所示。

表 6-2 已标价的工程量清单项目与变更项目之间的关系表

类型	具体条件
有适用的项目	变更导致清单项目工程量变化＜15%，采用“已标价清单项目”的单价
没有适用、但有类似	在合理范围内参照类似项目，确定单价或总价
没适用，没类似	根据：变更工程资料、计量规则和计价办法、工程造价管理机构发布的信息(参考)价格和承包人报价浮动率 承包人提出单价或总价 发包人确认后调整
没适用，没类似，且造价信息缺价的	承包人提出单价或总价 根据：变更工程资料、计量规则、计价办法和通过市场调查等取得的有合法依据的市场价格 发包人确认后调整

(1) 已标价工程量清单中有适用于变更工程项目的，且工程变更导致的该清单项目的工程数量变化不足 15%时，采用该项目的单价。直接采用适用的项目单价的前提是其采用的材料、施工工艺和方法相同，也不因此增加关键线路上工程的施工时间。

(2) 已标价工程量清单中没有适用、但有类似于变更工程项目的，可在合理范围内参照类似项目的单价或总价调整。采用类似的项目单价的前提是其采用的材料、施工工艺和方法基本相似，不增加关键线路上工程的施工时间，可仅就其变更后的差异部分，参考类似的项目单价由发承包双方协商新的项目单价。

(3) 已标价工程量清单中没有适用也没有类似于变更工程项目的，由承包人根据变更工程资料、计量规则和计价办法、工程造价管理机构发布的信息价格和承包人报价浮动率，提出变更工程项目的单价或总价，报发包人确认后调整。承包人报价浮动率公式如下。

① 实行招标的工程的报价浮动率为

$$\text{报价浮动率}L = 1 - \frac{\text{中标价}}{\text{招标控制价}} \times 100\% \tag{6-1}$$

② 不实行招标的工程的报价浮动率为

$$\text{报价浮动率}L = 1 - \frac{\text{报价值}}{\text{施工图预算}} \times 100\% \tag{6-2}$$

(4) 已标价工程量清单中没有适用也没有类似于变更工程项目，且工程造价管理机构发布的信息价格缺价的，由承包人根据变更工程资料、计量规则、计价办法和通过市场调查等的有合法依据的市场价格提出变更工程项目的单价或总价，报发包人确认后调整。

2) 措施项目费的调整

工程变更引起措施项目变化，承包人应事先将拟实施的方案提交发包人确认，并详细说明与原方案措施项目相比的变化情况。拟实施的方案经发承包双方确认后执行并按以下规定调整措施项目费。

① 安全文明施工费，按实际调整，不得浮动。

② 采用单价计算的措施项目费，按分部分项工程费的调整方法确定单价。

③ 按总价(或系数)计算的措施项目费，除安全文明施工费外，按照实际调整金额乘以承包人报价浮动率计算。

若承包人未事先将拟实施的方案提交给发包人确认，则视为工程变更不引起措施项目费的调整或承包人放弃调整措施项目费的权利。

3) 删减工程或工作的补偿

工程师发布删减工作的变更指令后承包商不再实施部分工作，合同价格中包括的直接费部分没有受到损害，但摊销在该部分的间接费、利润和税金等不能合理回收。此时承包商可以就其损失向工程师发出通知并提供具体的证明资料，工程师与合同双方协商后确定一笔补偿金额加入合同价内。因此，承包人有权提出并得到合理的费用及利润补偿。

6.2.3 常见的其他变更类事项的合同价格调整

1．项目特征不符引起的合同价款调整

1) 项目特征描述

项目的特征描述是确定综合单价的重要依据之一，招标工程量清单中项目特征描述的准确性、全面性由发包人负责，承包人按照发包人提供的项目特征描述的内容及有关要求进行报价。因此，已标价工程量清单中综合单价的高低，与项目特征有必然联系。发包人在招标工程量清单中对项目特征的描述，应被认为是准确和全面的，并且与实际施工要求相符合。

2) 项目特征描述不符引起的合同价款调整方法

在工程实施期间，承包人按照设计图纸、施工合同施工，若出现招标工程量清单中的特征描述与实施的图纸中的描述不一致，或是因设计变量引起特征描述不一致时，应按实际施工结算工程价款，价款调整方法同工程变更价款调整方法，主体事项项目特征不一致时综合单价调整如表 6-3 所示。

表 6-3 主体事项项目特征不一致时综合单价调整表

主体事项	项目特征	综合单价
设计图纸	不一致	确定投标报价中的综合单价
招标工程量清单		
施工图纸或设计变更	不一致	双方按实际施工的项目特征，重新确定综合单价，调整合同价款

2. 工程量清单缺项引起的合同价款调整

1) 工程量清单缺项的原因

工程量清单缺项的原因主要有以下几点。

(1) 工程量清单编制错误。

(2) 施工条件改变。

(3) 设计变更。

2) 工程量清单缺项引起的价款调整

(1) 新增分部分项工程项目的调整方法。在施工期间，由于招标工程量清单出项缺项、漏项，造成新增分部分项工程清单项目的，应按照工程变更项目相关调整原则调整合同价款。

(2) 新增措施项目费的调整。新增措施项目可能是由新增分部分项工程项目清单引起，也可能是由招标工程量清单中措施项目缺失引起。由于招标工程量清单中分部分项工程缺项、漏项引起措施项目发生变化的，应按照工程变更事件中关于措施项目费调整方法调整合同价款。由于招标工程量清单中措施项目缺项，承包人应将新增措施项目实施方案提交发包人批准后，按照工程变更事件中的有关规定调整合同价款。

3. 工程量偏差引起的合同价款调整

工程量偏差引起的合同价款调整

1) 工程量偏差的概念

工程量偏差指承包人按照发包人提供的图纸(含经发包人批准由承包人提供的图纸)进行施工，按照现行国家计量规范规定的工程量计算规则，计算得到的完成合同工程项目应予计量的工程量与相应的招标工程量清单项目列出的工程量之间出现的量差。

$$\text{工程量偏差}=\text{应予计量的工程量}-\text{招标工程量清单} \tag{6-3}$$

2) 工程量偏差引起的合同价款的调整方法

如果合同中没有约定或约定不明的，处理原则如下。

(1) 分部分项工程费的调整。

① 当 $Q1>1.15Q_0$ 时，

$$S=1.15Q_0\times P_0+(Q_1-1.15Q_0)\times P_1 \tag{6-4}$$

② 当 $Q1<0.85Q_0$ 时，

$$S=Q_1\times P_1 \tag{6-5}$$

式中：S——调整后的某一分部分项费结算价；

Q_1——最终完成的工程量；

Q_0——招标工程量清单中列出的工程量；

P_1——按照最终完成工程量重新调整后的综合单价；

P_0——承包人在工程量清单中填报的综合单价。

③ 新的综合单价 P_1。确定的方法有两种：一是发承包双方协商确定；二是与招标控制价相联系，当工程量偏差出现已标价工程量清单中填报的综合单价与发包人招标控制价相应清单项目的综合单价偏差超过 15% 时，工程量偏差项目综合单价的调整可以参考以下公式。

a．当 $P_0>P_2\times(1+15\%)$时，该类项目的综合单价为

$$P_1=P_2\times(1+15\%) \tag{6-6}$$

即投标报价较高，应予以调减，按照该公式计算。

b．当 $P_0>P_2\times(1-L)\times(1-15\%)$或 $P_0<P_2\times(1+15\%)$时，综合单价可以不调整。即投标报价不是特别高，也不是特别低，综合单价可以不调整。

c．当 $P_0<P_2\times(1-L)\times(1-15\%)$时，该类项目的综合单价为

$$P_1=P_2\times(1-L)\times(1-15\%) \tag{6-7}$$

式中：P_0——承包人在工程量清单中填报的综合单价；

P_1——按照最终完成工程量重新调整后的综合单价；

P_2——发包人在招标控制价相应项目的综合单价；

L——承包人报价浮动率。

即投标报价该项目报价太低，应予以调增，按照该公式计算。

【例 6.1】某工程项目招标工程量清单数量为 1420m^3，施工中由于设计变更调增为 1854m^3，该项目招标控制价综合单价为 360 元，投标报价为 415 元，应如何调整？

解： 1854/1420≈131%，工程量增加超过 15%，需对单价做调整。

$P_2\times(1+15\%)=360\times(1+15\%)=414$ 元 < 415 元

该项目变更后的综合单价应调整为 414 元。

S=1420×(1+15%)×415+(1854－1420×1.15)×414

=677695+221×414=769189(元)

(2) 措施项目费的调整。

当应予计算的实际工程量与招标工程量清单出现偏差(包括因工程变更等原因导致的工程量偏差)超过 15%，且该变化引起措施项目相应发生变化，如该措施项目是按系数或单一总价方式计价的，对措施项目费的调整方法是：工程量增加的措施项目费调增，工程量减少的措施项目费调减。

【例 6.2】某分项工程招标工程量清单数量为 3100m^2，施工中由于设计变更调减为 2100m^2，该项目招标控制价综合单价为 550 元/m^2，投标报价为 410 元/m^2。合同约定实际工程量与招标工程量偏差超过±15%时，综合单价以招标控制价为基础调整。若承包人报价浮动率为 10%，该分项工程费结算价为多少？

解：2100/3100≈68%，工程量减少超过 15%，需对单价进行调整。$P_2\times(1-L)\times(1-15\%)=550\times(1-10\%)\times(1-15\%)=420.75$(元/m²) > 410(元/m²)，该项目变更后的综合单价应调整为 420.75 元/m²，结算价=420.75×2100=88.35(万元)

4．计日工引起的合同价款调整

计日工引起的合同价款调整

1) 计日工费用的产生

采用计日工计价的任何一项变更工作，承包人应在该项变更的实施过程中，按合同约定提交以下报表和有关凭证送发包人复核。

(1) 工作名称、内容和数量。

(2) 投入该工作的所有人员的姓名、工种、级别和耗用工时。

(3) 投入该工作的材料名称、类别和数量。

(4) 投入该工作的施工设备型号、台数和耗用台时。

(5) 发包人要求提交的其他资料和凭证。

计日工事件实施结束，承包人应在结束后 24 小时内向发包人提交有计日工记录汇总的现场签证报告(一式三份)。

2) 计日工调整的方法

发包人通知承包人以计日工方式实施的零星工作，承包人应予执行。结算时，工程数量按照现场签证报告核实的数量计算，单价按承包人已标价工程量清单中的计日工单价计算，若已标价工程量中没有该类计日工单价的，由发承包双方按照“工程变更”价款调整的规定商定计日工单价计算。费用列入进度款支付。

6.2.4 FIDIC 合同条件下的工程变更及其价款的确定

根据 FIDIC 合同条件的约定，在颁布工程接收证书以前的任何时间，工程师可通过发布指令或要求承包商提交建议书的方式提出变更。

1) 工程变更的范围

由于工程变更属于合同履行过程中的正常管理工作，工程师可以根据施工进展的实际情况，在认为必要时就以下几个方面发布变更指令。

(1) 对合同中任何工作工程量的改变。为了便于合同管理，当事人双方应在专用条款内约定工程量变化较大可以调整单价的百分比(视工程具体情况，可在 15%～25%范围内确定)。

(2) 任何工作质量或其他特性的变更。

(3) 工程任何部分标高、位置和尺寸的改变。

(4) 删减任何合同约定的工作内容。省略的工作应是不再需要的工程，不允许用变更指令的方式将承包范围内的工作变更给其他承包商实施。

(5) 新增工程按单独合同对待。这种变更指令应是增加与合同工作范围性质一致的新增工作内容，而且不应以变更指令的形式要求承包人使用超过他目前正在使用或计划使用的施工设备范围去完成新增工程。除非承包人同意此项工作按变更对待，一般应将新增工程按一个单独的合同来对待。

(6) 改变原定的施工顺序或时间安排。

2) 变更程序

颁发工程接收证书前的任何时间，工程师可以通过发布变更指令或以要求承包商递交建议书的任何一种方式提出变更。

(1) 指令变更。工程师在业主授权范围内根据施工现场的实际情况，在确属需要时有权发布变更指令。指令的内容应包括详细的变更内容、变更工程量、变更项目的施工技术要求和有关部门文件图纸，以及变更处理的原则。

(2) 要求承包商递交建议书后再确定的变更。其程序如下。

①工程师将计划变更事项通知承包商，并要求他递交实施变更的建议书。

②承包商应尽快予以答复。一种情况可能是通知工程师由于受到某些非自身原因的限制而无法执行此项变更。另一种情况是承包商依据工程师的指令递交实施此项变更的说明，内容包括：a．将要实施的工作的说明书以及该工作实施的进度计划；b．承包商依据合同规定对进度计划和竣工时间做出任何必要修改的建议，提出工期顺延要求；c．承包商对变更估价的建议，提出变更费用要求。

③ 工程师作出是否变更的决定，尽快通知承包商说明批准与否或提出意见。

在这一过程中应注意的问题如下。

a．承包商在等待答复期间，不应延误任何工作。

b．工程师发出每一项实施变更的指令，应要求承包商记录支出的费用。

c．承包商提出的变更建议书，只是作为工程师决定是否实施变更的参考。除了工程师作出指示或批准以总价方式支付的情况外，每一项变更应依据计量工程量进行估价和支付。

3) 变更估价

(1) 变更估价的原则。承包人按照工程师的变更指令实施变更工作后，往往会涉及对变更工程的估价问题。变更工程的价格或费率，往往是双方协商的焦点。计算变更工程应采用的费率或价格，可分为三种情况：

① 变更工作在工程量表中有同种工作内容的单价，应以该单价计算变更工程费用。

② 工程量表中虽然列有同类工作的单价或价格，但对具体变更工作而言已不适用，则应在原单价和价格的基础上制定合理的新单价或价格。

③ 变更工作的内容在工程量表中没有同类工作的费率和价格，应按照与合同单价水平相一致的原则，确定新的费率或价格。

(2) 可以调整合同工作单价的原则。具备以下条件时，允许对某一项工作规定的费率或单价加以调整。

① 此项工作实际测量的工程量比工程量表或其他报表中规定的工程量的变动大于 15%。

② 工程量的变更与对该项工作规定的具体费率的乘积超过了接受的合同款额的 0.01%。

③ 由此工程量的变更直接造成该项工作每单位工程量费用的变动超过 1%。

(3) 删减原定工作后对承包商的补偿。工程师发布删减工作的变更指令后承包商不再实施部分工作，合同价格中包括的直接费部分没有受到损害，但摊销在该部分的间接费、利润和税金等不能合理回收。此时承包商可以就其损失向工程师发出通知并提供具体的证明资料，工程师与合同双方协商后确定一笔补偿金额加入合同价内。

6.3 工程索赔

6.3.1 工程索赔概述

1. 工程索赔的概念

工程索赔是在施工合同履行中，当事人一方由于另一方未履行合同所规定的义务或者出现了应当由对方承担的风险而遭受损失时，向另一方提出赔偿要求的行为。通常，索赔是双向的，既包括施工承包单位向建设单位的索赔，也包括建设单位向施工承包单位的索赔。

但在工程实践中，建设单位索赔数量较小，而且可通过冲账、扣拨工程款、扣保证金等实现对施工承包单位的索赔；而施工承包单位对建设单位的索赔则比较困难一些。通常情况下，索赔是指施工承包单位在合同实施过程中，对非自身原因造成的工程延期、费用增加而要求建设单位给予补偿损失的一种权利要求。

索赔有较广泛的含义，可以概括为如下三个方面。

(1) 承包商本人应当获得的正当利益，由于没能及时得到监理工程师的确认和业主应给予的支付，而以正式函件向业主索赔。

(2) 发生应由业主承担责任的特殊风险或遇到不利自然条件等情况，使承包商蒙受较大损失而向业主提出补偿损失要求。

(3) 一方违约使另一方蒙受损失，受损方向对方提出赔偿损失的要求。

2. 工程索赔产生的原因

(1) 当事人违约。当事人违约常常表现为没有按照合同约定履行自己的义务。发包人违约常常表现为没有为承包人提供合同约定的施工条件、未按照合同约定的期限和数额付款等。工程师未能按照合同约定完成工作，如未能应及时发出图纸、指令等，也视为发包人违约。承包人违约的情况则主要是未按照合同约定的质量、期限完成施工，或者由于不当行为给发包人造成其他损害。

【例 6.3】某建筑工程项目，合同规定发包人为承包人提供三级路面标准的现场公路。由于发包人选定的工程局在修路中存在问题，现场交通道路在相当一段时间内未达到合同标准。承包人的车辆只能在路面块石垫层上行使，造成轮胎严重超常磨损，承包人提出索赔。工程师批准了对 300 条轮胎及其他零配件的费用补偿，共计 1800 万元。

(2) 不可抗力。不可抗力又可以分为自然事件和社会事件。自然事件主要是不利的自然条件和客观障碍，如在施工过程中遇到了经现场调查无法发现、业主提供的资料中也未提到的、无法预料的情况，如地下水、地质断层等。社会事件则包括国家政策、法律、法令的变更，战争、罢工等。因不可抗力事件导致的费用，发、承包双方应按以下原则分别承担并调整工程价款。

① 工程本身的损害、因工程损害导致第三方人员伤亡和财产损失以及运至施工场地用于施工的材料和待安装的设备的损害，由发包人承担。

② 发包人、承包人人员伤亡由其所在单位负责，并承担相应费用。

③　承包人的施工机械设备损坏及停工损失，由承包人承担。

④　停工期间，承包人应发包人要求留在施工场地的必要的管理人员及保卫人员的费用由发包人承担。

⑤　工程所需清理、修复费用，由发包人承担。

【例 6.4】某房屋工程在施工过程中，承包人在基础某一部位遇到了比合同标明的更多、更加坚硬的岩石，开挖工作变得更加困难，工期拖延了 3 个月。这种情况就是承包人遇到了与原合同规定不同的、无法预料的不利自然条件，工程师应给予证明，发包人应当给予工期延长及相应的额外费用补偿。

(3)　合同缺陷。合同缺陷表现为合同文件规定不严谨甚至矛盾、合同中的遗漏与错误。在这种情况下，工程师应当给予解释，如果这种解释将导致成本增加或工期延长，发包人应当给予补偿。

(4)　合同变更。合同变更表现为设计变更、施工方法变更、追加或者取消某些工作、合同规定的其他变更等。

(5)　工程师指令。工程师指令有时也会产生索赔，如工程师指令承包人加速施工、进行某项工作、更换某些材料、采取某些措施等。

(6)　其他第三方原因。其他第三方原因常常表现为与工程有关的第三方的问题而引起的对本工程的不利影响。

常见的索赔责任划分及索赔事件分析如表 6-4 所示。

表 6-4　索赔责任划分及索赔事件分析表

索赔类型	索赔责任划分	索赔事件
工期	客观原因，发包人承担风险	异常恶劣的气候条件导致工期延误 因不可抗力造成工期延误
费用	只影响费用，未造成工程量增加，不补利润、工期	提前向承包人提供材料、工程设备 因发包人原因造成承包人人员工伤事故 承包人提前竣工 基准日后法律的变化 工程移交后因发包人原因出现的缺陷修复后的试验和试运行 因不可抗力停工期间应监理人要求照管、清理、修复工程
工期+费用	非业主原因或非主观原因、未影响工程	施工中遇到不利物质条件 因发包人的原因导致工程试运行失败 施工中发现文物、古迹量，应承担的责任
费用+利润	未影响工期，发包人原因	工程移交后因发包人原因出现新的缺陷或损坏的修复
工期+费用+利润	发包人不作为(过错)	因发包人违约导致承包人暂停施工 迟延提供图纸等

3．工程索赔的分类

工程索赔依据不同的标准可以进行不同的分类。

(1)　按索赔的合同依据分类。工程索赔分为合同中明示的索赔和合同中默示的索赔。

① 合同中明示的索赔。合同中明示的索赔是指承包人所提出的索赔要求，在该工程项目的合同文件中有文字依据，承包人可以据此提出索赔要求，并取得经济补偿。

② 合同中默示的索赔。合同中默示的索赔，即承包人的该项索赔要求，虽然在工程项目的合同条款中没有专门的文字叙述，但可以根据该合同的某些条款的含义，推论出承包人有索赔权。

(2) 按索赔目的分类。按索赔目的可以将工程索赔分为工期索赔和费用索赔。

① 工期索赔。由于非承包人责任的原因而导致施工进程延误，要求批准顺延合同工期的索赔，称为工期索赔。工期索赔形式上是对权利的要求，以避免在原定合同竣工日不能完工时，被发包人追究拖期违约责任。一旦获得批准合同工期顺延后，承包人不仅免除了承担拖期违约赔偿费的严重风险，而且可能提前工期得到奖励，最终仍反映在经济收益上。

② 费用索赔。费用索赔的目的是要求经济补偿。当施工的客观条件改变导致承包人增加开支，要求对超出计划成本的附加开支给予补偿，以挽回不应由他承担的经济损失。

(3) 按索赔事件的性质分类。按索赔事件的性质可以将工程索赔分为工程延误索赔、工程变更索赔、合同被迫终止索赔、工程加速索赔、意外风险和不可预见因素索赔和其他索赔。

① 工期延误索赔。因发包人未按合同要求提供施工条件，如未及时交付设计图纸、施工现场、道路等，或因发包人指令工程暂停或不可抗力事件等原因造成工期拖延的，承包人对此提出索赔。

② 工程变更索赔。由于发包人或监理人指令增加或减少工程量或增加附加工程、修改设计、变更工程顺序等，造成工期延长和费用增加，承包人对此提出索赔。

③ 合同被迫终止的索赔。由于发包人或承包人违约以及可以抗力事件等原因造成合同非正常终止，无责任的受害方因其蒙受经济损失而向对方提出索赔。

④工程加速索赔。由于发包人或监理人指令承包人加快施工速度，缩短工期，引起承包人的人、财、物的额外开支而提出的索赔。

⑤ 意外风险和不可预见因素索赔。在工程实施过程中，因人力不可抗拒的自然灾害、特殊风险以及一个有经验的承包人通常不能合理预见的不利施工条件或外界障碍，如地下水、地质断层、溶洞、地下障碍物等引起的索赔。

⑥ 其他索赔。如因货币贬值、汇率变化、物价上涨、政策法令变化等原因引起的索赔。

6.3.2 工程索赔依据和程序

1. 索赔的依据

索赔的依据有以下几个方面。

(1) 招标文件、施工合同文本及附件，其他双方签字认可的文件(如备忘录、修正案等)，经认可的工程实施计划、各种工程图纸、技术规范等。这些索赔的依据可在索赔报告中直接引用。

(2) 双方的往来信件及各种会谈纪要。在合同履行过程中，业主、监理工程师和承包

人定期或不定期的会谈所作出的决议或决定，是合同的补充，应作为合同的组成部分，但会谈纪要只有经过各方签署后才可作为索赔的依据。

(3) 进度计划和具体的进度以及项目现场的有关文件。进度计划和具体的进度安排是和现场有关变更索赔的重要证据。

(4) 气象资料、工程检查验收报告和各种技术鉴定报告，工程中送停电、送停水、道路开通和封闭的记录和证明。

(5) 国家有关法律、法令、政策文件，官方的物价指数、工资指数，各种会计核算资料，材料的采购、订货、运输、进场、使用方面的凭据。

可见，索赔要有证据，证据是索赔报告的重要组成部分，证据不足或没有证据，索赔就不可能成立。总之，施工索赔是利用经济杠杆进行项目管理的有效手段，对承包人、发包人和监理工程师来说，处理索赔问题水平的高低，反映了对项目管理水平的高低。由于索赔是合同管理的重要环节，也是计划管理的动力，更是挽回成本损失的重要手段，所以随着建筑市场的建立和发展，索赔将成为项目管理中越来越重要的问题。

2. 索赔成立的条件

承包人工程索赔成立的基本条件如下。

(1) 已造成了承包人直接经济损失或工期延误。

(2) 是因非承包人的原因发生的。

(3) 承包人已经按照工程施工合同规定的期限和程序提交了索赔意向通知、索赔报告及相关证明材料。

3. 索赔程序

合同一方向另一方提出索赔时，应有正当的索赔理由和有效证据，并应符合合同的相关约定。《建设工程工程量清单计价规范》中规定的索赔程序如图 6-1 所示。

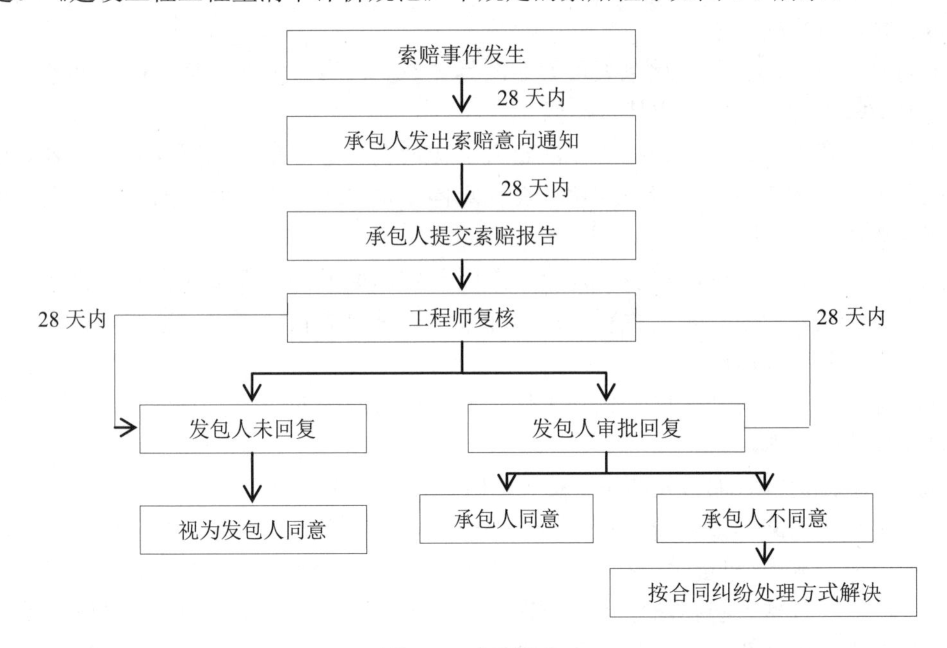

图 6-1　索赔程序

(1) 根据合同约定，承包人认为非承包人原因发生的事件造成了承包人的损失，应按以下程序向发包人提出索赔。

① 承包人应在索赔事件发生后28天内，向发包人提交索赔意向通知书，说明发生索赔事件的事由。承包人逾期未发出索赔意向通知书的，丧失索赔的权利。

② 承包人应在发出索赔意向通知书后28天内，向发包人正式提交索赔通知书。索赔通知书应详细说明索赔理由和要求，并附必要的记录和证明材料。

③ 索赔事件具有连续影响的，承包人应继续提交延续索赔通知，说明连续影响的实际情况和记录。

④ 在索赔事件影响结束后的28天内，承包人应向发包人提交最终索赔通知书，说明最终索赔要求，并附必要的记录和证明材料。

(2) 发包人索赔应按下列程序处理。

① 发包人收到承包人的索赔通知书后，应及时查验承包人的记录和证明材料。

② 发包人应在收到索赔通知书或有关索赔的进一步证明材料后的28天内，将索赔处理结果答复承包人，如果发包人逾期未作出答复，视为承包人索赔要求已经发包人认可。

③ 承包人接受索赔处理结果的，索赔款项在当期进度款中进行支付；承包人不接受索赔处理结果的，按合同约定的争议解决方式办理。

(3) 发承包双方在按合同约定办理了竣工结算后，应被认为承包人已无权再提出竣工结算前所发生的任何索赔。承包人在提交的最终结清申请中，只限于提出竣工结算后的索赔，提出索赔的期限至发承包双方最终结清时终止。

6.3.3 索赔的计算

索赔的计算

1. 费用索赔的计算

1) 索赔费用的组成

不同原因引起的索赔，承包人可索赔的具体费用内容不完全一样，但归纳起来，索赔费用的要素与工程造价的构成基本类似。

(1) 人工费。额外工作、加班、法定人工费增长、非承包人原因导致的工效降低、非承包商原因窝工和工资上涨费。注意：在计算停工损失中人工费时，通常采取人工单价乘以折算系数计算。

(2) 材料费。增加的材料费、发包人原因导致延期期间上涨费和超期储存费，还包括运输费，仓储费，以及合理的损耗费用。如果由于承包商管理不善，造成材料损坏失效，则不能列入索赔款项内。

(3) 施工机具使用费。增加额外工作，非承包人原因的降效、发包人或工程师指令错误或延迟导致的停滞。

① 当工作内容增加引起的设备费索赔时，按照机械台班费计算。

② 因窝工引起的设备费索赔，不能按照台班费计算：自有时，按台班折旧费、人工费和其他之和计算； 租赁时，按照台班租赁费加每台班分摊的施工机械进出场费计算。

(4) 现场管理费。包括新增工作及发包人原因导致工期延期期间的现场管理费，包括管理人员工资、办公费、通信费、交通费。

(5) 总部管理费。发包人的原因导致工程延期期间所增加的承包人向公司总部提交的管理费。

① 按总部管理费的比率计算

总部管理费=(直接费索赔额+现场管理费索赔额)×总部管理费比率(%)　　(6-8)

② 按已获补偿的工程延期天数为基础计算

总部管理费=分摊的日管理费×延期天数　　(6-9)

(6) 保险费。发包人原因导致工程延期，承包人必须办理工程保险、施工人员意外伤害保险的延期手续，而增加的费用。

(7) 保函手续费。发包人原因导致工程延期时，保函手续费相应增加。

(8) 利息：发包人拖延支付工程款利息；发包人迟延退还工程质量保证金的利息；承包人垫资施工的垫资利息；发包人错误扣款的利息等。按约定，无约定或约定不明的，可按中国人民银行发布的同期同类贷款利率计算。

(9) 利润。承包商可索赔利润事件发生，采用与原报价单中的利润百分率计算。综合单价含有利润，注意不要重复计算。

(10) 分包费用。发包人原因导致分包工程费用增加时，分包向总包索赔，索赔款应列入总承包人对发包人的索赔款项中。

2) 费用索赔的计算方法

(1) 实际费用法(分项法)。是指根据索赔事件造成的损失或成本增加，按费用项目逐项进行分析、计算索赔金额的方法，是工程索赔计算中最常用的一种方法。

(2) 总费用法。也被称为总成本法，就是当发生多次索赔事件后，重新计算工程的实际总费用，再从该实际总费用中减去投标报价时的估算总费用，即为索赔金额。其计算公式为

索赔金额=实际总费用－投标报价估算总费用　　(6-10)

(3) 修正的总费用法。是对总费用法的改进，即在总费用计算的原则上，去掉一些不合理的因素，使其更为合理，计算公式为

索赔金额=某项工作调整后的实际总费用－该项工作的报价费用　　(6-11)

2. 工期索赔的计算

工期索赔的计算主要有网络图分析法和比例计算法两种。

(1) 网络图分析法。该方法是利用进度计划的网络图，分析其关键线路。如果延误的工作为关键工作，则总延误的时间为批准延续的工期；如果延误的工作为非关键工作，当该工作由于延误超过时差限制而成为关键工作时，可以批准延误时间与时差的差值；若该工作延误后仍为非关键工作，则不存在工期索赔问题。

(2) 比例计算法。该方法主要应用于工程量有增加时工期索赔的计算，其公式为

$$工期索赔值=\frac{额外增加的工程量的价格}{原合同总价}\times 原合同总工期 \qquad (6\text{-}12)$$

【例 6.5】某工程项目合同总价 1000 万元，合同工期为 15 个月，现承包人因建设条件发生变化需增加额外工程费用 60 万元，则承包方提出工期索赔为多少个月？

解：承包方提出索赔工期=15×60/1000=0.9(个月)

3．共同延误的处理

在实际施工过程中，工期拖期很少是只由一方造成的，往往是两、三种原因同时发生(或相互作用)而形成的，故称为“共同延误”。在这种情况下，要具体分析哪一种情况延误是有效的，应依据以下原则。

(1) 首先判断造成拖期的哪一种原因是最先发生的，即确定“初始延误”者，它应对工程拖期负责。在初始延误发生作用期间，其他并发的延误者不承担拖期责任。

(2) 如果初始延误是发包人的原因，则在发包人原因造成的延误期内，承包人既可得到工期延长，又可得到经济补偿。

(3) 如果初始延误是客观原因，则在客观因素发生影响的延误期内，承包人可以得到工期延长，但很难得到费用补偿。

(4) 如果初始延误是承包人的原因，则在承包人原因造成的延误期内，承包人既不能得到工期补偿，也不能得到费用补偿。

6.3.4　索赔报告的内容

索赔报告的具体内容，随该索赔事件的性质和特点而有所不同。但从报告的必要内容与文字结构方面而论，一个完整的索赔报告应包括以下四个部分。

(1) 总论部分。一般包括：序言、索赔事项概述、具体索赔要求、索赔报告编写及审核人员名单。

文中应概要地论述索赔事件的发生日期与过程；施工单位为该索赔事件所付出的努力和附加开支；施工单位的具体索赔要求。在总论部分最后，附上索赔报告编写组主要人员及审核人员的名单，注明有关人员的职称、职务及施工经验，以表示该索赔报告的严肃性和权威性。总论部分的阐述要简明扼要，说明问题。

(2) 索赔根据。主要是说明自己具有的索赔权利，这是索赔能否成立的关键。根据部分的内容主要来自该工程项目的合同文件，并参照有关法律规定。该部分中施工单位应引用合同中的具体条款，说明自己理应获得经济补偿或工期延长。

根据部分的篇幅可能很大，其具体内容随各个索赔事件的特点而不同。一般地说，根据部分应包括以下内容：索赔事件的发生情况；已递交索赔意向书的情况；索赔事件的处理过程；索赔要求的合同根据；所附的证据资料。

在写法结构上，按照索赔事件发生、发展、处理和最终解决的过程编写，并明确全文引用有关的合同条款，使建设单位和监理工程师能历史地、逻辑地了解索赔事件的始末，并充分认识该项索赔的合理性和合法性。

(3) 索赔计算。索赔计算的目的，是以具体的计算方法和计算过程，说明自己应得经济补偿的款额或延长时间。如果说根据部分的任务是解决索赔能否成立，则计算部分的任务就是决定应得到多少索赔款额和工期。前者是定性的，后者是定量的。

在款额计算部分，施工单位必须阐明下列问题：索赔款的要求总额；各项索赔款的计算，如额外开支的人工费、材料费、管理费和所失利润；指明各项开支的计算依据及证据资料，施工单位应注意采用合适的计价方法。至于采用哪一种计价法，应根据索赔事件的

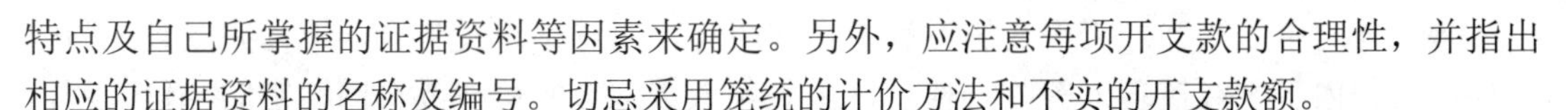

特点及自己所掌握的证据资料等因素来确定。另外，应注意每项开支款的合理性，并指出相应的证据资料的名称及编号。切忌采用笼统的计价方法和不实的开支款额。

(4) 索赔证据。证据部分包括该索赔事件所涉及的一切证据资料，以及对这些证据的说明，证据是索赔报告的重要组成部分，没有翔实可靠的证据，索赔是不能成功的。在引用证据时。要注意该证据的效力或可信程度。为此，对重要的证据资料最好附以文字证明或确认件。例如，对一个重要的电话内容，仅附上自己的记录本是不够的，最好附上经过双方签字确认的电话记录，或附上发给对方要求确认该电话记录的函件，即使对方未给复函，亦可说明责任在对方，因为对方未复函确认或修改，按惯例应理解为他已默认。

6.4　建设工程价款结算

建设工程价款结算是发承包双方根据国家有关法律、法规规定和合同约定，对合同工程实施中、终止时，已完工后的工程项目进行的合同价款计算、调整和确认，包括工程预付款、工程进度款、竣工结算的活动。

6.4.1　建设工程价款的主要结算方式

1．工程价款的主要结算方式

工程价款的结算方式主要有以下两种。

(1) 按月结算。实行按月支付进度款，竣工后清算的办法。合同工期在两个年度以上的工程，在年终进行工程盘点，办理年度结算。

(2) 分段结算。对于当年开工、当年不能竣工的工程，按照工程进度，划分不同的阶段支付工程进度款。具体划分要在合同中明确。

除上述两种主要方式，还可以按照双方约定的其他结算方式进行。

2．工程价款结算的主要内容

根据《建设项目工程结算编审规程》中的有关规定，工程价款结算主要包括竣工结算、分阶段结算、专业分包结算和合同中止结算。

(1) 竣工结算。建设项目完工并经验收合格后，对所完成的建设项目进行的全面的工程结算。

(2) 分阶段结算。在签订的施工承发包合同中，按工程特征划分为不同阶段实施和结算。每一阶段合同工作内容完成后，经发包人或监理人中间验收合格后，由施工承包单位在原合同分阶段价格的基础上编制调整价格并提交发包人审核签认的工程价格。它是表达该工程不同阶段造价和工程价款结算依据的工程中间结算文件。

(3) 专业分包结算。在签订的施工承发包合同或由发包人直接签订的分包工程合同中，按工程专业特征分类实施分包和结算。分包合同工作内容已完成，经总包人、发包人或有关机构对专业内容验收合格后，按合同的约定，由分包人在原合同价格基础上编制调整价格并提交总包人、发包人审核签认的工程价格，它是表达该专业分包工程造价和工程价款结算依据的工程分包结算文件。

(4) 合同中止结算。工程实施过程中合同中止，对施工承发包合同中已完成且经验收合格的工程内容，经监理人验收合格后，由承包人按原合同价格或合同约定的定价条款，参照有关计价规定编制合同中止价格，提交监理人审核签认的工程价格。合同中止结算有时也是一种工程价款的中间结算，除非施工合同不再继续履行。

3．工程合同价款约定的内容

发、承包双方应在合同条款中对下列事项进行约定；合同中没有约定或约定不明的，由双方协商确定；协商不能达成一致的，按清单计价规范执行。

(1) 预付工程款的数额、支付时限及抵扣方式。

(2) 工程进度款的支付方式、数额及时限。

(3) 工程施工中发生变更时，工程价款的调整方法、索赔方式、时限要求及金额支付方式。

(4) 发生工程价款纠纷的解决方法。

(5) 约定承担风险的范围及幅度以及超出约定范围和幅度的调整方法。

(6) 工程竣工价款的结算与支付方式、数额及时限。

(7) 工程质量保证(保修)金的数额、预扣方式及时限。

(8) 安全措施和意外伤害保险费用。

(9) 工期及工期提前或延后的奖惩办法。

(10) 与履行合同、支付价款相关的担保事项。

4．工程价款支付过程

在实际工程中工程价款的支付不是一次完成，而是多次完成，一般分为三个阶段，即开工前支付工程预付款、施工过程中的中间结算和工程完工、办理竣工手续后的竣工结算，如图 6-2 所示。中间结算可能包括多次进度款支付。

图 6-2　工程价款支付过程

6.4.2　工程预付款及计算

工程预付款及计算

施工企业承包工程，一般都实行包工包料，这就需要有一定数量的备料周转金。工程预付款又称为预付备料款，是由发包人按照合同约定，在正式开工前由发包人预先支付给承包人，用于购买工程施工所需的材料和组织施工机械和人员进场的价款。

在工程承包合同条款中，一般要明文规定发包人在开工前拨付给承包人一定限额的工程预付款。此预付款构成施工企业为该承包工程项目储备主要材料、结构件所需的流动资金。

工程预付款仅用于承包人支付施工开始时与本工程有关的动员费用。如承包人滥用此款，发包人有权立即收回。在承包人向发包人提交金额等于预付款数额(发包人认可的银行开出)的银行保函后，发包人按规定的金额和规定的时间向承包人支付预付款，在发包人全

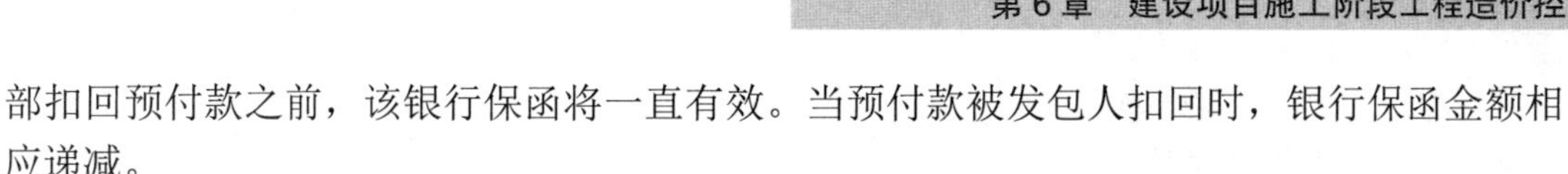

部扣回预付款之前，该银行保函将一直有效。当预付款被发包人扣回时，银行保函金额相应递减。

1. 工程预付款的支付时间

按照《建设工程价款结算暂行办法》的规定，在具备施工条件的前提下，发包人应在双方签订合同后的一个月内或不迟于约定的开工日期前的 7 天内预付工程款，发包人不按约定预付，承包人应在预付时间到期后 10 天内向发包人发出要求预付的通知，发包人收到通知后仍不按要求预付，承包人可在发出通知 14 天后停止施工，发包人应从约定应付之日起向承包人支付应付款的利息(利率按同期银行贷款利率计)，并承担违约责任。

2. 工程预付款的数额

工程预付款额度，各地区、各部门的规定不完全相同，主要是保证施工所需材料和构件的正常储备。工程预付款额度一般是根据施工工期、建安工作量、主要材料和构件费用占建安工程费的比例以及材料储备周期等因素经测算来确定。

1)　百分比法

发包人根据工程的特点、工期长短、市场行情、供求规律等因素，招标时在合同条件中约定工程预付款的百分比。包工包料工程的预付款按合同约定拨付，原则上预付比例不低于合同金额(扣除暂列金额)的 10%，不高于合同金额(扣除暂列金额)的 30%。

2)　公式计算法

公式计算法是根据主要材料(含结构件等)占年度承包工程总价的比重，材料储备定额天数和年度施工天数等因素，通过公式计算预付款额度的一种方法，其计算公式为

$$\text{工程预付款数额}=\frac{\text{年度工程总价}\times\text{材料比例}(\%)}{\text{年度施工天数}}\times\text{材料储备定额天数} \tag{6-13}$$

式中：年度施工天数按 365 日历计算，材料储备定额天数由当地材料供应的在途天数、加工天数、整理天数、供应间隔天数、保险天数等因素决定。

对重大工程项目，按年度工程计划逐年预付。计价执行《建设工程工程量清单计价规范》的工程，实体性消耗和非实体性消耗部分应在合同中分别约定预付款比例。对一般建筑工程，不应超过当年建筑工作量的 30%，安装工程按年安装工程量的 10%计算；材料占比较多的安装工程按年计划产值的 15%左右拨付。对于只包定额工日(不包材料定额，一切材料由发包人供给)的工程项目，可以不预付备料款。

3. 工程预付款的扣回

发包单位拨付给承包单位的工程预付款属于预支性质，工程实施后，随着工程所需主要材料储备的逐步减少，应以充抵工程价款的方式陆续扣回，抵扣方式必须在合同中约定。扣款的方法有以下两种。

(1)　起扣点计算法。从未施工工程尚需的主要材料及构件的价值相当于工程预付款数额时起扣，此后每次结算工程价款中，按材料比重扣抵工程价款，竣工前全部扣清。确定起扣点是关键，其表达公式为

$$T=P-M/N \tag{6-14}$$

式中：T——起扣点，即工程预付款开始扣回时的累计完成工作量金额；

P——承包工程价款总额；

M——工程预付款总额；

N——主要材料及构件所占比重。

(2) 按合同约定扣款。预付款的扣款方法由发包人和承包人通过洽商后在合同中予以确定，一般是在承包人完成金额累计达到合同总价的一定比例后，由承包人开始向发包人还款，发包人从每次应付给承包人的金额中扣回工程预付款，发包人至少在合同规定的完工期前将工程预付款的总金额逐次扣回。

住房和城乡建设部《招标文件范本》中规定，在承包人完成金额累计达到合同总价的10%后，由承包人开始向发包人还款，发包人从每次应付给承包人的金额中扣回工程预付款，发包人至少在合同规定的完工期前三个月将工程预付款的总计金额按逐次分摊的办法扣回。当发包人一次付给承包人的余额少于规定扣回的金额时，其差额应转入下一次支付中作为债务结转。

在实际经济活动中，情况比较复杂，有些工程工期较短，就无须分期扣回。有些工程工期较长，如跨年度施工，工程预付款可以不扣或少扣，并于次年按应付工程预付款调整，多退少补。具体地说，跨年度工程，预计次年承包工程价值大于或相当于当年承包工程价值时，可以不扣回当年的工程预付款，如小于当年承包工程价值时，应按实际承包工程价值进行调整，在当年扣回部分工程预付款，并将未扣回部分，转入次年，直到竣工年度，再按上述办法扣回。

【例 6.6】某一工程合同价款500万元，合同规定按10%支付工程预付款，已知主要材料比重40%，试计算工程预付款起扣点。

解：由题意知工程预付款=500×10%=50(万元)

根据公式 $T=P-M/N=500-50/40\%=375$(万元)

故：当累计完成工作量金额达375万元时，开始扣工程预付款。

4．安全文明施工费

发包人应在工程开工后的28天内预付不低于当年施工进度计划的安全文明施工费总额的60%，其余部分按照提前安排的原则进行分解，与进度款同期支付。发包人没有按时支付安全文明施工费的，承包人可催告发包人支付；发包人在付款期满后的7天内仍未支付的，若发生安全事故，发包人应承担连带责任。

安全文明施工费

6.4.3 工程进度款的支付

工程进度款的支付

施工企业在施工过程中，按逐月(或形象进度)完成的工程数量计算各项费用，向发包人办理工程进度款的支付(即中间结算)。以按月结算为例，工程进度款的支付步骤如图6-3所示。

图6-3 工程进度款的支付步骤

1. 工程计量

工程计量，就是发承包双方根据合同约定，对承包人完成合同工程的数量进行的计算和确认。具体地说，就是双方根据设计图纸、技术规范以及施工合同约定的计量方式和计算方法，对承包人已经完成的质量合格的工程实体数量进行测量与计算，并以物理计量单位或自然计量单位进行标识、确认的过程。

对承包人已经完成的合格工程量进行计量并予以确认，是发包人支付工程款的前提，因此工程计量不仅是发包人控制施工阶段工程造价的关键环节，也是约束承包人履行合同义务的重要手段。

1) 已完工程量的计量

根据工程量清单计价规范形成的合同价中包含综合单价和总价包干两种不同形式，应采取不同的计量方法。除专用合同条款另有约定外，综合单价子目已完成工程量按月计算，总价包干子目的计量周期按批准的支付分解报告确定。

(1) 综合单价子目的计量。已标价工程量清单中的单价子目工程量为估算工程量。若发现工程量清单中出现漏项、工程量计算偏差，以及工程量变更引起的工程量增减，应在工程进度款支付即中间结算时调整，结算工程量是承包人在履行合同义务过程中实际完成，并按合同约定的计量方法进行计量的工程量。

(2) 总价包干子目的计量。总价包干子目的计量和支付应以总价为基础，不因物价波动引起的价格调整的因素而进行调整。承包人实际完成的工程量，是进行工程目标管理和控制进度支付的依据。承包人在合同约定的每个计量周期内，对已完成的工程进行计量，并提交专用条款约定的合同总价支付分解表所表示的阶段性或分项计量的支持性资料，以及所达到工程形象目标或分阶段需完成的工程量和有关计量资料。总价包干子目的支付分解表形成一般有以下三种方式。

① 对于工期较短的项目，将总价包干子目的价格按合同约定的计量周期平均。

② 对于合同价值不大的项目，按照总价包干子目的价格占签约合同价的百分比，以及各个支付周期内所完成的总价值，以固定百分比方式均摊支付。

③ 根据有合同约束力的进度计划、预先确定的里程碑形象进度节点(或者支付周期)、组成总价子目的价格要素的性质(与时间、方法和(或)当期完成合同价值等的关联性)。将组成总价包干子目的价格分解到各个形象进度节点(或者支付周期中)，汇总形成支付分解表。实际支付时，经检查核实其实际形象进度，达到支付分解表的要求后，即可支付经批准的每阶段总价包干子目的支付金额。

2) 工程量的确认

根据《建设工程价款结算暂行办法》的规定，工程量计算的主要规定如下。

(1) 承包人应按合同约定的方法和时间，向发包人提交已完工程量的报告。发包人接到报告后 14 天内核实已完工程量，并应在核实前 1 天通知承包人，承包人应提供条件并派人参加核实。承包人收到通知后不参加核实，以发包人核实的工程量作为工程价款支付的依据。发包人不按约定时间通知承包人，致使承包人未能参加核实，核实结果无效。

(2) 发包人到报告后 14 天内未核实完工程量，从第 15 天起，承包人报告的工程量即视为被确认，作为工程价款支付的依据，双方合同另有约定的，按合同执行。

(3) 对承包人超出设计图纸(含设计变更)范围和因承包人原因造成返工的工程量，发包人不予计量。

2. 承包人提交进度款支付申请

在工程量经复核认可后，承包人应在每个付款周期末，向发包人递交进度款支付申请，并附相应的证明文件。除合同另有约定外，进度款支付申请应包括下列内容。

(1) 本期已实施工程的价款。

(2) 累计已完成的工程价款。

(3) 累计已支付的工程价款。

(4) 本周期已完成计日工金额。

(5) 应增加和扣减的变更金额。

(6) 应增加和扣减的索赔金额。

(7) 应抵扣的工程预付款。

(8) 应扣减的质量保证金。

(9) 根据合同应增加和扣减的其他金额。

(10) 本付款周期实际应支付的工程价款。

3. 工程进度款支付

(1) 根据确定的工程计量结果，承包人向发包人提出支付工程进度款申请，14 天内，发包人应按不低于工程价款的 60%，不高于工程价款的 90%向承包人支付工程进度款。按约定时间发包人应扣回的预付款，与工程进度款同期结算抵扣。

政府机关、事业单位、国有企业建设工程进度款支付应不低于已完成工程价款的 80%；同时，在确保不超出工程总概(预)算以及工程决(结)算工作顺利开展的前提下，除按合同约定保留不超过工程价款总额 3% 的质量保证金外，进度款支付比例可由发承包双方根据项目实际情况自行确定。在结算过程中，若发生进度款支付超出实际已完成工程价款的情况，承包单位应按规定在结算后 30 日内向发包单位返还多收到的工程进度款。

(2) 发包人超过约定的支付时间不支付工程进度款，承包人应及时向发包人发出要求付款的通知，发包人收到承包人通知后仍不能按要求付款，可与承包人协商签订延期付款协议，经承包人同意后可延期支付，协议应明确延期支付的时间和从工程计量结果确认后第 15 天起计算应付款的利息(利率按同期银行贷款利率计)。

(3) 发包人不按合同约定支付工程进度款，双方又未达成延期付款协议，导致施工无法进行，承包人可停止施工，由发包人承担违约责任。

6.4.4 质量保证金

根据《建设工程质量保证金管理办法》(建质〔2017〕138 号)，建设工程质量保证金(保修金)(以下简称保证金)是指发包人与承包人在建设工程承包合同中约定，从应付的工程款中预留，用以保证承包人在缺陷责任期内对建设工程出现的缺陷进行维修的资金。

1. 缺陷和缺陷责任期

(1) 缺陷。缺陷是指建设工程质量不符合工程建设强制性标准、设计文件，以及承包合同的约定。

(2) 缺陷责任期。缺陷责任期一般为 1 年，最长不超过 2 年，具体可由发、承包双方在合同中约定。缺陷责任期从工程通过竣工验收之日起计算。由于承包人原因导致工程无法按规定期限进行竣工验收的，缺陷责任期从实际通过竣工验收之日起计。由于发包人原因导致工程无法按规定期限进行竣工验收的，在承包人提交竣工验收报告 90 天后，工程自动进入缺陷责任期。

2. 保证金的预留和返还

(1) 承发包双方的约定。发包人应当在招标文件中明确保证金预留、返还等内容，并与承包人在合同条款中对涉及保证金的下列事项进行约定。

① 保证金预留、返还方式。

② 保证金预留比例、期限。

③ 保证金是否计付利息，如计付利息，利息的计算方式。

④ 缺陷责任期的期限及计算方式。

⑤ 保证金预留、返还及工程维修质量、费用等争议的处理程序。

⑥ 缺陷责任期内出现缺陷的索赔方式。

⑦ 逾期返还保证金的违约金支付办法和违约责任

(2) 保证金的预留。建设工程竣工结算后，发包人应按照合同约定及时向承包人支付工程结算价款并预留保证金。发包人应按照合同约定方式预留保证金，保证金总预留比例不得高于工程价款结算总额的 3%。合同约定由承包人以银行保函替代预留保证金的，保函金额不得高于工程价款结算总额的 3%。

推行银行保函制度，承包人可以银行保函替代预留保证金。在工程项目竣工前已经缴纳履约保证金的，发包人不得同时预留工程质量保证金。采用工程质量保证担保、工程质量保险等其他保证方式的，发包人不得再预留保证金，并按照有关规定执行。

(3) 保证金的返还。缺陷责任期内，承包人认真履行合同约定的责任，到期后，承包人向发包人申请返还保证金。发包人在接到承包人返还保证金申请后，应于 14 日内会同承包人按照合同约定的内容进行核实。如无异议，发包人应当在核实后 14 日内将保证金返还给承包人，逾期未返还的，依法承担违约责任。发包人在接到承包人返还保证金申请后 14 日内不予答复，经催告后 14 日内仍不予答复，视同认可承包人的返还保证金申请。

3. 保证金的使用

(1) 保证金的管理。缺陷责任期内，实行国库集中支付的政府投资项目，保证金的管理应按国库集中支付的有关规定执行。其他的政府投资项目，保证金可以预留在财政部门或发包方。缺陷责任期内，如发包人被撤销，保证金随交付使用资产一并移交使用单位管理，由使用单位代行发包人职责。

(2) 缺陷责任期内缺陷责任的承担。缺陷责任期内，由承包人原因造成的缺陷；承包人应负责维修，并承担鉴定及维修费用。如承包人不维修也不承担费用，发包人可按合同

约定从保证金或银行保函中扣除，费用超出保证金额的，发包人可按合同约定向承包人进行索赔。承包人维护并承担相应费用后，不免除对工程的损失赔偿责任。由他人原因造成的缺陷，发包人负责组织维修，承包人不承担费用，且发包人不得从保证金中扣除费用。

发包人和承包人对保证金预留、返还以及工程维修质量、费用有争议的，按承包合同约定的争议和纠纷解决程序处理。

6.4.5 工程竣工结算

工程竣工结算是指施工企业按照合同规定的内容全部完成所承包的工程，经验收质量合格，并符合合同要求之后，向发包单位进行的最终工程价款结算。

工程竣工结算分为单位工程竣工结算、单项工程竣工结算和建设项目竣工总结算。

1．工程竣工结算编审

(1) 单位工程竣工结算由承包人编制，发包人审查；实行总承包的工程，由具体承包人编制，在总包人审查的基础上，发包人审查。

(2) 单项工程竣工结算或建设项目竣工总结算由总(承)包人编制，发包人可直接进行审查，也可以委托具有相应资质的工程造价咨询机构进行审查。政府投资项目，由同级财政部门审查。单项工程竣工结算或建设项目竣工总结算经发、承包人签字盖章后有效。

承包人应在合同约定期限内完成项目竣工结算编制工作，未在规定期限内完成的并且提不出正当理由延期的，责任自负。

2．工程竣工结算审查期限

单项工程竣工后，承包人应在提交竣工验收报告的同时，向发包人递交竣工结算报告及完整的结算资料，发包人应按表 6-5 中规定的时限进行核对、审查，并提出审查意见。

表 6-5　工程竣工结算审查期限

序号	工程竣工结算报告金额	审查时间
1	500 万元以下	从接到竣工结算报告和完整的竣工结算资料之日起 20 天
2	500 万元～2000 万元	从接到竣工结算报告和完整的竣工结算资料之日起 30 天
3	2000 万元～5000 万元	从接到竣工结算报告和完整的竣工结算资料之日起 45 天
4	5000 万元以上	从接到竣工结算报告和完整的竣工结算资料之日起 60 天

建设项目竣工总结算在最后一个单项工程竣工结算审查确认后 15 天内汇总，送发包人后 30 天内审查完成。

3．工程竣工价款结算的规定

(1) 发包人收到承包人递交的竣工结算报告及完整的结算资料后，应按本办法规定的期限(合同约定有期限的，从其约定)进行核实，给予确认或者提出修改意见。发包人根据确认的竣工结算报告向承包人支付工程竣工结算价款，保留 5%左右的质量保证(保修)金，待工程交付使用一年质保期到期后清算(合同另有约定的，从其约定)，质保期内如有返修，发生费用应在质量保证(保修)金内扣除。

(2) 承包人如未在规定时间内提供完整的工程竣工结算资料，经发包人催促后 14 天内仍未提供或没有明确答复，发包人有权根据已有资料进行审查，责任由承包人自负。

(3) 发包人收到竣工结算报告及完整的结算资料后，在相关文件规定或合同约定期限内，对结算报告及资料没有提出意见，则视同认可。

(4) 根据确认的竣工结算报告，承包人向发包人申请支付工程竣工结算款。发包人应在收到申请后 15 天内支付结算款，到期没有支付的应承担违约责任。承包人可以催告发包人支付结算价款，如达成延期支付协议，承包人应按同期银行贷款利率支付拖欠工程价款的利息。如未达成延期支付协议，承包人可以与发包人协商将该工程折价，或申请人民法院将该工程依法拍卖，承包人就该工程折价或者拍卖的价款优先受偿。

(5) 工程竣工结算以合同工期为准，实际施工工期比合同工期提前或延后，发、承包双方应按合同约定的奖惩办法执行。

(6) 发包人和承包人要加强施工现场的造价控制，及时对工程合同外的事项如实纪录并履行书面手续。凡由发、承包双方授权的现场代表签字的现场签证及发、承包双方协商确定的索赔等费用，应在工程竣工结算中如实办理，不得因发、承包双方现场代表的中途变更改变其有效性。

办理工程竣工结算的一般公式为

竣工结算工程价款=合同价款额+施工过程中合同价款调整额-
预付及已经结算工程价款-保修金　　(6-15)

6.4.6　工程价款动态调整

工程价款价差调整的方法有工程造价指数调整法、实际价格调整法、调价文件计算法、调值公式法等。

1．工程造价指数调整法

工程造价指数调整法是指发、承包双方采用当时的预算(或概算)定额单价计算出承包合同价，待竣工时，根据合理的工期及当地工程造价管理部门所公布的该月度(或季度)的工程造价指数，对原承包合同价予以调整，重点调整那些由于实际人工费、材料费、施工机械费等费用上涨及工程变更因素造成的价差，并对承包人给以调价补偿。

【例 6.7】 重庆市某建筑公司承建一职工宿舍楼(框架结构)，工程合同价款 600 万元，2014 年 2 月签订合同并开工，2015 年 4 月竣工，已知：2014 年 2 月的造价指数为 113.81，2015 年 4 月的造价指数为 119.23，如根据工程造价指数调整法予以动态结算，求价差调整的款额应为多少？

解： 运用公式：工程合同价×(竣工时工程造价指数/签订合同时工程造价指数)

=600×(119.23/113.81)=600×1.0476=628.56(万元)

此工程价差调整额为 28.56 万元。

2．实际价格调整法

实际价格调整法是对钢材、木材、水泥等三大主材的价格采取按实际价格结算的方法，工程承包人可凭发票按实报销。这种方法方便而正确，但由于是实报实销，因而承包商对

降低成本不感兴趣，为了避免副作用，地方主管部门要定期发布最高限价，同时合同文件中应规定发包人或工程师有权要求承包人选择更廉价的供应来源。

3．调价文件计算法

调价文件计算法是指发、承包双方采取按当时的预算价格承包，在合同工期内，按照造价管理部门调价文件的规定，进行材料补差(在同一价格期内按所完成的材料用量乘以价差)的方法。也有的地方定期发布主要材料供应价格和管理价格，对这一时期的工程进行材料补差。

4．调值公式法

根据国际惯例，对建设项目工程价款的动态结算，一般是采用此法。事实上，在绝大多数国际工程项目中，发、承包双方在签订合同时就明确列出这一调值公式，并以此作为价差调整的计算依据。

建筑安装工程费用价格调值公式一般包括固定部分、材料部分和人工部分。但当建筑安装工程的规模和复杂性增大时，公式也变得更为复杂。调值公式一般为

$$P=P_0[a_0+a_1(A/A_0)+a_2(B/B_0)+a_3(C/C_0)+a_4(D/D_0)+\cdots] \tag{6-16}$$

式中：P——调值后合同价款或工程实际结算款；

P_0——合同价款中工程预算进度款；

a_0——固定要素，代表合同支付中不能调整的部分占合同总价中的比重；

$a_1, a_2, a_3, a_4,\cdots$——代表有关各项费用(如：人工费用、钢材费用、水泥费用、运输费等)在合同总价中所占比重，$a_0+a_1+a_2+a_3+a_4+\cdots=1$；

$A_0, B_0, C_0, D_0,\cdots$——投标截止日期前28天与$a_1, a_2, a_3, a_4,\cdots$对应的各项费用的基期价格指数或价格；

$A, B, C, D, \cdots$——在工程结算月份与$a_1, a_2, a_3, a_4,\cdots$对应的各项费用的现行价格指数或价格。

在运用这一调值公式进行工程价款价差调整中要注意以下几点。

(1) 固定要素通常的取值范围在0.15～0.35左右。固定要素对调价的结果影响很大，它与调价余额成反比关系。固定要素相当微小的变化，隐含在实际调价时很大的费用变动，所以，承包人在调值公式中采用的固定要素取值要尽可能偏小。

(2) 调值公式中有关的各项费用，按一般国际惯例，只选择用量大、价格高且具有代表性的一些典型人工费和材料费，通常是大宗的水泥、沙石料、钢材、木材、沥青等，并用它们的价格指数变化综合代表材料费的价格变化，以便尽量与实际情况接近。

(3) 各部分成本的比重系数，在许多招标文件中要求承包人在投标中提出，并在价格分析中予以论证。但也有的是由发包人在招标文件中规定一个允许范围，由投标人在此范围内选定。

(4) 调整有关各项费用要与合同条款的规定相一致。签订合同时，发、承包双方一般需商定调整的有关费用和因素，以及物价波动到何种程度才进行调整。在国际工程中，一般在正负5%以上才进行调整。

(5) 调整有关各项费用时应注意地点与时点。地点一般指工程所在地或指定的某地市场价格，时点指的是某月某日的市场价格。这里要确定两个时点价格，即签订合同时间某

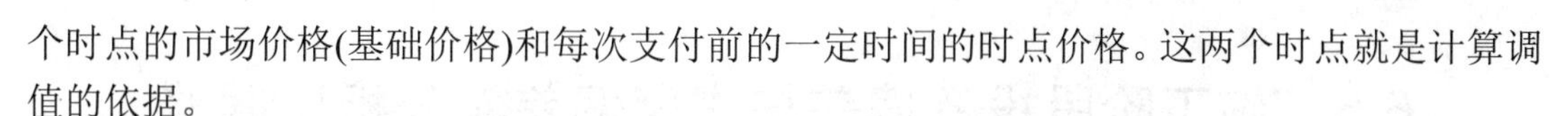

个时点的市场价格(基础价格)和每次支付前的一定时间的时点价格。这两个时点就是计算调值的依据。

(6) 确定每个品种的系数和固定要素系数，品种的系数要根据该品种价格对总造价的影响程度而定。各品种系数之和加上固定要素系数应该等于 1。

【例 6.8】 重庆市某土建工程，合同规定结算款为 110 万元，合同原始报价日期为 2016 年 4 月，工程于 2018 年 3 月建成交付使用。根据表 6-6 所示的工程人工费、材料费构成比例以及有关造价指数，计算工程实际结算款。

表 6-6　工程人工费、材料费构成比例及有关造价指数

项目	人工费	钢材	水泥	集料	一级红砖	砂	木材	不调值费用
比例	45%	11%	11%	5%	6%	3%	4%	15%
2016 年 4 月指数	100	100.8	102.0	93.6	100.0	95.4	93.4	—
2018 年 3 月指数	110.0	98.0	112.9	95.9	98.9	91.1	117.9	—

解： 实际结算价款=110×[0.15+0.45×(110.0/100)+0.11×(98.0/100.08)+0.11×(112.9/102.0)+0.05×(95.9/93.6)+0.06×(98.9/100.0)+0.03×(91.1/95.4)+0.04×(117.9/93.4)]=110×1.064=117.04(万元)

总之，通过调整，2018 年 3 月实际结算的工程价款为 117.04 万元，比原始合同价多结 7.04 万元。

6.4.7　工程价款结算争议处理

1. 合同价款争议

工程造价咨询机构接受发包人或承包人委托，编审工程竣工结算，应按合同约定和实际履约事项认真办理，出具的竣工结算报告经发、承包双方签字后生效。当事人一方对报告有异议的，可对工程结算中的有异议部分，向有关部门申请咨询后协商处理，若不能达成一致的，双方可按合同约定的争议或纠纷解决程序办理。

2. 质量争议

发包人对工程质量有异议，已竣工验收或已竣工未验收但实际投入使用的工程，其质量争议按该工程保修合同执行；已竣工未验收且未实际投入使用的工程以及停工、停建工程的质量争议，应当就有争议部分的竣工结算暂缓办理，双方可就有争议的工程委托有资质的检测鉴定机构进行检测，根据检测结果确定解决方案，或按工程质量监督机构的处理决定执行，其余部分的竣工结算依照约定办理。

3. 争议解决

当事人对工程造价发生合同纠纷时，可通过下列办法解决。

(1) 双方协商确定。

(2) 按合同条款约定的办法提请调解。

(3) 向有关仲裁机构申请仲裁或向人民法院起诉。

6.5　施工阶段投资偏差与进度偏差额分析与调整

施工阶段，无论是建设单位还是施工单位，均需要进行实际投资与计划投资的动态比较，分析实际投资与计划投资、实际工程进度与计划工程进度的差异，即投资偏差与进度偏差，分析偏差产生的原因，采取适当的纠偏措施，使实际投资不超计划投资。

6.5.1　实际投资与计划投资

1. 拟完工程计划投资

拟完工程计划投资，是指根据进度计划安排，在某一确定时间内所应完成的工程内容的计划投资。可以表示为在某一确定时间内，计划完成的工程量与单位工程量计划单价的乘积，其公式为

拟完工程计划投资=拟完工程量×计划单价　　(6-17)

2. 已完工程实际投资

已完工程实际投资，是根据实际进度完成状况在某一确定时间内已经完成的工程内容的实际投资。可以表示为在某一确定时间内，实际完成的工程量与单位工程量实际单价的乘积，其公式为

已完工程实际投资=实际工程量×实际单价　　(6-18)

在进行有关偏差分析时，为简化起见，通常进行如下假设：拟完工程计划投资中的拟完工程量，与已完工程实际投资中的实际工程量在总额上是相等的，两者之间的差异只在于完成的时间进度不同。

3. 已完工程计划投资

从公式(6-17)和公式(6-18)中可以看出，由于拟完工程计划投资和已完工程实际投资之间既存在投资偏差，也存在进度偏差。已完工程计划投资正是为了更好地辨析这两种偏差而引入的变量，是指根据实际进度完成状况，在某一确定时间内已经完成的工程所对应的计划投资额，其公式为

已完工程计划投资=实际工程量×计划单价　　(6-19)

6.5.2　投资偏差与进度偏差

1. 投资偏差

投资偏差指投资计划值与投资实际值之间存在差异，当计算投资偏差时，应剔除进度原因对投资额产生的影响，其公式为

投资偏差=已完工程计划投资－已完工程实际投资

=实际工程量×(计划单价－实际单价)　　(6-20)

上式中结果为正值表示投资节约，结果为负值表示投资超支。

2．进度偏差

进度偏差指进度计划与进度实际值之间存在差异，当计算进度偏差时，应剔除单价原因产生的影响，其公式为

进度偏差=已完工程计划时间－拟完工程计划时间　　(6-21)

为了与投资偏差联系起来。进度偏差也可表示为

进度偏差=已完工程计划投资－拟完工程计划投资

=(实际工程量－拟完工程量)×计划单价　　(6-22)

【例 6.9】某工程施工到 2019 年 8 月，经统计分析得知，已完工程实际投资为 1600 万元，拟完工程计划投资为 1400 万元，已完工程计划投资为 1300 万元，则该工程此时的进度偏差为多少万元?

解： 进度偏差=1300−1400=−100(万元)

进度偏差为负值，表示工期拖延 100 万元。

3．有关投资偏差的其他概念

(1)　局部偏差和累计偏差。局部偏差有两层含义：一是相对于整体项目的投资而言，指各单项工程、单位工程和分部分项工程的偏差；二是相对于项目实施的时间而言，指每一控制周期所发生的投资偏差。累计偏差，则是在项目已经实施的时间内累计发生的偏差。局部偏差的工程内容及其原因一般都比较明确，分析结果也就比较可靠，而累计偏差涉及的工程内容较多，范围较大，且原因也较复杂，因而累计偏差分析必须以局部偏差分析的结果为基础进行综合分析，其结果更能显示规律性，对投资控制在较大范围内具有指导作用。

(2)　绝对偏差和相对偏差。绝对偏差，是指投资计划值和实际值比较所得的差额。相对偏差，则是指投资偏差的相对数或比例数，通常是用绝对偏差与投资计划值的比值来表示，即：

$$相对偏差=\frac{绝对偏差}{投资计划值}=\frac{投资实际值-投资计划值}{投资计划值} \tag{6-23}$$

绝对偏差和相对偏差的数值均可正可负，且两者符号相同，正值表示投资增加，负值表示投资节约。在进行投资偏差分析时，对绝对偏差和相对偏差都要进行计算。绝对偏差的结果比较直观，其作用主要是了解项目投资偏差的绝对数额，指导调整资金支出计划和资金筹措计划。由于项目规模、性质、内容不同，其投资总额会有很大的差异，因此，绝对偏差就显得有一定的局限性。而相对偏差就能较客观地反映投资偏差的严重程度或合理程度，从对投资控制工作的要求来看，相对偏差比绝对偏差更有意义，应当给予更高的重视。

6.5.3　偏差分析与调整

1．常用的偏差分析方法

常用的偏差分析方法有横道图法、时标网络图法、表格法和曲线法。

1)　横道图法

应用横道图法进行费用偏差分析，是用不同的横道线标识已完工程计划费用、拟完工

程计划费用和已完工程实际费用，横道线的长度与其数值成正比。然后，再根据上述数据分析费用偏差和进度偏差。

横道图法具有简单直观的优点，便于掌握工程费用的全貌。但这种方法反映的信息量少，因而其应用具有一定的局限性。

2) 时标网络图法

应用时标网络图法进行费用偏差分析，是根据时标网络图得到每一时间段拟完工程计划费用，然后根据实际工作完成情况测得已完工程实际费用，并通过分析时标网络图中的实际进度前锋线，得出每一时间段已完工程计划费用，这样，即可分析费用偏差和进度偏差。

实际进度前锋线表示整个工程项目目前实际完成的工作面情况，将某一确定时点下时标网络图中各项工作的实际进度点相连就可得到实际进度前锋线。

时标网络图法具有简单、直观的优点，可用来反映累计偏差和局部偏差，但实际进度前锋线的绘制需要有工程网络计划为基础。

3) 表格法

表格法是一种进行偏差分析的最常用方法，应用表格法分析偏差，是将项目编号、名称、各个费用参数及费用偏差值等综合纳入一张表格中， 可在表格中直接进行偏差的比较分析。

应用表格法进行偏差分析具有如下优点：灵活、适用性强，可根据实际需要设计表格；信息量大，可反映偏差分析所需的资料，从而有利于工程造价管理人员及时采取针对措施，加强控制；表格处理可借助于电子计算机，从而节约大量人力，并提高数据处理速度。

4) 曲线法

曲线法是用费用累计曲线(S 曲线)来分析费用偏差和进度偏差的一种方法。用曲线法进行偏差分析时，通常有三条曲线，即已完工程实际费用曲线 a、已完工程计划费用曲线 b 和拟完工程计划费用曲线 P，如图 6-4 所示。图中曲线 a 和曲线 b 的竖向距离表示费用偏差，曲线 b 和曲线 P 的水平距离表示进度偏差。

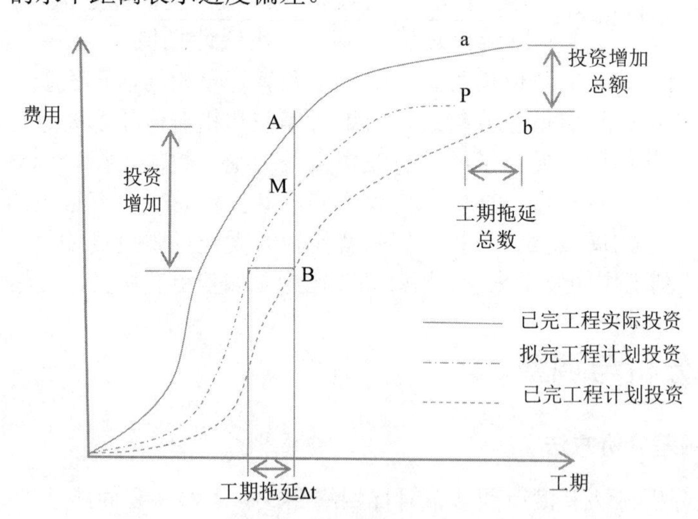

图 6-4 费用参数曲线

2. 偏差原因及类型

1) 偏差原因

一般来讲，引起投资偏差的原因主要有四个方面，即客观原因、业主原因、设计原因和施工原因。

(1) 客观原因，包括：人工费涨价、材料涨价、自然因素、地基因素、交通原因、社会原因、法规变化及其他。

(2) 业主原因，包括：投资规划不当、组织不落实、建设手续不健全、未及时付款、协调不佳及其他。

(3) 设计原因，包括：设计错误或缺陷、设计标准变更、图纸提供不及时、结构变更及其他。

(4) 施工原因，包括：施工组织设计不合理、质量事故、进度安排不当及其他。

2) 偏差类型

偏差的类型一般有四种形式，如表 6-7 所示。

表 6-7　偏差的类型

序号	偏差形式	是否采取措施
1	投资增加且工期拖延	这种类型是纠正偏差的主要对象，必须引起高度重视
2	投资增加但工期提前	这种情况下要适当考虑工期提前带来的效益。从资金使用的角度，如果增加的资金值超过效益时，要采取纠偏措施
3	工期拖延但投资节约	这种情况下是否采取纠偏措施要根据实际需要
4	工期提前且投资节约	这种情况是最理想的，不需要采取纠偏措施

从偏差原因的角度，由于客观原因是无法避免的，施工原因造成的损失由施工单位自己负责，因此，纠偏的主要对象是业主和设计原因造成的投资偏差。

3. 纠偏措施

施工阶段工程造价偏差的调整要注意采用动态控制、系统控制、信息反馈控制、弹性控制、循环控制和网络技术控制的原理，注意目标手段分析方法的应用。目标手段分析方法要结合现场实际情况，依靠有丰富实践经验的技术人员和工作人员通过各方面的共同努力实现偏差调整。由于偏差的不断出现，从管理学的角度上是一个制订计划、实施工作、检查进度与效果、偏差调整的滚动的 PDCA 循环过程。因此，偏差调整就是对系统实际运行状态偏离标准状态的纠正，以便使运行状态恢复或保持住标准状态。

从施工管理的角度来说，合同管理、施工成本管理、施工进度管理、施工质量管理是几个重要环节。在纠正施工阶段资金使用偏差的过程中，要按照经济性原则、全面性与全过程原则、责权利相结合原则、政策性原则、开源节约相结合原则，在项目经理的负责下，在费用控制预测的基础上，各类人员共同配合，通过科学、合理、可行的措施，实现由分项工程、分部工程、单位工程、整体项目纠正资金使用偏差，进而实现工程造价有效控制的目标。可以采用合理的组织措施、经济措施、技术措施和合同措施，进行偏差的控制与纠正。

(1) 组织措施是指从投资控制的组织管理方面采取的措施。例如，落实投资控制的组织机构和人员，明确各级投资控制人员的任务、职能分工、权利和责任，改善投资控制工

作流程等。组织措施往往被人忽视，其实它是其他措施的前提和保障，而且一般无须增加什么费用，运用得当时可以收到良好的效果。

(2) 经济措施最易为人们接受，但运用中要特别注意不可把经济措施简单理解为审核工程量及相应的支付价款。应从全局出发来考虑问题，如检查投资目标分解的合理性，资金使用计划的保障性，施工进度计划的协调性。另外，通过偏差分析和未完工程预测还可以发现潜在的问题，及时采取预防措施，从而取得造价控制的主动权。

(3) 从造价控制的要求来看，技术措施并不都是因为发生了技术问题才加以考虑的，也可能因为出现了较大的投资偏差而加以运用。不同的技术措施往往会有不同的经济效果，因此运用技术措施纠偏时，要对不同的技术方案进行技术经济分析综合评价后加以选择。

(4) 合同措施在纠偏方面主要指索赔管理。在施工过程中，索赔事件的发生是难免的，造价工程师在发生索赔事件后，要认真审查有关索赔依据是否符合合同规定，索赔计算是否合理等，从主动控制的角度出发，加强日常的合同管理，落实合同规定的责任。

6.6 案例分析

【案例一】某建筑工程的合同承包价为 500 万元，工期为 8 个月，工程预付款占合同承包价的 20%，主要材料及预制构件价值占工程总价的 60%，保留金占工程总费的 5%。该工程每月实际完成的产值及合同价款调整增加额如表 6-8 所示。

表 6-8 某工程实际完成的产值及合同价款调整增加额

单位：万元

月份	1	2	3	4	5	6	7	8	合同价调整增加额
完成产值	25	36	89	110	85	76	40	28	65

【问题】

1．该工程应支付多少工程预付款？

2．该工程预付款起扣点为多少？

3．该工程每月应结算的工程进度款及累计拨款分别为多少？

4．该工程应付竣工结算价款为多少？

5．该工程保留金为多少？

6．该工程 8 月份实付竣工结算价款为多少？

【解答】

问题 1：工程预付款=500 万元×20%=100 万元。

问题 2：工程预付款起扣点=500−100+60%=333.33 万元

问题 3：每月应结算的工程进度款及累计拨款如下。

1 月份应结算工程进度款 25 万元，累计拨款 25 万元。

2 月份应结算工程进度款 36 万元，累计拨款 61 万元。

3 月份应结算工程进度款 89 万元，累计拨款 150 万元。

4 月份应结算工程进度款 110 万元，累计拨款 260 万元。

5 月份应结算工程进度款 85 万元，累计拨款 345 万元。

因 5 月份累计拨款已超过 333.33 万元的起扣点，所以，应从 5 月份的 85 万元。进度款中扣除一定数额的预付款。

应该扣的预付款=(345−333.33)×60%=7.002(万元)。

5 月份结算进度款=85−7.002=77.998(万元)。

5 月份累计拨款=260+77.998=337.998(万元)。

6 月份应结算工程进度款=76−76×60%=76×(1−60%)=30.4(万元)。

6 月份累计拨款 368.398 万元。

7 月份应结算工程进度款=40−40×60%=40×(1−60%)=16(万元)。

7 月份累计拨款 384.398 万元。

8 月份应结算工程进度款=28−23.398=4.60(万元)。

8 月份累计拨款 389 万元，加上预付款 100 万元，共拨付工程款 489 万元。

问题 4：竣工结算价款=合同总价+合同价调整增加额=489+65=554(万元)。

问题 5：保留金=554×5%=27.7(万元)。

问题 6：8 月份实付竣工结算价款=4.60+65−27.7=37.3(万元)。

【案例二】背景：某宿舍楼以工程量清单计价方式进行了公开招标，某招标人参加了投标，并以 3800 万元人民币中标，其中暂列金额为 110 万元。在规定的时间内，按招标文件的要求，发承包双方用××市建设工程施工合同示范文本签订了合同。在合同专用条款中，没有约定工程变更价款的方式，但约定了本工程单价包干方式，且仅只有钢材、水泥市场信息价格超过投标报价时的信息价格的 10%时才能调整，并约定了调整方法。在合同履行过程中，双方发现了工程量清单和投标文件中存在一些问题，简述如下。

(1) 投标文件中，将工程量清单中 010502001001 项现浇矩形柱的工程量 15000m^3 误以 1500m^3 的工程量报价。

(2) 经与图纸核实，工程量清单中，漏算了十二层梁的 C30 砼的工程量 50m^3，全部的屋面防水 1200m^2。经查，十二层的梁砼的各种参数与第十一层相同。

(3) 投标文件中，外墙干挂石材的价格为 150 元/m^2。在投标期间，同类石材的价格为 200 元/m^2，在施工过程中，该石材略有上升，承包人在与发包人交涉过程中，发包人口头承诺可以调价。最终承包人以 210 元/m^2 购得该石材。

【问题】

1．在竣工结算过程中，承包人要求发包人对石材的价格进行调整，发包人也认为价差过大，能否调整，发包人很矛盾，请问石材价格能否调整，为什么？

2．在题述情况中，漏算十二层的梁砼及屋面防水如何确定综合单价？确定的依据是什么？

3．如何处理投标人将工程量清单中的 15000m^3 现浇砼的工程量按 1500m^3 工程量报价的问题，怎么算综合单价？

4．本工程结算后，工程价款的调整、索赔、现场签证等金额共计 90 万元，计算最终的结算价款是多少万元？

【解答】

1．不能调整。

合同约定是单价包干，石材并没有在合同约定的调价范围之内。

投标人在投标过程中，以低于投标期石材价格报价，投标人应对自己的投标价格负责。

发包人虽口头承诺可以调价，没有形成书面文件，建设工程的资料要求使用书面材料，因而不能作调价的依据。

2. 漏算的第十二层梁的C30混凝土综合单价按投标人报价书中C30混凝土梁的综合单价确定。

漏算的屋面防水的综合单价需重新确定，由承包人依据工程资料、计量规则、计价办法和市场信息价格提出综合单价，经发包人、造价工程师确认。

依据：由于合同的专用条款没有约定变更合同价款的方式，那么可按通用条款中关于“工程变更价款的确定”的条款确定综合单价。

(1) 合同中已有的适用于变更工程的单价或总价，按合同已有的价格。

(2) 合同中有类似于变更工程的单价或总价，可以参照类似价格。

(3) 合同中没有适用于或类似于工程的单价或总价，由承包人根据变更工程资料，计量规则、计价办法，工程造价管理机构发布的参考价格，提出变更工程的单价或总价，经发包人、造价工程师确认。

3. 投标人没有按工程清单的工程量报价，责任应由投标人承担，在保持投标总价不变的情况下，按 15000m^3 去除清单项合价，计算出该清单项的综合单价，作为约定的综合单价，原综合单价无效。

4. 暂定金额的节余：110−90=20(万元)

最终结算价款：3800−20=3780(万元)

本 章 小 结

本章对建设工程施工阶段的工程造价控制与管理做了详细的阐述，包括工程变更、工程索赔等各种变化引起的价款调整及建设工程价款结算，资金使用计划的编制与应用。

工程变更的主要内容有：工程变更的概念及分类、工程变更产生的原因、工程变更的处理程序、工程变更合同价款的确定、FIDIC合同条件下的工程变更。

工程索赔的主要内容有：工程索赔的概念及分类、工程索赔的处理原则和程序、工程索赔的计算。

建设工程价款结算的主要内容有：工程价款的结算方式、工程预付款及其扣回、工程进度款结算、工程竣工结算、工程价款的动态结算。

资金使用计划的编制与应用的主要内容有：资金使用计划的编制方法、投资偏差的分析、投资偏差产生的原因及纠正措施。

习题

习题参考答案

第 7 章　建设项目竣工阶段工程造价控制

【学习目标】

1. 素质目标

- 弘扬传统文化，增强文化自信和爱国情怀，热爱工程造价行业。
- 培养学生团队协作精神，以及严谨和实事求是的工作作风。
- 诚实守信、客观公正、坚持准则、具有规范意识和良好的职业道德。

2. 知识目标

- 熟悉竣工决算的概念，理解开展竣工决算的作用。
- 掌握竣工决算包含的内容，熟悉竣工决算的编制方法。
- 掌握工程保修范围及其最低保修年限。
- 熟悉新增资产价值的概念，掌握新增资产的分类，掌握新增资产价值的计算方法。

3. 能力目标

- 能进行简单项目的竣工决算，并选择合适的计价方法和计价依据。
- 能划分保修责任，处理项目的保修问题。
- 能对项目的新增资产进行分类，并对新增资产的价值进行定量计算。

7.1　竣 工 决 算

竣工决算与竣工结算的区别

7.1.1　竣工决算概述

1. 竣工决算的概念

项目竣工决算是指所有项目竣工后，项目建设单位按照国家有关规定在项目竣工验收阶段编制的竣工决算报告。竣工决算是以实物数量和货币指标为计量单位，综合反映竣工建设项目全部建设费用、建设成果和财务状况的总结性文件，是竣工验收报告的重要组成部分。竣工决算是正确核定新增固定资产价值，考核分析投资效果，建立健全经济责任制的依据，是反映建设项目实际造价和投资效果的文件。竣工决算是建设工程经济效益的全面反映，是项目法人核定各类新增资产价值、办理其交付使用的依据。竣工决算是工程造价管理的重要组成部分，做好竣工决算是全面完成工程造价管理目标的关键性因素之一。

通过竣工决算，既能够正确反映建设工程的实际造价和投资结果，又可以通过竣工决算与概算、预算的对比分析，考核投资控制的工作成效，为工程建设提供重要的技术经济方面的基础资料，提高未来工程建设的投资效益。

项目竣工时，应编制建设项目竣工财务决算。在编制项目竣工财务决算前，项目建设单位应当认真做好各项清理工作，包括账目核对及账务调整、财产物资核实处理、债权实现和债务清偿、档案资料归集整理等。建设周期长、建设内容多的项目，单项工程竣工，具备交付使用条件的，可编制单项工程竣工财务决算。建设项目全部竣工后应编制竣工财务总决算。

2. 竣工决算的作用

建设项目竣工决算的作用主要表现在以下几个方面。

(1) 建设项目竣工决算是综合、全面地反映竣工项目建设成果及财务情况的总结性文件。

(2) 建设项目竣工决算是办理交付使用资产的依据，也是竣工验收报告的重要组成部分。

(3) 建设项目竣工决算是分析和检查设计概算的执行情况，考核投资效果的依据。

3. 竣工决算与竣工结算的区别

竣工决算不同于竣工结算，其区别如表 7-1 所示。

表 7-1　竣工决算与竣工结算的区别

区别项目	工程竣工结算	工程竣工决算
编制单位	承包方的预算部门	项目业主的财务部门
内容	承包方承包施工的建筑安装工程的全部费用，它最终反映承包方完成的施工产值	建设工程从筹建到竣工交付使用为止的全部建设费用，它反映建设工程的投资效益
作用	承包方与业主办理工程价款最终结算的依据； 双方签订的建安工程合同终结的凭证； 业主编制竣工决算的主要资料	业主办理交付、验收、动用新增各类资产的依据； 竣工验收报告的重要组成部分

7.1.2　竣工决算的内容与编制

建设项目竣工决算应包括从筹集到竣工投产全过程的全部实际费用，即包括建筑工程费、安装工程费、设备工器具购置费用、工程建设其他费用及预备费等费用。

1. 竣工决算的内容

根据财政部、国家发展改革委、住房城乡建设部的有关文件规定，竣工决算是由竣工财务决算说明书、竣工财务决算报表、工程竣工图和工程竣工造价对比分析四部分组成。其中竣工财务决算说明书和竣工财务决算报表两部分又称建设项目竣工财务决算，是竣工决算的核心内容。竣工财务决算是正确核定项目资产价值、反映竣工项目建设成果的文件，是办理资产移交和产权登记的依据。

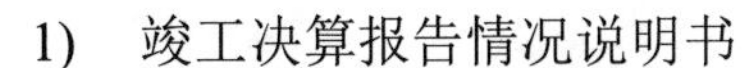

1)　竣工决算报告情况说明书

竣工决算报告情况说明书主要反映竣工工程建设成果和经验，是对竣工决算报表进行分析和补充说明的文件，是全面考核分析工程投资与造价的书面总结，其主要内容如下。

(1) 建设项目概况及对工程总的评价。

(2) 资金来源及运用等财务分析，主要包括工程价款结算、会计账务的处理、财产物资情况及债权债务的清偿情况。

(3) 基本建设收入、投资包干结余、竣工结余资金的上交分配情况。

(4) 各项经济技术指标的分析。

(5) 工程建设的经验、项目管理和财务管理工作以及竣工财务决算中有待解决的问题。

(6) 需要说明的其他事项。

2)　竣工决算报表

建设项目竣工决算报表包括：封面、基本建设项目概况表、基本建设项目竣工财务决算表、基本建设项目资金情况明细表、基本建设项目交付使用资产总表、基本建设项目交、付使用资产明细表、待摊投资明细表、待核销基建支出明细表、转出投资明细表等。

3)　建设工程竣工图

建设工程竣工图是真实地记录各种地上、地下建筑物、构筑物等情况的技术文件，是工程进行交工验收、维护、改建和扩建的依据，是国家的重要技术档案。全国各建设、设计、施工单位和各主管部门都要认真做好竣工图的编制工作。国家规定：各项新建、扩建、改建的基本建设工程，特别是基础、地下建筑、管线、结构、井巷、桥梁、隧道、港口、水坝以及设备安装等隐蔽部位，都要编制竣工图。为确保竣工图质量，必须在施工过程中(不能在竣工后) 及时做好隐蔽工程检查记录，整理好设计变更文件。编制竣工图的形式和深度，应根据不同情况区别对待，其具体要求如下。

(1) 凡按图竣工没有变动的，由承包人(包括总包和分包承包人，下同)在原施工图上加盖“竣工图”标志后，即作为竣工图。

(2) 凡在施工过程中，虽有一般性设计变更，但能将原施工图加以修改补充作为竣工图的，可不重新绘制，由承包人负责在原施工图(必须是新蓝图)上注明修改的部分，并附以设计变更通知单和施工说明，加盖“竣工图”标志后，作为竣工图。

(3) 凡结构形式改变、施工工艺改变、平面布置改变、项目改变以及有其他重大改变，不宜再在原施工图上修改、补充时，应重新绘制改变后的竣工图。由原设计原因造成的，由设计单位负责重新绘制；由施工原因造成的，由承包人负责重新绘图：由其他原因造成的，由建设单位自行绘制或委托设计单位绘制。承包人负责在新图上加盖“竣工图”标志，并附以有关记录和说明，作为竣工图。

(4) 为了满足竣工验收和竣工决算需要，还应绘制反映竣工工程全部内容的工程设计平面示意图。

(5) 重大的改建、扩建工程项目涉及原有的工程项目变更时，应将相关项目的竣工图资料统一整理归档，并在原图案卷内增补必要的说明一起归档。

4)　工程造价比较分析

竣工决算是综合反映竣工建设项目或单项工程的建设成果和财务情况的总结性文件。在竣工决算报告中必须对控制工程造价所采取的措施、效果及其动态变化进行认真比较分

析，总结经验教训。

批准的概算是考核建设工程造价的依据。在分析时，可先对比整个项目的总概算，然后将建筑安装工程费、设备工器具费和其他工程费用逐一与竣工决算表中所提供的实际数据和相关资料及批准的概算、预算指标、实际的工程造价进行对比分析，以确定竣工项目总造价是节约还是超支，并在对比的基础上，总结先进经验，找出节约和超支的内容和原因，提出改进措施。在实际工作中，应主要分析以下内容。

(1) 考核主要实物工程量。对于实物工程量出入比较大的情况，必须查明原因。

(2) 考核主要材料消耗量。在建筑安装工程投资中，材料费一般占直接工程费 70%左右，所以要按照竣工决算表中所列明的三大材料实际超概算的消耗量，查明是在工程的哪个环节超出量最大，再进一步查明超耗的原因。

(3) 考核建设单位管理费、措施费和间接费的取费标准。建设单位管理费、措施费和间接费的取费标准要按照国家和各地的有关规定，根据竣工决算报表中所列的建设单位管理费与概预算所列的建设单位管理费数额进行比较，依据规定查明是否多列或少列的费用项目，确定其节约超支的数额，并查明原因。

(4) 主要工程子目的单价和变动情况。在工程项目的投标报价或施工合同中，项目的子目单价早已确定，但由于施工过程或设计的变化等原因，经常会出现单价变动或新增加子目单价如何确定的问题。因此，要对主要工程子目的单价进行核对，对新增子目的单价进行分析检查，如发现异常应查明原因。

2．竣工决算的编制

1) 建设项目竣工决算的编制条件

编制项目竣工决算应具备下列条件。

(1) 经批准的初步设计所确定的工程内容已完成。

(2) 单项工程或建设项目竣工结算已完成。

(3) 收尾工程投资和预留费用不超过规定的比例。

(4) 涉及法律诉讼、工程质量纠纷的事项已处理完毕。

(5) 其他影响工程竣工决算编制的重大问题已解决。

2) 建设项目竣工决算的编制依据

建设项目竣工决算应依据下列资料编制。

(1) 《基本建设财务规则》(财政部第 81 号令)等法律、法规和规范性文。

(2) 项目计划任务书及立项批复文件。

(3) 项目总概算书、单项工程概算书文件及概算调整文件。

(4) 经批准的可行性研究报告、设计文件及设计交底、图纸会审资料。

(5) 招标文件、最高投标限价及招标投标书。

(6) 施工、代建、勘察设计、监理及设备采购等合同，政府采购审批合同。

(7) 工程结算资料。

(8) 工程签证、工程索赔等合同价款调整文件。

(9) 设备、材料调价文件记录。

(10) 有关的会计及财务管理资料。

(11) 历年下达的项目年度财政资金投资计划、预算。

(12) 其他有关资料。

3)　竣工决算的编制要求

为了严格执行建设项目竣工验收制度，正确核定新增固定资产价值，考核分析投资效果，建立健全经济责任制，所有新建、扩建和改建等建设项目竣工后，都应及时、完整、正确的编制好竣工决算。建设单位要做好以下工作。

(1) 按照规定组织竣工验收，保证竣工决算的及时性。对建设工程的全面考核，所有的建设项目(或单项工程)按照批准的设计文件所规定的内容建成后，具备了投产和使用条件的，都要及时组织验收。对于竣工验收中发现的问题，应及时查明原因，采取措施加以解决，以保证建设项目按时交付使用和及时编制竣工决算。

(2) 积累、整理竣工项目资料，特别是项目的造价资料，保证竣工决算的完整性。积累、整理竣工项目资料是编制竣工决算的基础工作，它关系到竣工决算的完整性和质量的好坏。因此，在建设过程中，建设单位必须随时收集项目建设的各种资料，并在竣工验收前，对各种资料进行系统整理，分类立卷，为编制竣工决算提供完整的数据资料，为投产后加强固定资产管理提供依据。在工程竣工时，建设单位应将各种基础资料与竣工决算一起移交给生产单位或使用单位。

(3) 核对各项账目，清理各项财务、债务和结余物资，保证竣工决算的正确性。工程竣工后，建设单位要认真核实各项交付使用资产的建设成本；完成各项账务处理及财产物资的盘点核实，做到账账、账证、账实、账表相符。项目建设单位应当逐项盘点核实，填列各种材料、设备、工具、器具等清单并妥善保管，应变价处理的库存设备、材料以及应处理的自用固定资产要公开变价处理，不得侵占、挪用；对竣工后的结余资金，要按规定上缴财政部门或上级主管部门。在完成上述工作，核实了各项数字的基础上，正确编制从年初起到竣工月份止的竣工年度财务决算，以便根据历年的财务决算和竣工年度财务决算进行整理汇总，编制建设项目竣工决算。

4)　竣工决算的编制程序

基本建设项目完工可投入使用或者试运行合格后，应当在 3 个月内编报竣工财务决算，特殊情况确需延长的，中小型项目不得超过 2 个月，大型项目不得超过 6 个月。项目竣工财务决算未经审核前，项目建设单位一般不得撤销，项目负责人及财务主管人员、重大项目的相关工程技术主管人员、概(预)算主管人员一般不得调离。确需撤销的，项目有关财务资料应当转入其他机构承接、保管；人员确需调离的，应当继续承担或协助做好竣工财务决算相关工作。竣工决算的编制程序分为前期准备、实施、完成和资料归档四个阶段。

(1) 前期准备工作阶段的主要工作内容如下。

① 了解编制工程竣工决算建设项目的基本情况，收集和整理、分析基本的编制资料。在编制竣工决算文件之前，应系统地整理所有的技术资料、工料结算的经济文件、施工图纸和各种变更与签证资料，并分析它们的准确性。完整、齐全的资料是准确而迅速编制竣工决算的必要条件。

② 确定项目负责人，配置相应的编制人员。

③ 制定切实可行、符合建设项目情况的编制计划。

④ 由项目负责人对成员进行培训。

(2) 实施阶段主要工作内容如下。

① 收集完整的编制程序依据资料。在收集、整理和分析有关资料的过程中，要特别注意建设工程从筹建到竣工投产或使用的全部费用的各项账务，债权和债务的清理，做到工程完毕，账目清晰，既要核对账目，又要查点库存实物的数量，做到账与物相等，账与账相符，对结余的各种材料、工器具和设备，要逐项清点核实，妥善管理，并按规定及时处理，收回资金。对各种往来款项要及时进行全面清理，为编制竣工决算提供准确的数据和结果。

② 协助建设单位做好各项清理工作。

③ 编制完成规范的工作底稿。

④ 对过程中发现的问题应与建设单位进行充分沟通，达成一致意见。

⑤ 与建设单位相关部门一起做好实际支出与批复概算的对比分析工作。重新核实各单位工程、单项工程造价，将竣工资料与原设计图纸进行查对、核实，必要时可实地测量，确认实际变更情况；根据经审定的承包人竣工结算等原始资料，按照有关规定对原概、预算进行增减调整，重新核定工程造价。

(3) 完成阶段主要工作内容如下。

① 完成工程竣工决算编制咨询报告、基本建设项目竣工决算报表及附表、竣工财务决算说明书、相关附件等。清理、装订好竣工图。做好工程造价对比分析。

② 与建设单位沟通工程竣工决算的所有事项。

③ 经工程造价咨询企业内部复核后，出具正式工程竣工决算编制成果文件。

(4) 资料归档阶段主要工作内容如下。

① 工程竣工决算编制过程中形成的工作底稿应进行分类整理，与工程竣工决算编制成果文件一并形成归档纸质资料。

② 对工作底稿、编制数据、工程竣工决算报告进行电子化处理，形成电子档案。

将上述编写的文字说明和填写的表格经核对无误，装订成册，即建设工程竣工决算文件。将其上报主管部门审查，并把其中财务成本部分送交开户银行签证。竣工决算在上报主管部门的同时，抄送有关设计单位。

7.2 保修费用的处理

7.2.1 建设项目保修及其意义

1. 保修的含义

《中华人民共和国建筑法》规定：“建筑工程实行质量保修制度。”建设工程质量保修制度是国家规定的重要法律制度。它是指建设工程在办理交工验收手续后，在规定的保修期限内(按合同有关保修期的规定)，因勘察设计、施工、材料等原因造成的质量缺陷，应由责任单位负责维修的一种制度。项目竣工验收交付使用后，在一定期限内由施工单位到建设单位或用户进行回访，对于工程发生的确实是由于施工单位施工责任造成的建筑物使用功能不良或无法使用的问题，由施工单位负责修理，直到达到正常使用标准。保修回访制度属于建筑工程竣工后管理范畴。

2．保修的意义

建设工程质量保修制度是国家规定的重要法律制度。建设工程保修制度对于完善建设工程保修制度、促进承包方加强质量管理、保护用户及消费者的合法权益能够起到重要的作用。

保修的范围和最低保修期限

7.2.2　保修的范围和最低保修期限

1．保修的范围

建筑工程的保修范围包括地基基础工程、主体结构工程、屋面防水工程和其他土建工程，以及电气管线、上下水管线的安装工程，供热、供冷系统工程等项目。

2．保修的期限

保修的期限应当按照保证建筑物合理寿命内正常使用，维护使用者合法权益的原则确定。具体的保修范围和最低保修期限如下。

(1) 基础设施工程、房屋建筑的地基基础工程和主体结构工程的保修期限为设计文件规定的该工程的合理使用年限。

(2) 屋面防水工程、有防水要求的卫生间、房间和外墙面的防渗漏保修期限为 5 年。

(3) 供热与供冷系统保修期限为 2 个采暖期和供热期。

(4) 电气管线、给排水管道、设备安装和装修工程保修期限为 2 年。

(5) 其他项目的保修期限由承发包双方在合同中规定。

建设工程的保修期，自竣工验收合格之日算起。

设工程在保修范围和保修期限内发生质量问题的，承包人应当履行保修义务，并对造成的损失承担赔偿责任。凡是由于用户使用不当而造成建筑功能不良或损坏，不属于保修范围；凡属工业产品项目发生问题，也不属保修范围。以上两种情况应由建设单位自行组织修理。

根据《建筑工程质量管理条例》和《房屋建筑工程质量保修办法》有关规定，在工程竣工验收的同时，由施工单位向建设单位发送《房屋建筑工程质量保修书》。

保修费用的处理

7.2.3　保修费用及其处理

1．质量保证金的含义

建设工程质量保证金是指发包人与承包人在建设工程承包合同中约定，从应付的工程款中预留，用以保证承包人在缺陷责任期内对建设工程出现的缺陷进行维修的资金。质量保证金一般可参照建筑安装工程造价的确定程序和方法计算，也可按照建筑安装工程造价或承包工程合同价的一定比例计算。

2．保修费用的处理

保修费用是指在保修期间和保修范围内所发生的维修、返工等各项费用支出。根据《中

华人民共和国建筑法》的规定，在保修费用的处理问题上，必须根据修理项目的性质、内容以及检查修理等多种因素的实际情况，区别保修责任的承担问题。保修的经济责任，应当由有关责任方承担，并由建设单位和施工单位共同商定经济处理办法。

(1) 承包单位未按国家有关规范、标准和设计要求施工，造成的质量缺陷，由承包单位负责返修并承担经济责任。

(2) 由于设计方面的原因造成的质量缺陷，由设计单位承担经济责任。可由施工单位负责维修，其费用按有关规定通过建设单位向设计单位索赔，不足部分由建设单位负责协同有关方解决。

(3) 因建筑材料、建筑构配件和设备质量不合格引起的质量缺陷，属于承包单位采购的或经其验收同意的，由承包单位承担经济责任；属于建设单位采购的，由建设单位承担经济责任。

(4) 因使用单位使用不当造成的损坏问题，由使用单位自行负责。

(5) 因地震、洪水、台风等不可抗拒原因造成的损坏问题，施工单位、设计单位不承担经济责任，由建设单位自行负责。

(6) 涉外工程的保修问题，除参照上述办法进行处理外，还应依照原合同条款的有关规定执行。

7.3 新增资产价值的确定

7.3.1 新增资产的分类

新增资产的分类

按照新的财务制度和企业会计准则，新增资产按资产性质可分为固定资产、流动资产、无形资产、递延资产和其他资产五大类。

1. 固定资产

固定资产是指使用期限超过一年，单位价值在 1000 元、1500 元或 2000 元以上，并且在使用过程中保持原有实物形态的资产，包括房屋、建筑物、机械、运输工具等。不同时具备以上两个条件的资产为低值易耗品，应列入流动资产范围内，如企业自身使用的工具、器具、家具等。

2. 流动资产

流动资产是指可以在一年或者超过一年的营业周期内变现或者耗用的资产。它是企业资产的重要组成部分。流动资产按资产的占用形态可分为现金、存货(指企业的库存材料、在产品、产成品、商品等)、银行存款、短期投资、应收账款及预付账款。

3. 无形资产

无形资产是指特定主体所控制的，不具有实物形态，对生产经营长期发挥作用且能带来经济利益的资源，主要有专利权、非专利技术、商标权、商誉。

4. 递延资产

递延资产是指不能全部计入当年损益，应当在以后年度分期摊销的各种费用，包括开办费、租人固定资产改良支出等。

5. 其他资产

其他资产是指具有专门用途，但不参加生产经营的经国家批准的特种物资、银行冻结存款和冻结物资、涉及诉讼的财产等。

7.3.2　新增资产价值的确定方法

1. 新增固定资产价值的确定

新增固定资产价值的内容包括已投入生产或交付使用的建筑安装工程及其附属工程和非生产性项目的造价，达到固定资产标准的设备工器具的购置费用，属于增加固定资产价值的其他费用等。

一次交付生产或使用的工程一次计算新增固定资产价值，分期分批交付生产或使用的工程，应分期分批计算新增固定资产价值。在计算时以单项工程为对象。

交付使用财产的成本，应按下列内容计算：

(1) 房屋、建筑物、管道、线路等固定资产的成本包括建筑工程成本和应分摊的待摊投资。

(2) 动力设备和生产设备等固定资产的成本包括需要安装设备的采购成本、安装工程成本、设备基础支柱等建筑工程成本或砌筑锅炉及各种特殊炉的建筑工程成本、应分摊的待摊投资。

(3) 运输设备及其他不需要安装的设备、工具、器具、家具等固定资产一般仅计算采购成本，不计分摊的“待摊投资”。

新增固定资产的其他费用，如果是属于整个建设项目或两个以上单项工程的，在计算新增固定资产价值时，应在各单项工程中按比例分摊。一般情况下，建设单位管理费按建筑工程、安装工程、需安装设备价值总额按比例分摊，而土地征用费、勘察设计费等费用则按建筑工程造价分摊。

2. 流动资产价值的确定

货币性资金，指现金、各种银行存款及其他货币资金。其中现金是指企业的库存现金，包括企业内部各部门用于周转使用的备用金；各种存款是指企业的各种不同类型的银行存款；其他货币资金是指除现金和银行存款以外的其他货币资金，根据实际入账价值核定。

应收及预付账款，包括应收票据、应收款项、其他应收款、预付货款和待摊费用。一般情况下，应收及预付款项按企业销售商品、产品或提供劳务时的成交金额入账核算。

短期投资，包括股票、债券、基金。股票和债券根据是否可以上市流通分别采用市场法和收益法确定其价值。

存货，指企业的库存材料、在产品、产成品等。各种存货应当按照取得时的实际成本计价。

3. 无形资产价值的确定

投资者按无形资产作为资本金或者合作条件投入时，按评估确认或合同协议约定的金额计价。

购入的无形资产，按照实际支付的价款计价。

企业自创并依法申请取得的，按开发过程中的实际支出计价。

企业接受捐赠的无形资产，按照发票账单所持金额或者同类无形资产市场价计价。

无形资产计价入账后，应在其有效使用期内分期摊销。

4. 递延资产和其他资产价值的确定

开办费是指在筹集期间发生的费用，不能计入固定资产或无形资产价值的费用，主要包括筹建期间人员工资、办公费、员工培训费、差旅费、印刷费、注册登记费以及不计入固定资产和无形资产购建成本的汇兑损益、利息支出等。根据现行财务制度规定，企业筹建期间发生的费用，应于开始生产经营起一次计入开始生产经营当期的损益。企业筹建期间开办费的价值可按其账面价值确定。

以经营租赁方式租人的固定资产改良工程支出的计价，应在租赁有限期限内摊入制造费用或管理费用。

其他资产包括特准储备物资等，按实际入账价值核算。

7.4 案 例 分 析

某工业建设项目及其总装车间的建筑工程费、安装工程费，需安装设备费以及应摊入费用如表 7-2 所示，计算总装车间新增固定资产价值。

表 7-2　分摊费用计算表

单位：万元

项目名称	建筑工程	安装工程	需安装设备	建设单位管理费	土地征用费	勘察设计费
建设单位竣工决算	2000	400	800	60	70	50
总装车间竣工决算	500	180	320			

解：计算过程如下。

应分摊的建设单位管理费=[(500+180+320)÷(2000+400+800)]×60=18.75(万元)

应分摊的土地征用费=(500÷2000)×70=17.5(万元)

应分摊的勘察设计费=(500÷2000)×50=12.5(万元)

总装车间新增固定资产价值=(500+180+320)+(18.75+17.5+12.5)=1000+48.75=1048.75(万元)

本 章 小 结

本章对竣工阶段造价控制进行了讲解，主要介绍了竣工决算的概念、内容与编制方法；阐述了工程保修费用的相关知识；讲解了新增资产的确定方法。通过以上内容，读者可以对竣工阶段工程造价的控制有较为全面的把握。

习题

习题参考答案

参 考 文 献

[1] 全国一级建造师执业资格考试用书编写委员会. 建设工程项目管理[M]. 北京：中国建筑工业出版社，2022.

[2] 全国造价工程师执业资格考试培训教材编审委员会. 建设工程计价[M]. 北京：中国计划出版社，2021.

[3] 全国造价工程师执业资格考试培训教材编审委员会. 工程造价管理[M]. 北京：中国城市出版社，2021.

[4] 中国建设工程造价管理协会. 建设项目工程结算编审规程[M]. 北京：中国计划出版社，2007.

[5] 住房城乡建设部，财政部. 关于印发《建筑安装工程费用项目组成》的通知(建标〔2013〕44 号)，2013.

[6] 住房城乡建设部. GB 50500—2013 建设工程工程量清单计价规范 [S]. 北京：中国计划出版社，2013.

[7] 住房城乡建设部. GB 50854—2013 房屋建筑与装饰工程工程量计算规范[S]. 北京：中国计划出版社，2013.

[8] 国家发展改革委，住房和城乡建设部. 建设项目经济评价方法与参数[M]. 3 版. 北京：中国计划出版社，2006.

[9] 中国建设工程造价管理协会. CECA/GC 2—2015 建设项目设计概算编审规程[S]. 北京：中国计划出版社，2015.

[10] 中国建设工程造价管理协会. CECA/GC 1—2015 建设项目投资估算编审规程[S]. 北京：中国计划出版社，2015.

[11] 中国建设工程造价管理协会. CECA/GC 5—2015 建设项目施工图预算编审规程[S]. 北京：中国计划出版社，2010.

[12] 马楠，卫赵斌，张明. 建设工程造价管理[M]. 3 版. 北京：清华大学出版社，2021.

[13] 姜新春，吕继隆. 工程造价控制与案例分析[M]. 大连：大连理工大学出版社，2021.

[14] 赵媛静. 建筑工程造价管理[M]. 重庆：重庆大学出版社，2020.

[15] 重庆市城乡建设委员会. CQFYDE—2018 重庆市建设工程费用定额[S]. 重庆：重庆大学出版社，2018.